编委会

著

肖国举　李永平

副著

胡延斌　仇正跻　王　静

编著者（按拼音顺序排序）

曹　谨　宁夏农业机械化技术推广站

仇正跻　固原市隆德县农业农村局

顾婧婧　兰州大学管理学院　固原市原州区人民政府办公室

郭占强　宁夏大学地理科学与规划学院

何宪平　固原市农业农村局

胡延斌　兰州大学大气科学学院

李秀静　宁夏大学地理科学与规划学院

李永平　宁夏农林科学院固原分院

刘世新　宁夏农林科学院固原分院

王　静　宁夏大学生态环境学院

肖国举　宁夏大学生态环境学院

张峰举　宁夏大学生态环境学院

BANGANHANQU NONGTIAN SHENGTAI XITONG
SHUIXUNHUAN YU YOUJITAN DUI GANHAN DE XIANGYING

半干旱区农田生态系统水循环
与有机碳对干旱的响应

肖国举　李永平·著

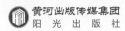
黄河出版传媒集团
阳光出版社

图书在版编目（CIP）数据

半干旱区农田生态系统水循环与有机碳对干旱的响应
/ 肖国举, 李永平著. -- 银川：阳光出版社, 2020.12
ISBN 978-7-5525-5721-3

Ⅰ.①半… Ⅱ.①肖…②李… Ⅲ.①干旱区－农田
－农业生态系统－水循环－研究②干旱区－农田－农业生
态系统－有机碳－研究 Ⅳ.①S181.6

中国版本图书馆 CIP 数据核字(2020)第 266182 号

半 干 旱 区 农 田 生 态 系 统
水循环与有机碳对干旱的响应

肖国举 李永平 著

责任编辑 屠学农 李少敏
封面设计 晨 皓
责任印制 岳建宁

 黄河出版传媒集团
阳 光 出 版 社 出版发行

出 版 人 薛文斌
地　　址 宁夏银川市北京东路 139 号出版大厦（750001）
网　　址 http://www.ygchbs.com
网上书店 http://shop129132959.taobao.com
电子信箱 yangguangchubanshe@163.com
邮购电话 0951-5047283
经　　销 全国新华书店
印刷装订 宁夏凤鸣彩印广告有限公司
印刷委托书号 （宁)0020592

开　　本 720 mm×980 mm 1/16
印　　张 18.75
字　　数 250 千字
版　　次 2020 年 12 月第 1 版
印　　次 2020 年 12 月第 1 次印刷
书　　号 ISBN 978-7-5525-5721-3
定　　价 50.00 元

前　言

　　干旱灾害是全球最为常见且危害极为严重的自然灾害之一，是影响我国社会经济发展、农业生产与生态文明建设的重要自然因素。伴随气候变暖，干旱极端气候事件发生频率和强度呈不断增加趋势，影响不断加重。我国是世界上干旱灾害发生频率最为频繁的国家之一，因干旱灾害造成的损失占据气象灾害损失的53%，居于各种气象灾害的首位。西北半干旱区的地形复杂，降水时空分布差异显著，生态环境脆弱，季节性干旱发生频繁高，干旱对农业生产损失严重，也给人民生活带来极大地影响。因此，持续深入开展农田生态系统干旱成因、致灾机理及旱灾解除技术研究具有重要现实意义。

　　《半干旱区农田生态系统水循环与有机碳对干旱的响应》全书内容包括上篇、中篇和下篇三部分。上篇由肖国举提出撰写提纲思路，由胡延斌和李永平执笔，郭占强、顾婧婧、李秀静参加编写。主要介绍农田生态系统干旱形成机理、干旱持续历程、干旱致灾过程及干旱解除策略等；中篇由肖国举与李永平撰写提纲，由李永平执笔，刘世新、顾婧婧参加编写。主要论述农田生态系统水分时空变化与贮存潜力、土壤—植物水分迁移规律、水分生理生态循环、农田垄沟集雨抗旱节水高效种植对作物耗水特征、光合效率及其水分生产效率的影响、作物生理干旱与土壤干旱胁迫下致灾程度评价、作物生长关键期与土壤干旱胁迫导致生理需水缺水程度及水分循环特征、干旱胁迫下农田集雨系统模拟补充降水对解除旱灾关键技术等;下篇由肖国举提出提纲建议,由胡延斌执笔,郭占强、李秀静参加编写;主要论述农田土壤—植物生态系统有机碳时空变化特征与贮存潜力、土壤—植物有机碳迁移规律、有机碳库对干旱的积极响应、农田生态系统有机碳对作物产量的影响、土壤和作物有机碳与作物品质的相关性、土壤有机碳库贮存技术及对策等。

《半干旱区农田生态系统水循环与有机碳对干旱的响应》一书是依托"宁夏科技创新领军人才计划",国家气象行业科研重大专项"干旱气象科学研究–我国北方干旱致灾过程及机理"的资助。研究工作期间,感谢宁夏自治区科学技术厅、中国气象局兰州干旱气象研究所、中国气象科学研究院等项目主管部门领导给予的关心和支持。刘世新、仇正跻、王静、顾婧婧、何宪平、曹谨等同仁在开展田间试验、实验室项目化验分析、试验基地运行管理,研究资料采集整理等方面做了大量工作。西北农林科技大学董昭芸、张春和吴晓榕博士参与了部分田间试验及仪器相关测定内容,表示感谢!全书由肖国举和李永平提出整体研究工作框架思路,布设田间试验和实验室分析内容,统筹撰写总结提纲,并修改定稿。

全书围绕农田土壤—植物—大气生态系统干旱致灾过程及水分循环特征、水肥调控高效利用能力、土壤和作物有机碳库循环规律等科研工作进展进行论述,尽可能的注重各要素之间整体和局部的关联认识。读者对象适合于地理学、生态学、环境学、资源学、农学、水文学、大气科学等学科方面的科技工作者参考。

2020 年 10 月肖国举于天润府

目 录

下篇　农田土壤——植物生态系统有机碳迁移规律与贮存潜力

上篇

农田土壤—植物—大气生态系统
干旱致灾机理与解除路径

半干旱区农田生态系统
水循环与有机碳对干旱的响应 | Responses of Water Cycle and Organic Carbon in
Farmland Ecosystem to Drought in Semiarid Area

摘要: 干旱灾害是影响社会经济发展、农业生产与生态文明建设的重要自然因素,是全球最为常见且危害极为严重的自然灾害之一。伴随气候变暖,极端气候事件发生频率和强度呈不断上升的趋势,影响不断加重。干旱是一种周期性的气候异常,主要受气候自然变率驱动,具有发展缓慢、持续时间长、影响范围广等特征。全球自然灾害中气象灾害约占到70%,而干旱灾害占气象灾害的53%。中国是世界上干旱灾害发生频率最为频繁的国家之一,因干旱灾害造成的损失占气象灾害损失的53%,居于各种气象灾害的首位。全球干旱半干旱地区占陆地面积的45%,养育着世界上38%的人口,是最脆弱的地区之一,也是降水变率最大的地区。中国是世界上干旱半干旱面积较大的国家之一,旱地面积占全国总土地面积的52.5%。干旱半干旱地区,地形复杂,降水时空分布差异显著,地区生态环境脆弱,季节干旱发生频繁,农作物产量受损严重,给地区经济及人民生活带来极大的影响。因此,持续深入开展对半干旱区农田生态系统干旱成因及致灾机理,与解除的研究具有重要现实意义。

农业是受气候和天气制约影响最为密切的行业之一,关乎国家粮食安全和社会稳定,因此农业干旱研究成为各国政府和学者共同关注的焦点问题。西北地区受自然和人为因素影响,是干旱发生频率和影响深度最为明显的地区之一。西北地区深居我国内陆,受气候和地形因素影响,降水量远超出蒸发量,且时空分布不均,严重影响着区域农业的可持续发展。农田生态系统是受气候变化影响最为明显的行业之一,气候变化背景下,全球陆地大部分地区存在变干的趋势,且不同时空尺度干湿变化趋势存在不同。半干旱区生态环境与农业可持续发展及其对气候变化背景下干旱的响应研究,国家和地方就气候变化背景下先后启动了多项课题研究,围绕环境气象条件与农业生产、农业生态的相互影响及其规律开展相关研究。主要探索全球变暖背景下半干旱区农田生态系统干旱特征、干旱致灾机制、干旱形成机理、干旱持续历程、干旱致灾过程、干旱解除策略以及在农田生态系统干旱致灾机制等方面开展的相关国际合作。旨在说明气候变化对半干旱区农田生态系统干旱的形成和发展重要背景的地理意义至关重要。

第一章　宁夏地区干旱气候变化特征

以全球变暖为主要特征的全球气候变化已经成为科学界和社会各界广泛关注的热点问题。受全球气候变化影响,宁夏地区也呈现整体气温升高趋势,其中冬季升温最为明显;降水量呈现整体减少趋势。数据表明,宁夏地区降水减少概率大约为73.3%。宁夏地区长期遭受干旱的威胁,是中国受旱率和成灾率最严重的省份之一。全球变化背景下,宁夏地区长期遭受干旱威胁。干旱作为该地区最常见、影响范围最广、损失最大的自然灾害,已经造成区域生态环境退化、农业生态安全、生命财产安全威胁以及区域经济发展受阻等多种危害,严重威胁区域自然和经济社会的可持续发展。

从气候、地形、水文、地貌以及生态类型上可将宁夏划分为3个等级生态功能区,从北向南依次为北部引黄灌溉区、中部干旱带和南部山区丘陵沟壑区(图1-1-1)。北部引黄灌区以平原为主,虽然年降水量只有200 mm左右,但在黄河水的灌溉下,农业植被丰茂;中部干旱带多为缓坡丘陵山区盆地,年降水量在200~400 mm之间,干旱少雨,植被以典型荒漠化草原和退化干草原为主;南部山区是整个黄土高原西部的一部分,年降水量在400~700 mm,为宁夏主要的雨养农业区。

半干旱区农田生态系统
水循环与有机碳对干旱的响应 | Responses of Water Cycle and Organic Carbon in
Farmland Ecosystem to Drought in Semiarid Area

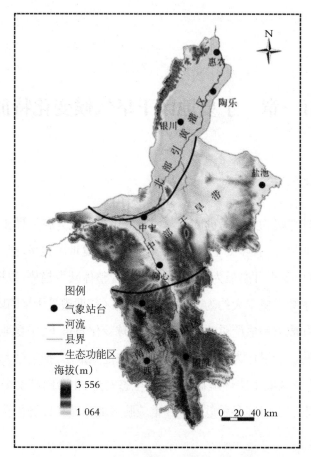

图 1-1-1　宁夏区域概况及生态功能区划

第一节　气温时空变化特征

一、气温时间变化

近半个世纪以来，宁夏地区平均气温显著升高，增温速率大于
0.42℃/10 a。具体表现为全区全年显著增温，其中冬季增温速率最高可达
0.62℃/10 a，其次为春季，增温速率可达 0.52℃/10 a，夏秋季节增温速率
相对较低，平均为 0.37℃/10 a 和 0.61℃/10 a，均已通过 0.01 的显著性检
验。与全国其他地方相比，该地区年或季节的增温幅度都明显高于全国平
均水平。

宁夏地区年平均最高气温和最低气温表现为波动上升的趋势,其中,最高气温上升速率为 0.37℃/10 a,而最低气温上升速率更快,达 0.5℃/10 a。就最高气温来看,冬季增温速率最快,为 0.54℃/10 a,春季次之,为 0.42℃/10 a,夏秋分别为 0.33℃/10 a 和 0.37℃/10 a。相比最高气温,最低气温升温速率更快,仍以冬季最高,为 0.66℃/10 a,春季次之,为 0.57℃/10 a,夏秋分别为 0.46℃/10 a 和 0.43℃/10 a。由此可见,宁夏地区年和季节平均最低气温的增暖速度远高于最高气温的增暖速率,并且冬季气温上升对地区增暖的贡献最大。

二、气温空间变化

受地形和地理位置等因素影响,近半个世纪以来,宁夏地区各地平均气温均呈现显著上升趋势。宁夏气温变化存在明显的空间差异性,其中北部引黄灌区多年平均气温为 9.3℃,中部干旱带多年平均气温为 8.1℃,而南部山区多年平均气温仅 5.0℃。可见,全区平均气温呈现自北向南逐渐降低的空间局势。全区升温速率存在显著差异,其中引黄灌区气温平均增速为 0.46℃/10 a,中部干旱带和南部山区分别为 0.36℃/10 a 和 0.4℃/10 a。可见,宁夏地区气候变暖速度总体呈现北部快、中南部较为缓慢的空间变化特征。

气候变化专门委员会(IPCC)第六次评估报告指出:全球平均气温由 2012 年上升 0.85℃增加到 2018 年平均升温 1.5℃,导致全球气候变暖。近 50 年全球气温线性增温速率为 0.15℃/10 a。宁夏地区各区域最高和最低气温变化与全区变化一致,均呈显著上升趋势,但在地域变化上存在明显的空间差异性。就最高气温而言,引黄灌区年平均最高气温增速相对较快,可达 0.41℃/10 a,中部干旱带和南部山区相对较缓,增速分别为 0.30℃/10 a 和 0.38℃/10 a。就最低气温而言,引黄灌区增温速率最快,为 0.53℃/10 a,而中部干旱带和南部山区分别为 0.44℃/10 a 和 0.47℃/10 a,近 50 年西吉县气温升高了 1.7℃,气候变化速率为 0.345℃/10 a,四季气温呈上升趋势,降水量减少 25.3 mm,海原县年际春、夏、秋、冬平均气温

增加速率分别为 0.324、0.261、0.352、0.406℃/10 a。同心县近 60 年来平均
气温亦呈整体上升趋势,增幅为 2~3℃。银川地区平均气温增加了 1.7℃,
春夏增幅 0.8~0.9℃。由此可见,宁夏地区最高温和最低温增温速率表现
为北部地区相对较快,中部和南部地区较为缓慢的趋势。

第二节　降水量时空变化特征

一、降水量的时间变化

宁夏地区深处中国大陆内部,近半个世纪以来,年降水呈现波动减少
趋势,减少速率为 2.1 mm/10 a。引黄灌区降水主要集中在 7~9 月,占全年
降水量的 70%~80%,年平均蒸发量为 1 825 mm。就季节而言,春夏两季降
水呈减少趋势,而秋冬两季降水略有增加(图 1-1-2)。降水减少主要发生
在作物播种和生长发育的春夏两季,受季节限制,气象干旱进一步加剧了
农田干旱,严重威胁农业生产安全。

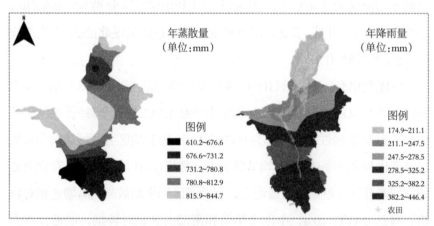

图 1-1-2　宁夏年蒸散量与降雨量分布图(单位:mm)

二、降水量的空间变化

受地形和气流影响, 宁夏全区年降水量总体上表现为自南向北逐渐
递减的空间格局。近半个世纪以来,年平均降水量,北部引黄灌区和中部

干旱带分别为 185.0 mm 和 288.0 mm,而南部山区年降雨量相对较高,在
282.1~765.7 mm 之间。南部山区是宁夏地区降水量最为丰富的地区,较
高的土壤湿度为区域农业发展提供了一定的基础条件。近半个世纪以来,
宁夏地区降水变率存在明显的空间差异性。具体表现为北部引黄灌区降
水量呈增加趋势,增加速率为 0.75 mm/10 a,而中部干旱带和南部山区呈
减少趋势,减少速率分别为 0.015 mm/10 a 和 19.335 mm/10 a。由此可见,
宁夏各地区降水量呈现北部弱增趋势,而中部和南部呈现减少趋势。

第三节　干旱时空变化状况

一、干旱的时间变化

　　从年际尺度来看,近半个世纪以来,农业干旱呈现波动变化趋势,平
均干旱在最近几年呈现减弱的趋势,其中在中部干旱带表现最为明显。就
季节而言,冬季升温速率最大,而有效降水没有明显增加,导致冬季耕层
土壤水分含量不足,造成土壤底墒不足。在此情况下,春季快速增温,降水
减少,导致春旱加剧。夏季为作物生长耗水量较大的季节,降水量反而减
少,造成冬春夏 3 季连旱。秋季降水不显著增加,但难以扭转严重的旱
情,造成作物减产受损。宁夏 3 个不同的生态功能区中,春季干旱在 4 个
季节中均表现最强,但干旱波动幅度在不同生态功能区有较大差异。其
中北部引黄灌区夏季干旱波动幅度最小,而南部山区夏季干旱波动幅度
最大。研究表明,受气温持续升高,以及气温与降水的综合影响,宁夏地
区多以春旱为主,季节上以春夏连旱居多,春夏连旱严重影响区域农业
的可持续发展。

二、干旱的空间变化

　　宁夏地区是中国农业干旱发生次数最多、危害程度最严重的地区之
一。年鉴记载,近半个世纪以来,宁夏共发生干旱超过 40 次,平均每年 1.4
次以上,并且每年干旱事件持续 3 个月以上,重度干旱事件时间长达 1 个

月以上。在干旱事件次数持续增加的情况下,宁夏地区年平均最高气温和
最低气温均显著上升,升温率分别高达 0.37℃/10 a 和 0.50℃/10 a,且最
高气温于 1994 年发生了增暖突变。最高气温的急剧升高与突变会导致或
加剧该地区的干旱灾害。

近半个世纪以来,宁夏地区各区域干旱均呈显著加重趋势,但空间
差异显著。从干旱发生频率来看,在宁夏 3 个不同生态功能区中,南部山
区干旱频率最高,中部干旱带次之,而北部引黄灌区最低。从多年干旱
程度来看, 农业干旱最弱的是北部引黄灌区, 而最强的是中部干旱带。
宁夏中部干旱带主要以降水不足单一因素驱动,而北部引黄灌区与南部
丘陵山区主要是受降水、农业发展以及水文变化等多种因素复杂驱动影
响造成的。

近半个世纪以来,宁夏不同生态功能区表现出以干旱为主的特征,但
存在一定变化趋势。北部引黄灌溉区的极端干旱事件表现出先减弱后增
强的态势,但平均干旱强度表现出先增强后减弱的态势;中部干旱带干旱
强度和极端干旱事件表现出明显减弱趋势; 南部丘陵山区的平均干旱强
度明显减弱,但极端干旱事件表现出先减弱后增强的态势。按干旱尺度来
看,不同季节干旱表现差异较大。春季干旱南北差异不大,全区发生春旱
的频率都很高。夏季中部干旱带发生干旱频率略高于南部山区和引黄灌
区;秋季中部干旱带易发生干旱,但从全区总体干旱情况来看,秋旱发生
频率比春夏两季都要低; 冬旱则主要发生在南部山区, 其发生频率高达
20%以上,而引黄灌区的干旱发生频率则在 5% 以下。

三、宁夏地区干旱风险等级分布

近半个世纪以来,宁夏地区气候总体呈现暖干趋势,平均气温、平均
最高气温和最低气温均呈上升趋势。宁夏持续性旱灾是气温持续快速上
升和降水量减少共同作用的结果,其中气温显著升高是该地区干旱灾害
加剧的主要气候因素。

宁夏地区干旱主要以春旱为主,过去半个世纪,共发生春旱 43 年,夏

旱 37 年,秋旱 28 年,春夏连旱 22 年,夏秋连旱 17 年,春夏秋连旱 14 年。
春夏连旱是影响宁夏地区农业可持续发展最严重的旱情,全区受旱严重
地区干旱持续时间最长达 300 天以上。

宁夏地区农业干旱危险度在空间上呈现显著分异,中西部和北部地
区相对较高,而中东部和南部地区相对较低。干旱致灾危险性指数,北部
引黄灌区最小,其次是南部山区,而中部干旱带最大,由此表明该地区干
旱致灾危险性呈现北部高于中南部地区的空间分布格局(图 1-1-3)。

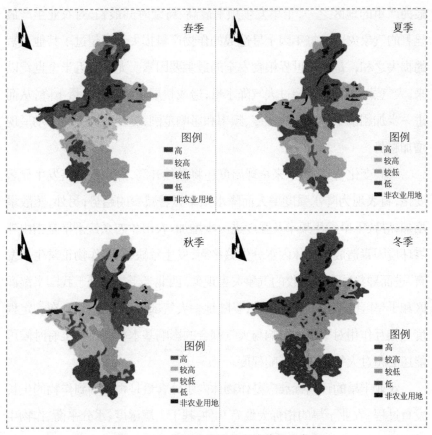

图 1-1-3　宁夏农业干旱风险等级分布图

半干旱区农田生态系统
水循环与有机碳对干旱的响应 Responses of Water Cycle and Organic Carbon in
Farmland Ecosystem to Drought in Semiarid Area

第四节　农田生态系统旱灾指标划分

农业是关乎国计民生的第一产业。农田生态系统的可持续发展是经济快速发展的重要保障。农业是受环境影响最为严重的行业之一,尤其是近年来,在气候变化背景下,极端气象灾害频繁发生进一步增加了农业生产的不稳定性。中国西北地区,尤其是半干旱区,是受全球气候变化影响最为严重的地区之一,干旱发生频率最高、持续时间最长,对农业生产最显著的气象灾害,每年因干旱造成的作物产量损失甚至超过了其他灾害的损失之和,是威胁世界粮食安全的最主要因素。尤其是近半个世纪以来,大气蒸发增强,远超过大气降水量,造成耕层土壤水分含量下降,从而进一步加剧了干旱发生的强度、频率和影响范围,促使致灾损失率均呈现增加趋势。

气候变化背景下,未来全球温度还将继续升高,降水格局将发生显著变化,将表现为降水强度增大而降水频率显著减少的趋势;另外,蒸散量增加,导致干旱发生频率及强度进一步增加。农田生态系统干旱是指由外界环境因素造成作物体内水分失去平衡,发生亏缺,影响作物正常生长发育,进而导致减产或绝收的气象灾害现象。西北半干旱区处于我国半湿润区和干旱区的典型气候过渡带,受陆地—大气耦合度更为显著,在一定程度上相互作用对干旱的影响与大气耦合的影响基本相当,甚至有时候可能还会超过大气环流的影响程度。

农业干旱的评判标准应是作物体内水分含量是否影响到作物的生长发育过程。农业干旱的指标大致有 9 种,基于土壤湿度、水分平衡、作物生理指标、产量减产程度及综合类几大类型。作物干旱指标反映出作物需水量失衡,是农业干旱形成的根本原因,其干旱指标应考虑光照、湿度、风速等气象因素在农业干旱形成中的共同作用。

一、干旱指标及其计算

干旱指标是描述干旱特征的主要因素之一，是反映干旱成因程度的量度。由于干旱的复杂性，不同学科对干旱的定义以及干旱指标不尽相同。农业干旱的发生受到气温、降水、地形等自然因素以及耕作方式、种植结构等人为因素共同影响，因此，农业干旱指标必然涉及大气、作物生理生态、土壤等多个因子。不同作物在不同生育期对干旱的敏感度不同，因此单一的干旱指标很难在大范围和不同作物间应用。

土壤水分是半干旱地区植被生长的重要来源，尤其是深层土壤水分对半干旱区作物生长发育起着至关重要的作用。阐明深层土壤水分的季节性动态对揭示人类活动影响下的植被与水分的相互作用关系、对维持西北半干旱区农田生态系统的可持续性有重要的科学意义。土壤水分调节着生物圈—大气的相互作用，是构建气候、土壤、植被之间相互关联的关键因素，在陆地生态系统中扮演着重要角色。尤其是在干旱地区，土壤水分供应不足是植被生长的关键制约因素。生长季是植被水分利用关键时期，也是土壤水分变化最大的阶段，了解土壤水分的季节变化的特征，可以有效揭示不同植被类型中土壤水分对降水的响应，为西北半干旱区农田生态系统的可持续发展以及维护植被恢复提供科学依据。

作物干旱指标公式：$Ic = (R - E_0) / DW$

式中：Ic 为干旱指标，R 为同期降水量，E_0 为可能蒸散量，DW 为同期作物需水量。当降水量小于可能蒸散量，即说明此阶段农田水分供应不足，植物出现缺水，当此值达到某一临界值时，即出现干旱。缺水值占同期农作物需水量比例越大，表明干旱程度越重。

二、农业旱灾等级划分

根据农业受旱成灾的程度，将农业旱灾划分为轻度旱灾、中度旱灾、严重旱灾和特大旱灾 4 个等级（表 1-1-1）。农业旱灾等级评估公式如下：

$$C=I_3 \times 90\% + (I_2 - I_3) \times 55\% + (I_1 - I_2) \times 20\%$$

式中：C 为综合减产成数（%）；I_1 为受灾（减产 1 成以上）面积占播种

面积的比例(用小数表示);I_2 为成灾(减产 3 成以上)面积占播种面积的比例(用小数表示);I_3 为绝收(减产 8 成以上)面积占播种面积的比例(用小数表示)。

表 1-1-1　农业旱灾等级划分表

旱灾等级	轻度旱灾	中度旱灾	严重旱灾	特大旱灾
综合减产成数(%)	10<C≤20	20<C≤30	30<C≤40	C>40

三、农田生态系统作物干旱因素

干旱的发生受不同时空尺度因子的影响,使其成为最复杂的极端事件之一。气象干旱通常起源于天气变化,如降水不足,高温异常等。而气候异常可能会进一步造成蒸发增加,土壤湿度降低,径流量减少,导致农业干旱。农田生态系统干旱涉及土壤、作物、大气和人类对资源的利用等多方面因素,是各类干旱中最复杂的一种,农业干旱与各地农业生产水平和地方经济发展密切相关。农业干旱又分为生理干旱、土壤干旱和大气干旱。

(一)耕层土壤水分与作物干旱

作物干旱实质上是由于土壤水分含量过低,无法满足作物生长需求,使得作物生长发育受到抑制。这一过程与耕层土壤水分的供应能力、作物的水分需求以及作物本身对水分的亏缺密切相关。耕层土壤的供水能力主要取决于土壤水分的有效性,即耕层土壤水分能否被作物利用以及利用的难易程度,与大气蒸发环境、作物发育期、土壤质地等密切相关。土壤水分低于萎蔫系数的部分无法被作物吸收利用,视为无效水,而高于萎蔫系数的部分为土壤有效水。土壤的最大有效水含量是田间持水量与萎蔫系数之差。根据作物对土壤有效水分的利用能力,土壤有效水分可进一步划分为速效水和迟效水。速效水是田间持水量与毛管断裂含水量之差,表征可被植物迅速吸收的土壤水分下限。速效水耗尽后,植株根系吸水困难,蒸散速率将低于潜在值,被视为作物水分胁迫的临界点。当土壤水分降低至萎蔫系数以下时,作物蒸腾速率接近于零,但仍有部分深层土壤水分以气体形式向上蒸发,直至土壤水分降至吸湿系数时,土壤蒸发完全消失。

据此,土壤水分对作物生长供应的有效性大致可分为4个阶段:第一个阶段,土壤水分在田间持水量和毛管断裂含水量之间,此时土壤速效水分能够完全满足作物蒸散需求,土壤水分不会影响作物生长;第二个阶段,当土壤水分在毛管断裂含水量与萎蔫系数之间时,土壤速效水耗尽,作物蒸散速率迅速降低,作物生长受到抑制;第三个阶段,当土壤水分在萎蔫系数与吸湿系数之间时,作物蒸腾速率几乎降为零,仅有少量土壤蒸发,作物生长基本停止,作物叶片萎蔫;第四个阶段,当土壤水分降低至吸湿系数以下时,作物蒸散量等于零,叶片开始枯死。

(二)干旱与作物生长代谢

干旱对作物的影响涉及生理代谢,生长发育期产量和品质的形成与积累等各个方面。不同作物在不同的生长发育阶段对水分需求存在较大的差异。当然作物在任何发育阶段遭受干旱威胁,都会对作物生长造成明显的影响。作物承受旱灾的程度与干旱强度、干旱持续时间、作物不同生长发育阶段以及作物品种等密切相关。干旱显著抑制作物的光合作用。干旱对光合作用的影响主要包括气孔限制和非气孔限制两个方面。气孔限制是指干旱引起气孔导度下降,使得叶片表面CO_2扩散受阻,细胞间CO_2浓度降低,光合速率下降。而非气孔限制是指由于气孔关闭导致的CO_2供应减少,诱发代谢速率下降,损害光合器官的结构与功能,最终导致光合系统同化能力不足,光合速率下降。干旱发生初期,气孔限制是导致光合速率下降的主要因素,伴随干旱程度的不断加剧,非气孔限制的影响逐步增大。作物在任何发育阶段遭受干旱胁迫均会导致光合速率下降,但在不同生于阶段光合速率对干旱的敏感程度不同。有研究表明,玉米在抽雄期干旱胁迫对光合速率的影响较为突出,其次是灌浆期,拔节期相对较小。

半干旱区农田生态系统
水循环与有机碳对干旱的响应 | Responses of Water Cycle and Organic Carbon in
Farmland Ecosystem to Drought in Semiarid Area

(三)干旱与作物形态指标

叶片是植物对干旱响应最为敏感的器官之一。叶片细胞扩张和叶片生长较气孔导度和 CO_2 同化作用对水分亏缺更加敏感,早在干旱导致光合速率下降之前,叶片的生长就已经受到限制,从而导致叶片面积减小。干旱导致叶片光合速率降低、叶片数目减少,进而引起植株总叶面积减小。严重干旱发生时,细胞分裂速率大幅降低,诱发叶片衰老,进而导致植株叶面积提前下降。叶片含水量和叶片水势下降也是作物对干旱的早期响应之一。叶水势、叶含水量以及光合有效面积的下降均会降低叶片光合同化作用,导致干物质积累速率减少,进一步降低了植株叶面积和叶干重。此外,叶片通过蒸腾作用实现自身温度的调节。水分供应不足,作物蒸腾速率下降,能量消耗降低,感热增加,导致叶片温度增高,过高的叶片温度会影响叶片的光合作用。如干旱对玉米叶片生长的抑制程度与干旱发生阶段相关。其中,开花期对叶面积的影响最大,其次是灌浆期和雌穗小花分化期,拔节期则影响相对较小。不同发育期抑制玉米叶面积增长的原因不同。拔节期干旱抑制新叶生长,导致玉米叶面积下降。雌穗小花分化期干旱导致玉米新叶生长,同时加速老叶的衰老。而开花期和灌浆期的水分胁迫导致叶片的日衰减量大幅度增加,其中开花期尤为严重。

根系是作物吸收水分的主要器官,也是对干旱最为敏感的器官之一。当土壤含水量较高时,根系扩散受到阻力较小,有利于新根生长,根系发达。当土壤供水不足时,很大程度上限制耕层土壤中根系生长,促进根系向深层土壤延伸,且深层土壤中根系吸水能力增强,促进作物对深层土壤水分的利用。研究表明,耕层土壤含水率低于 0.15 cm^3/cm^3 时,根系发生侧向生长,但仍会向深层土壤延伸,而当根系的侧向生长停止时,耕层土壤的水分下降速率也呈现降低趋势。

根系吸水能力主要由根系活力、根系可吸收面积及作物根鲜重所决定。干旱抑制玉米根系的生长,导致玉米根系纤细,根生物量降低,显著降低根皮层细胞导水率,影响玉米根系的吸水能力。玉米根系变细主要是由于根尖伸长区细胞的径向生长受到限制,也可能是根部中柱面积减小、导管直径缩小所致。干旱对玉米初生根伸张速率的抑制作用伴随根尖距离的增加而增强,导致根系变短。苗期一定程度的水分胁迫会增加玉米各级根系长度和根毛密度,增大玉米根系总表面积和总跟长,从而增大根系的吸水面积,提高根冠比和根系活力。伴随干旱程度加深和玉米生长,根系活跃吸收面积减少,吸水能力降低,根冠比下降。

(四)干旱与作物干物质积累

叶面积的同化速率、叶片寿命等直接影响作物干物质的积累。干旱一方面降低叶片总面积,植物获得辐射量减少,叶片光合速率下降,干物质积累速率下降。另一方面,抑制作物生长,降低各器官的库容,导致叶片中光合产物输出速率下降,单位面积同化速率进一步下降。干旱诱发叶片衰老,阻碍干物质的积累。研究表明,玉米拔节期和孕穗期的干旱对玉米干物质积累影响最大,开花期和灌浆期次之,苗期影响最小。干旱抑制叶片光合作用,导致光合产物向作物籽粒输出减少,进而导致产量减少。另外,干旱导致内源性脱落酸浓度增加,降低作物生殖器官对光合产物的利用能力,致使作物生殖器官的库容下降,从而对叶片光合速率及光源强度产生负效应。不同生育期以及不同程度的干旱对玉米产量形成和积累构成不同程度的影响。不同生育期的干旱均会影响玉米产量,并且干旱程度越严重,对玉米果穗性状影响越显著。其中,苗期和拔节期干旱可引起玉米果穗缩短,籽粒库容减少,潜在产量下降。灌浆期发生干旱,缩短籽粒灌浆时间,降低籽粒线性灌浆速率,导致玉米产量下降。总体来看,玉米不同生育期干旱引起的减产幅度不同,减产幅度从小到大一次为:开花期>吐丝期、抽雄期、孕穗期>灌浆期>拔节期>苗期。

半干旱区农田生态系统
水循环与有机碳对干旱的响应 | Responses of Water Cycle and Organic Carbon in
Farmland Ecosystem to Drought in Semiarid Area

第二章　农田生态系统干旱致灾过程及抗旱指标特征

农田生态系统干旱的本质是由于作物生育期内水分供需不平衡引起的。主要指以土壤含水量和植物生长形态为特征,同时受地表温度、蒸发量、土壤性质以及作物自身生理特征等综合因素的影响,反映土壤含水量低于植物需水量程度,进而造成农作物减产甚至绝收。气象干旱是在一定时期内降水时空分布不均衡所引起,气象干旱对农业干旱的发生产生重要影响。因此,在一定程度上,可以将农田生态系统干旱理解为气象干旱对农业干旱的影响。值得注意的是,农业干旱涉及农业、气象、水文以及植物生理等众多学科,同时农业系统又是一个自然系统与人为系统高度交织的结果。因此,发展农业干旱监测无论在理论上还是在技术手段上均面临着较大的瓶颈问题。

第一节　试验材料与方法

一、试验方法

试验设两种植物,即旱地玉米和春小麦作物,每种作物分别设 7 个等级土壤湿度处理:其中,①~⑤处理在作物生长期除了接受自然降水量,另外在处理区又设田间模拟补充降水量以“MR”表示。即①MR30 mm(人工补充降水量 mm,下同)、② MR60 mm、③MR90 mm、④MR120 mm、

⑤MR150 mm)、⑥MR0(CK1,生长期接收自然降水量,人工补充雨量0mm)、⑦KWR(CK2,抗旱棚遮雨,生长期控制自然降雨量为0 mm,也不补充降水)。模拟补充降水量共分3次,每次补充降水占总量1/3,分别在拔节期、孕穗(或大喇叭口)和抽穗期实施人工模拟补充降水量,每次分别为10 mm/次,20 mm/次、30 mm/、40 mm/次和50 mm/次。随机排列,重复2次。

旱地玉米作物采用窄膜垄膜沟种、即垄上覆膜+沟侧种植,形成垄：沟比为50:60cm 的集水种植带,种植2行,人工起垄覆膜,垄高为15 cm;旱地春小麦作物以露地条播种植,施肥及田间管理下同(第九章)。

二、生理抗旱指标

玉米生长期测定地上部株高、干物质生长量,叶面积,及苗期抗旱指标叶片保水力、叶片失水速率、作物干旱期缺水系数(CWS)等(其他测定内容和方法见第九章)。

(一)叶片失水速率(RWL)

离体叶片失水速率(RWL),指单位时间内作物叶片散失的水量,即 $RWL[g/(100\ g.h)]=(Wt-Wi)/(Wt-Wd)\times100\%$,式中：$Wt$ 为 To 时初始叶重(g),Wi 为 Ti 时叶重(g),To 和 Ti 分别为称取 Wt 和 Wi 所间隔的时间(h),各时段叶片失水期间隔时间以($Ti-To$)。

(二)叶片保水力(HAW)

保水力指作物离体叶片在某时间内保持水分量占总水分量的百分比, 保水力用 HAW 表示, 即 $HAW=1-[Wt-(Wt-Wi)]/(Wt-Wd)\times100\%$。

(三)土壤相对湿度(R)

土壤相对湿度(R)指将土壤含水量换算为占田间持水量或全蓄水量的百分数,其计算公式如下：$R(\%)=W(\%)/F(\%)\times100\%$,式中：$R$ 为土壤相对湿度(%),$W(\%)$ 为重量含水量,$F(\%)$ 为土壤田间持水量。

半干旱区农田生态系统
水循环与有机碳对干旱的响应 | Responses of Water Cycle and Organic Carbon in
Farmland Ecosystem to Drought in Semiarid Area

三、综合抗旱指标

对不同补充降水量模拟和抗旱遮雨棚干旱胁迫下相关抗旱性指标测定，旨在探讨各时期不同处理间作物抗旱性的关系，评价抗旱性鉴定指标，建立作物抗旱性评价体系。其评价方法引入抗旱系数和抗旱指数公式如下：

$$DC=Yd/Yp \tag{1}$$

$$DRI=Yd×DC/AP \tag{2}$$

式中：DC 为抗旱系数，DRI 为抗旱指数，Yd 为干旱胁迫期对某处理区被测性状指标值；Yp 为旱地人工充分灌溉（MR150）处理区被测性状指标值，AP 为全部试验处理区被测性状指标值的均值。

第二节　干旱致灾的基本因素

干旱是自然和社会多种因素综合作用的结果，但在自然因素中降水量偏少是造成干旱的主要原因，而由干旱引发灾害的大小，则是由社会经济因素造成的。

一、农业干旱的自然因素

导致干旱的基本要素主要是降水量减少、降水频次低，降水时空分布不均等，进一步造成气象干旱，导致生态干旱（植被生理干旱，植被生态干旱和植被退化）、水文干旱（冰川干旱、河流干旱、水库干旱、水资源减少）以及农业干旱（土壤干旱，作物生理干旱，粮食减产）。

由于大气环流异常，高压系统长时间稳定控制，持续晴热天气导致降水偏少甚至无雨，加之淡水资源短缺，是造成农业干旱最直接、最基本的原因。西北半干旱区深居大陆内部，大陆性气候异常明显。夏季受太阳直射，加之增温强烈，蒸发显著。干旱少雨，年平均降水量在 450 mm 左右，蒸发量显著高于降水量，水资源十分匮乏。由于年内和年际降水分布不均衡，旱灾频繁发生，春旱常导致作物延迟播种。

山地、平原、丘陵等不同地形,降水时空分布也存在较大差异,根据作物生长季节淡水需求的不同,造成不同频率和强度的农业干旱。

农田作物本身的抗旱性能在一定程度上影响干旱发生及其危害程度。不同作物本身生物特性不同,抗旱性能也存在较大差距,即便是同一种作物,在不同耕种方式下以及不同发育期,对旱情的抵御能力也存在着较大差异。

二、农业干旱的社会因素

农业干旱的社会因素主要包括生态环境恶化导致生活环境不协调,农业结构不合理。如畜牧业大幅度下降,肉食价格上涨,工业生产下降,生活用水紧缺、粮食安全、蔬菜价格上涨等社会因素。

人类活动很大程度上改变了自然环境,土地利用类型不断改变,原有的地理气候因子发生显著变化,既可以减缓或避免农业干旱的发生,也可能引起甚至加剧农业干旱的危害程度。如不合理的农业耕种方式,大范围的毁山造田、滥伐森林、过度放牧等,促使草原遭到破坏,大风日数增多,造成局部小气候失调,进一步加剧了干旱的发生,土地沙漠化风险进一步加大。

农业生产活动中合理的兴建水利工程,加强农田基本建设,合理安排作物布局和优化种植结构,推广高效节水等农技措施,可有效减缓或者避免农业旱灾的发生。否则,一切的不合理措施可大大降低抵御自然灾害的能力和抗旱能力下降。如水利化程度较低,高效节水设施不尽完善,地表水资源高效利用水平不够,造成水资源的巨大浪费,进而导致干旱的加深和蔓延。

除此之外,人均淡水资源、耕地资源等明显不足,为提高粮食产量和品质,不断向土地索取粮食,如此恶性发展,进一步加剧了干旱的发生,因此干旱范围不断扩大。伴随工业化不断发展,耕地保护与城市建设用地矛盾突出,土地利用率下降,居民生活用水、工业用水、生态用水之间的竞争愈演愈烈。特别是近年来,生态用水所占比重不断提高,在水资源有限的

半干旱区农田生态系统
水循环与有机碳对干旱的响应 | Responses of Water Cycle and Organic Carbon in
Farmland Ecosystem to Drought in Semiarid Area

情况下,农业用水和工业用水所占比重必然被挤占。伴随复种和套种指数不断提高,单位面积农业生产效率提高,但需求量也明显增加,用水矛盾不断升级,造成干旱程度加剧等。

第三节　干旱胁迫机制及抗旱特征指标变化

西北半干旱区农田生态系统与干旱胁迫因素之间既相互独立,又互相影响。涉及气候要素平均值、时空分布以及水文变化等多方面的水文响应十分复杂。由于农业干旱是耕层土壤水分供给无法满足作物水分需求而导致的作物水分亏缺现象。通常最先表现为降水减少导致的土壤缺墒,同时伴随着作物蒸腾的不断失水,最终作物体内水分无法满足正常生理活动。表现为限制作物生长,进而会出现农作物减产或绝收,且干旱对农作物不同生育期的影响存在显著差异。

干旱是全球最为常见且危害极其严重的自然灾害之一,发生频率高,持续时间长、波及范围广,对农业、水资源、生态等自然环境与社会经济发展均产生重要影响。干旱首先是从大气干旱开始的。本质上讲,干旱的发生是海水温度、积冰(雪)等外强迫与大气之间相互作用,引起大气环流持续异常而形成降水不足。旱灾是半干旱地区生态环境脆弱区制约农业持续发展的首要问题。作为陆地生态系统重要的物质循环过程,碳循环和水循环对农田生态系统能量传输和水分运移起着重要作用,也是地圈—生物圈—大气圈相互联系相互作用的纽带(图1-2-1)。水分利用效率是指生态系统损耗单位质量水分所固定的 CO_2(或生产的干物质)量,是深入理解生态系统水碳循环间耦合关系的重要指标,揭示农田生态系统 水分生产效率(WUE)的时空变化特征及机制有助于预测未来气候变化对农田生态系统碳水过程的影响,具有重要的生态学和水文学意义。

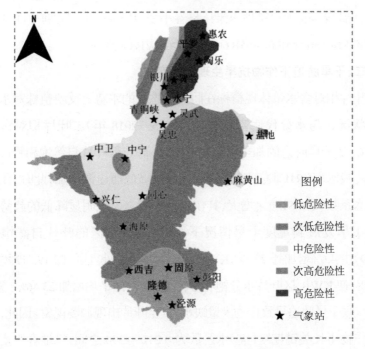

图 1-2-1　宁夏干旱致灾因子危险性区划

一、干旱胁迫下的作物抗旱指数变化

通过我们 2015—2018 年对干旱胁迫作物专题试验研究,系统测定了代表不同气候年份干旱胁迫期作物阶段生长量相对值的抗旱指数(DRI)指标等。结果表明,当 DRI 值 ≤ 0.5 时,玉米和小麦抗旱棚(MWR)区的土壤水分含量直线降低,土壤水分完全不能满足正常生长发育需要,此时将出现重度或特大干旱,严重影响作物正常生长发育。当 0.5 ≤ DRI 值 ≤ 0.8,植株生长缺水比较严重,(春小麦在 4 月 20 日至 5 月上旬)土壤水分不能满足作物对土壤水分适宜下线,出现中度干旱威胁现象。当 0.9 ≤ DRI 值 ≤ 1.0,气候干旱不受影响,如玉米生长期分 3 次模拟补充降水量(MR mm)为 MR60、MR90 和 MR150 处理区,DRI 值在玉米生长期一直在 0.911~1.319 之间;土壤水分为适宜下线条件,出现轻度干旱现象,土壤湿度基本能够满足作物正常生长发育。当 DRI 均值 ≥ 1.00 以上,则此时土壤水分条件较好, 如 MR150 和 MR90 处理区几乎不受旱灾威胁的

半干旱区农田生态系统
水循环与有机碳对干旱的响应 | Responses of Water Cycle and Organic Carbon in
Farmland Ecosystem to Drought in Semiarid Area

影响。结果表明,无论旱地玉米还是春小麦,其作物生长期期的 DRI 值以处理区 MR150>MR90>MR60>MR0>KWR(表略)。

二、干旱胁迫下作物抗旱生理指标变化

叶片相对含水量体现植株在胁迫状态下的水势,反映植株对水分的利用状况,与水分代谢密切相关(2015—2018 年)。叶片相对含水量(RWC)随干旱时态的加剧其相对值逐渐降低,但叶片自然饱和亏(RSD)和叶片吸水率(RW)随着叶片相对含水量降低而逐渐增加,此时,作物缺(需)水系数(CWS)随之增大,其作物抗旱能力呈现明显降低的趋势。在轻度干旱发展到重度干旱情况下,MR150 处理区的叶片自然饱和亏(RSD)由 4.6%增加到 22.5%,KWR(抗旱遮雨棚)处理区,由 19.51%增加到 28.06%,使 KWR 区叶片水分饱和亏较 MR150 区平均增加 23.46%。对此,由于气候干旱胁迫导致作物大量缺水,直至叶片出现凋萎现象。因此,旱地玉米作物生长关键期缺(需)水系数为 0.242~0.390 之间,旱地春小麦生长期一直处于干旱期,其缺(需)水系数(CWS)在 0.305~0.342 之间(表略)。

三、干旱胁迫下玉米光合效率变化

2015—2018 年试验测定了干旱胁迫下测定玉米光合速率(Pn)、蒸腾速率(Tr)、气孔导度(Gs)和叶片水分利用效率、细胞间 CO_2 浓度及气孔限 Ls 系数日变化。结果表明,(1)随着干旱胁迫时间和危害程度的加剧,有效净光合速率也随之呈降低趋势。(2)由于降水量的增加或农田补充灌溉,极大地改善了土壤湿度条件,使其作物水肥利用效率和光合生产效率不断提升。(3) 人工模拟降水处理区 MR120 和 MR60 叶片细胞间 CO_2 浓度较 MR0 处理区降低 9.6%~13.6%(−16.67~−11.72),较 MWR 处理区降低 30.6%(−54.09),叶片平均温度值降低 0.7%~16.6%(−0.5~−0.2);由于自然降水量区和抗旱遮雨棚区的叶片和植株含水量下降,干胁迫导致光合效率快速下降,叶片温度上升、叶片细胞间 CO_2 浓度增加,气孔度限制值 $Ls=1−$(Ci/Ca)增加,由于受干旱胁迫,旱地玉米叶片气孔关闭达到 68%~71%,抗旱遮雨棚(MWR)的玉米叶片气孔关闭可高达 75%。因而干旱胁迫处理区

叶片气孔度限制值（L_s）值较补充降水区增加 1.5%~9.3%。因此,在干旱胁迫期,及时降水或补充灌溉对缓解旱情,提升作物光合效率,改善土壤水分条件,满足作物正常生理对光合、热量、水、气的需求非常重要。

四、干旱胁迫下土壤水分时空变化

2015—2018 年试验表明,土壤相对湿度直接或间接影响着农作物生长进程和产量水平变化,在一定程度上反映了当年干旱程度。在干旱胁迫环境条件下,0~60 cm 土壤水分含量在一定程度与作物叶片和植株含水量存在正相关关系。土壤水分含量高,则叶片或植株含水量高。7 月中下旬抗旱遮雨棚（MWR）区 0~60 cm 土层平均含水量由 8.2%下降至 8 月 10 日的 7.2%和 9 月 10 日的 7.3%。研究表明,旱地玉米叶片凋萎 70%~75%,此期玉米叶片含水量仅为 59.3%~69.7%。同期 MR0 区叶片含水量为 64.9%~76.0%,稍高于 MWR 区叶片含水量,但均属叶片凋萎含水量范围,使玉米生长量受到严重影响。因而,通过定位测定,寻找出旱地玉米叶片或植株出现凋萎湿度的土壤含水量的直线函数关系。研究表明,土壤水分与同期玉米叶片或植株含水量呈直线相关性,且达到相关显著水平。因此,可将宁夏南部黄土高原塬台区农田生态系统农业干旱等级标准,确定为土壤相对湿度（R）55%~60%为轻度干旱、40%~50%为中度干旱,30%~41%为重度干旱,<35%为特大干旱以此作为农业干旱评价标准（表略）。

五、干旱胁迫下土壤湿度与干旱等级评价

宁夏南部半干旱区旱地作物模拟补充降水与干旱致灾过程中,生长期土壤相对湿度（R）与干旱等级评价（2015—2018 年）。结果表明,在干旱致灾过程中,人工影响农田生态系统不同等级降水量和不同土壤湿度等级情况下,使土壤水分生态循环与作物生理干旱类型差异明显。在作物关键期采取人工补充模拟降水量,均能大幅度缓解干旱或解除旱灾损失程度。如当 0~60 cm 土壤相对湿度（R）值由重度干旱（30%~41%）趋向特大干旱（<35%）标准,旱情严重且持续时间长,其作物浅层土壤相对湿度（R）长期保持在凋萎湿度水平,可导致作物严重减产甚至绝产（2017）。试验表

半干旱区农田生态系统
水循环与有机碳对干旱的响应 | Responses of Water Cycle and Organic Carbon in
Farmland Ecosystem to Drought in Semiarid Area

明,确定半干旱区旱地农田生态系统水分生理生态指标干旱等级,当土壤相对湿度(R)为55%~60%为轻度干旱、40%~50%为中度干旱,30%~41%为重度干旱,<35%为特大干旱标准(表略)。

六、干旱胁迫下作物抗旱相关指标特征评价

2015—2018年测定了作物叶片保水力(HAW)与叶片失水速率(RWL)均为判断作物抗旱性的重要指标,在一定干旱胁迫条件下可表示为作物抵御旱灾的能力。如一定时间内由于增加降水量,其土壤水分条件得到改善,根域供水条件得到改善,一定程度缓解了干旱胁迫对作物造成的威胁,此时叶片失水速率(RWL)值将会逐渐降低,则同期叶片保水力(HAW)值就高,相反则出现低值的趋势。

作物苗期干旱胁迫下旱地玉米和春小麦功能叶片,连续吸水12 h后,再每间隔2 h测定一次叶片失去水分的重量,连续12 h叶片失水速率。结果表明,KWR(抗旱棚遮雨棚)和MR0(自然降水量区)处理较MR150(2017—2018年)的失水速率相对较低的趋势。但玉米MR150和MR0处理区叶片12 h内,叶片失水速率每小时普遍较KWR区减少0.13~0.83 g/(100 g·h),MR150和MR0分别较KWR处理每小时减少0.29 g/(100 g·h)和0.50 g/(100 g·h)。同样,小麦同处理区干旱胁迫下叶片失水速率每小时减少0.11~0.55 g/(100 g·h)(表略)。

旱地玉米垄沟集雨种植模式,在干旱胁迫期实施人工模拟充分雨量的MR150处理,分别较KWR和MR0处理区的叶片HAW值增加0.67%~4.81%和4.27%~10.05%,平均增加3.44%和8.01%;旱地春小麦同水平处理区叶片HAW值分别增加1.07%~4.00%和1.13%~2.56%,平均增加3.01%和1.93%。充分说明,如果在生长前期出现中度或重度干旱胁迫时,能够及时自然降水或实施补充灌溉,一定程度能缓解和解除旱情,对降低旱情致灾损失十分重要。

七、干旱胁迫期作物抗旱指标综合评价

2015—2018年对干旱胁迫条件下对旱地作物生长量相对值的抗旱

指数(DRI)进行了测定。结果表明,旱地玉米和小麦主要生长期处于不同土壤水分生态环境,其生长量差别明显。作物生长期生长量的抗旱指数判断抗旱性:DRI 值≤0.5 时,玉米和小麦抗旱棚(MWR)区的土壤水分含量直线降低,此时出现重度和特大干旱现象,严重影响作物的正常生长发育;如玉米从 6 月上旬至 9 月中旬,MWR 区生长期的 DRI 值仅 0.103~0.167,KWR 区的春小麦 5 月上旬至 7 月中旬,DRI 值也由 0.541 下降至 0.195。

当 0.5≤DRI 值≤0.8,土壤水分含量低,植株生长缺水比较严重,(春小麦在 4 月 20 日至 5 月上旬)土壤水分不能满足作物对土壤水分适宜下线基本条件,出现中度干旱现象,旱情可对作物生长构成威胁。

当 0.9≤DRI 值≤1.0,气候干旱不受影响,如 MR60、MR90 和 MR150 模拟补充降水量处理区,DRI 值在玉米生长期一直在 0.911~1.319 之间;土壤水分为适宜下限,并出现轻度干旱现象,土壤湿度基本能够满足作物正常生长发育需求。

当 DRI 均值≥1.00 以上, 则此时土壤水分条件较好, 如 MR150 和 MR90 处理区几乎不受旱灾威胁的影响。

充分说明,在干旱半干旱地区,春夏经常出现干旱胁迫,此阶段正值作物需水关键期,降水量少导致气候干旱,往往造成不同程度的减产。作物苗期和生长关键期实施补充灌溉或增加 30~90 mm 降水量,可提升作物抗旱指数 DRI 值 0.3~0.5,能够极大地增强作物的抗旱能力,对缓解和解除旱灾起到极为重要的作用。

半干旱区农田生态系统
水循环与有机碳对干旱的响应 | Responses of Water Cycle and Organic Carbon in
Farmland Ecosystem to Drought in Semiarid Area

第三章　农田生态系统干旱形成机理与
干旱致灾过程

农田生态系统干旱是指在农业生产季节,因长期少雨甚至无雨,造成大气干旱、土壤缺水、农田作物生长发育受到抑制,导致明显减产甚至绝收的一种农业气象灾害。引起干旱的因素主要包括气候波动、气候异常、气候变化以及水资源供需变化等协同作用。而且,即使在相同的环流异常背景下,干旱也往往是从生态环境相对较为脆弱的干旱地区开始爆发,然后逐渐向周边扩展。干旱的发生和发展还往往表现为不同的时空尺度,干旱时空尺度性及尺度之间交叉耦合问题使干旱的形成机制变得更加复杂。目前对干旱事件成因的认识远没有对干旱气候成因认识的清楚,很多结论还比较定性甚至模糊。

土壤水分在陆地水循环过程中扮演着极其重要的角色,是综合气候、土壤及植被对水分平衡的响应和水分平衡对植被动态影响的关键变量。农业干旱反映了土壤含水量对作物蓄水量的程度,表现为作物因水分亏缺而出现萎蔫甚至减产的现象。然而不同区域对土壤水分亏缺的耐受程度不同,导致不同作物对降水或土壤水分亏缺的响应时间存在差异,并且这种差异随作物不同生育阶段表现出不同的特征。另外,伴随水分亏缺,蒸发量将逐渐减少,进一步地表温度升高,形成正向反馈作用。忽视以上过程的降水量过程,容易导致农业干旱监测难以从作物水分供需平衡机理层面得到解释。目前,关于农作物对水分和温度的综合响应过程仍不明确,需要加强农作物受旱机理研究,并发挥农作物对水分亏缺程度在干旱预警中的重要作用。

第一节　大气——水循环不稳定下的环流异常

大气——水循环异常导致气候的不稳定性事件频繁发生。在高纬度与低纬度之间、海洋与陆地之间,由于冷热不均出现气压差异,在气压梯度和地转偏向的作用下,形成地球上的大气环流。大气环流引导着不同性质的气团活动和反气旋的产生或移动,对气候的形成有着重要作用。

一、大气环流与气候的关系

大气环流引导着不同性质的气团活动和反气旋的产生及移动,对气候的形成有着重要的意义。常年受低压控制,以上升气流占优势的赤道带,降水充沛,森林茂密。相反,受高压控制,以下沉气流占优势的副热带,则降水稀少,很容易形成沙漠。

二、大气环流与水分输送的关系

大气中水分输送的多少、方向和速度与环流形势密切相关。北半球,水汽的输送以北纬30°附近为中心,向北通过西风气流输送至中、高纬度。向南通过信风气流输送至低纬度。由于大气环流异常,必然引起气压、温度、湿度和其他气象要素值出现明显的偏差,从而导致降水和冷暖异常,出现旱涝和持续严寒等气候异常情况。

我国由于处于欧洲和亚洲西部阻塞形势持久稳定,北方和南方的部分地区汛期少雨和北方地区降水量减少导致气候干旱、气候变暖温度上升现象明显。由此可知,在环流异常的情况下,可能在某一地区发生干旱,而在另一地区发生洪涝,或者在某一地区发生奇热,而在另一地区发生异冷。

近年来,由于南方地区持续极端降水多发而引发的洪水灾害造成损失,北方干旱区持续干旱灾害现象增多所造成的巨大损失。因此,研究中

半干旱区农田生态系统
水循环与有机碳对干旱的响应 ｜ Responses of Water Cycle and Organic Carbon in
Farmland Ecosystem to Drought in Semiarid Area

国持续极端降水事件的发生频次、持续日数、总降水量以及极值的变化规律，并探讨环流因素对这些变化的影响至关重要。

第二节　高原屏障对西北地区气候的调节作用

一、青藏高原的屏障作用

青藏高原通过屏障、侧边界动力和下沉运动带等作用影响中国的干旱事件。青藏高原阻碍了南亚西南季风的北上，其动力抬升作用的异常变化直接影响下游干旱的形成。同时，在夏季高原北侧对流层中，干旱年高层有比常年更强的经圈环流，下沉运动也更强。另外，青藏高原冬、春季地面感热异常变化也会影响中国干旱的形成。

大地动力和热力过程的影响，使区域尺度的环流形成干旱。青藏高原隆升不仅是新生代固体地球演化的重大事件之一，也被认为是气候和环境演化的重要驱动力之一，它不仅改变了本身的地貌和自然环境，而且对亚洲季风、亚洲内陆干旱至新生代全球气候变化都有深刻的影响。青藏高原热力抬升作用影响到亚洲大部分区域，夏季高原的加热作用通过激发异常的大气环流，使得中亚、西北和华北的干旱加剧。当青藏高原冬、春季地面感热异常偏强时，造成后期对流层中上层高度气场异常偏高，且高度气场异常偏高的响应随时间从低层向高层传递，导致夏季副热带高压偏强、偏西，使得中国南方夏季偏干，当青藏高原冬、春季地面感热偏弱时，使中国北方夏季偏干的机率增加。

二、青藏高原及邻近地区夏季气候垂直运动

青藏高原北侧边界层中盛行西风，形成一条东西向的负涡度带。由此造成南疆东部、宁夏和甘肃中部一带由于气流过山的绕流和辐散，加大了负涡度，并且使下沉运动增强，加剧了该区域的干旱事件发生的机率。

在青藏高原及邻近地区多年夏季平均的垂直运动大气场，夏半年（4～9月）青藏高原上盛行较强的上升运动，而绕高原西、北和东北侧分布着

下沉运动带,带中的 3 个下沉中心分别与中亚、西北和华北 3 个干旱及半干旱区对应,其下沉运动的异常变化与 3 个区域的干旱事件强弱显著相关。

在青藏高原夏季的热源作用下,500 hPa 高度气场形成暖高压脊,而西太平洋沿海区域相对较冷,是热汇区,500 hPa 高度气场中纬度沿海形成冷槽,500 hPa 高度距平场上,西北地区为正距平,东亚沿海附近为负距平,造成西北地区东部上空偏北气流加强,这种西高东低的高空形势也会导致我国西北地区的干旱事件发生。

三、青藏高原冰雪的影响

青藏高原冬季积雪与宁夏干旱指数呈正相关关系, 即在青藏高原冬季多雪时,盛行纬向环流,西太平洋副高位置偏北,致使宁夏地区旱涝频繁发生,涝年出现的概率与往年相当。在青藏高原冬季少雪时,盛行经向环流,西太平洋副高位置偏南,宁夏地区降水多为正常—旱年,以正常年景出现的概率为大。

第三节 气候暖干化加快气象干旱和农业干旱的进程

全球气温的上升是一个明显的趋势, 如今连南极洲地区都难以避免"夏季"高温的发生。随着高温的持续,无论是地处高温之中的南极,还是北极地区,都将是直接影响的区域。在全球气温上升的时候,海平面上升是最为明显,因为冰川融化的程度加强,则位于低洼和海平面较低的海岛将可能出现淹没的情况。

一、海水平面上升趋势不可逆转

2019 年,美日宣布,由于海水的影响出现了岛屿淹没和海平面上升趋势在逐步加快。科学家预测, 这些地区到 2050 年, 海平面最终将比 1992 年高 0.82 m。当然不仅是美国,全球海平面上升趋势正在加速。目前世界海洋水域由 1992 年平均上升 0.82 m 增加到 2019 年的 1.47 m,这可

半干旱区农田生态系统
水循环与有机碳对干旱的响应 | Responses of Water Cycle and Organic Carbon in
Farmland Ecosystem to Drought in Semiarid Area

能是保守数据,如果海平面继续加速增长,那么盐水渗入,洪水和风暴潮的风险只会越来越严重,全球亿万人口可能流离失所。可能造成"全球性"的灾难,必须引起人类重视。

二、全球变暖与冰川融化趋势扩大

目前地球上冰川面积大约有 2 900 万 km², 覆盖着大陆 11%的面积。冰川总储水量约 2 406 万 km³(2.4 万亿 m³), 平均水深 1 480 m(平均冰厚 1 650 m)。据科学家预测,若我们继续向大气排放二氧化碳,很有可能创造出一个无冰川的星球,全年平均气温或由 21.5℃上升到大约 26.7℃,局部地区可升至 35℃。由于冰雪融化严重影响到北美洲、南美洲和非洲,地球温度的上升可能致使冰雪贮藏敏感地区不再适宜人类居住。据此,埃及的亚历山大和开罗将被地中海淹没。欧洲伦敦、威尼斯、荷兰和丹麦的大部分地区也将消失在海平面之下。亚洲 6 亿人口的土地将会被海水淹没。人口近 1.6 亿的孟加拉国地区以及印度沿海大部均将消失。湄公河三角洲的淹没将使柬埔寨的豆蔻山成为岛屿。澳大利亚内陆的沙漠将形成一个新的内海、与此同时,大部分狭窄的沿海地带也将消失不见,这也意味着 4/5 的澳大利亚人将失去家园。南极洲东部的冰盖占地球上 4/5 的冰川,由于全球变暖,冰川的融化量似乎也有增加。南极洲西部的冰川范围在不断缩减,这里的冰川非常脆弱,海洋温度上升正在不断融化浮冰,使其逐渐崩溃。自 1992 年以来,南极洲西部冰川平均每年消失 6 500 万 t。

三、全球变暖冰川融化,农业干旱进程加快

淡水资源短缺趋势明显。97%的地球水是海水,只有 3%是淡水,这应该能满足地球上 70 多亿人的需要。约 75%的淡水被困在冰川中,90%的含淡水冰川位于南极。随着冰川融化速度的加快,内陆河流来源的山区和高地上的冰雪也将消退, 没有充足的淡水供日益增长的人口需求。随着海水量的增加,世界各地沿海地区的低洼地区的潮汐和海平面已经在上升。由于北极和南极冰层的消失, 北极熊的数量多年来一直在下降。珊瑚礁具有保护海岸线的作用。随着海平面的上升,直接影响到鱼

类种群减少。致命疾病泛滥。当冰层继续融化时,一些被困的病毒、细菌和化学物质被释放循环的危险之中,人类可能会面临致命疾病的再次回归。甲烷气体释放,造成温室气体。冰川融化后,导致加速全球变暖。据估计,如果目前全球变暖的速度继续下去,北极地区可能会在几年内释放出超过 500 亿 t 甲烷。除此之外,引发地震灾害、河流干涸、洪水泛滥、海啸频发、火山爆发和机极端天气爆发等事件增加等。

气候变暖导致气象干旱和农业干旱不断发展趋势。一般情况下,气象干旱的发生早于农业干旱。干旱是全球最常见、最广泛的自然灾害,具有随机性、蠕变性和复杂性等特征,对农业生产、生态环境和社会经济发展的影响极其深远。干旱类型包括气象干旱、农业干旱、水文干旱和社会经济干旱。自 20 世纪下半叶以来,世界上有很多地区由于气温升高和降水减少导致干旱更加严重,中国西北地区也经历了严重而又频繁的干旱。黄土高原位于半湿润气候区向半干旱、干旱气候区的过渡地带,近年来干旱呈现显著增加趋势,干旱是一种周期性的气候异常,主要受气候自然变率驱动,具有发展缓慢、持续时间长、影响范围广等特征。然而,气候变化使得干旱不仅有增加趋势,其特征也在发生变化。近年来干旱频繁发生,对当地经济发展及生态建设造成了严重影响。

四、大气碳排放胁迫全球气候干暖化

2020 年世界气象组织发布了一份由权威气候科学家共同撰写的报告指出,近年来,海平面上升、全球变暖、冰盖融化和二氧化碳排放速度正在加快,2019 年 23 日召开的联合国气候峰会提交的科学报告详细描绘了地球气候的现状以及主要温室气体的排放情况及浓度变化趋势,强调国际共同商定的气候行动目标与当前的全球实际之间仍然存在明显差距,且这一差距还在不断扩大。报告指出,2015—2019 年,全球平均气温较工业化前时代升高了 $1.1^\circ C$,与 2011—2015 年间相比升高了 $0.2^\circ C$,这一升温所带来的气候影响包括冰盖融化、海平面上升以及极端天气事件频发等。我们应该清楚地认识到,气候变化的进度和严重程度远远超过

10 年前的预测和评估，全球正面临关键的气候临界点。

2019 年 11 月 26 日联合国环境署发布的《碳排放差距报告》中警告，即使考虑到各国已提交的气候承诺，到本世纪末全球气温上升幅度还是会达到 3.2℃，而要实现 1.5℃控制目标，要求 2020—2030 年全球碳排放每年需减少 7.6%。在过去 10 年里，温室气体排放每年增长 1.5%，其中 2018 年的温室气体排放达到新高，共排放了 553 亿 t 二氧化碳。报告提出，如希望控温在 2℃，2030 年的排放量至少需要比目前的排放量减少 150 亿 t 二氧化碳；为了达到控温 1.5℃的目标，则需要减排 320 亿 t。要实现未来 10 年 1.5℃的减排目标，各国的控制排碳目标必须比目前的水平提高 5 倍以上。

由于气候变化和与之相关的冲突，与气候变化有关的冲突增加了非洲粮食不安全水平。非洲大约有 2.24 亿人正在遭受营养不良的困扰。联合国粮食及农业组织（FAO）的官员在非洲会议上发表讲话，依据目前的气候变化速度，到 2030 年，预计将导致非洲有 17 亿人口粮食不安全。

第四节　农田生态系统干旱致灾过程

干旱灾害与地球环境相伴而生，是全球影响范围较广、持续时间较长，并且对社会经济和环境影响最严重的自然灾害，也是中国西北地区最为严重的自然灾害之一，给人类带来了巨大的危害。随着气候变暖不可逆转的趋势渐进，西北地区极端干旱事件发生频率和强度均呈增加趋势，影响不断加重。特别是近百年来受全球气候变暖影响，干旱灾害及其风险问题更加突出。中国西北地区处于非季风气候区，是一个干旱灾害频发的地区。在中国西北地区，干旱灾害是造成农业经济损失最严重的气象灾害。近年来，农田干旱受灾面积呈现急剧扩张趋势，由旱灾造成的粮食减产不断增加。尤其近半个世纪以来，重大干旱灾害事件发生频率呈现快速增长趋势，干旱对农田生态系统的危害也在不断增加。

中国西北地区位于北半球中纬度地带,地处欧亚大陆腹地,深居内陆,远离海洋,属于不受亚洲夏季风影响边缘区,海洋上空水汽能够达到的很少。而且,该地区绝大部分面积处在干旱和半干旱气候区,地表干燥,植被稀少,局地蒸发提供的水汽也十分有限。所以,西北地区水资源稀缺,水分生态循环均不太活跃,不仅年平均降水少,而且降水的气候波动性很大,是最容易发生干旱灾害的区域,每年干旱造成的经济损失高达 GDP 的 4%~6%,远远高于中国其他地区,对靠天吃饭的农田生态系统影响尤为突出。造成该地区水资源短缺、植被退化、土地荒漠化和空气环境质量恶化等一系列影响区域可持续发展的突出问题。

一、气候干旱与农业干旱循环障碍

干旱灾害风险形成主要包括"二因子说""三因子说"和"四因子说"等。旱灾的发生通常是大气和陆面之间相互作用经常引起的大气—土壤—植被水分和能量平衡遭到破坏的最终结果。如降水亏缺—土壤湿度减少—自然生态和农业生态受损的过程。在陆地—气候相互作用的过程中,地面热力、水分和生理生态的耦合作用对干旱信号的传递及致灾过程也十分关键,它是把气象干旱与农业、生态和水文干旱联系起来的重要物理环节。农业干旱内部是土壤干旱→作物(或植被)生理干旱→作物(或植被)生态干旱→作物经济产量下降(或植被状况变差)→农业(生态)效益降低的过程。然而这个传递过程并不会必然发生,他们是有条件的往下传递,只有在前面干旱传递到作物生理干旱之前就被阻断,采取抗旱措施,就不会对作物生理生态造成伤害,更不会形成旱灾。但如果传递到了作物生态干旱,干旱灾害影响就不可逆转了。所以出现了气象干旱,可能不会出现农业干旱,出现了农业干旱也不一定会出现水文干旱或生态干旱。不过,在内陆河灌溉农业区,一般水文干旱还可能会出现在农业干旱之前。

干旱灾害的形成和发展过程不仅包含着复杂的动力学过程及多尺度的水分和能量循环机制,而且还涉及气象、农业、水文、生态和社会经济等

半干旱区农田生态系统
水循环与有机碳对干旱的响应 | Responses of Water Cycle and Organic Carbon in
Farmland Ecosystem to Drought in Semiarid Area

多个领域。干旱的形成和发展是地表水分亏缺不断积累的过程，干旱持续时间越长，产生的危害就越重。中国的干旱灾害风险研究开始于 21 世纪初期，主要研究包括干旱风险机制、干旱灾害风险评估和灾害风险特征等方面。

二、干旱承载风险的能力下降

干旱作为一种自然灾害会对人类的生命健康、财产和生存环境等带来直接或间接的不利影响，这种不利影响发生的强度和频次可称为干旱灾害风险，它客观反映了干旱灾害对人类的直接危害和潜在威胁的可能性大小。干旱灾害风险服从于干旱灾害形成规律和统计学的概率分布规律，受干旱致灾因子危险性、干旱承灾体脆弱性、干旱孕灾环境敏感性和干旱防灾能力不可靠性等多种因素相互作用的影响。事实上，全球许多地区处于干旱灾害风险之中，并遭受着干旱灾害的直接或间接威胁。我国是全球经常暴露于干旱灾害危险区人口最多的国家，也是干旱灾害风险比较高的地区，人民生活和社会经济发展严重受干旱灾害风险制约。

干旱灾害是一种发源于降水异常偏少和温度异常偏高等气象变化的基本要素之间的不协调所致，而作用于农业、水资源、生态和社会经济等人类赖以生存和发展的基础条件，并能够对生命财产和人类生存条件造成负面影响的自然灾害。在国际上，通常将干旱分为 5 类，即气象干旱、农业干旱、水文干旱、生态干旱以及社会经济干旱，其中农业干旱和气象干旱的影响程度最严重。

三、干旱致灾过程及风险预防

本质上讲，上述这 5 类干旱并不是相互独立的，它们反映的是从干旱发生到产生灾害的链状传递过程，5 类干旱实际上就是干旱传递到不同阶段的具体表现。即使出现了气象干旱，如果不再向下传递也不一定会发生农业干旱、生态干旱、水文干旱和社会经济干旱。任何单一干旱类型只是从不同侧面描述了干旱的发展特征，并不能全面反映干旱灾害特征。当气象干旱发生后，在合适的条件下，将会向农业干旱、生态干旱和水文干旱并行传递,当农业干旱、生态干旱和水文干旱发展到一定程度,则又会向社会经济干旱传递。

农业干旱内部是最先由土壤干旱传递到作物生理干旱,再由作物生理干旱传递到作物生态干旱,最后由作物生态干旱传递到粮食产量受到影响。如果干旱在传递到作物生理干旱或植被生理干旱之前就缓解,基本上对作物机体没有实质破坏,不会有本质性灾害影响。但如果传递到作物或植被生理干旱阶段,灾害影响就成为必然,也难以逆转,而且越往后传递灾害的影响越难以逆转。因此,在一定程度上,可以通过水文干旱监测对农业干旱和生态干旱进行早期预警和预防。

农田生态系统干旱,可以通过监测土壤干旱来预警作物生理干旱,由作物生理干旱监测来预警作物生态干旱,由作物生态干旱监测来预警作物产量损失。就干旱监测而言,不仅需要通过分析干旱程度和频率区分干旱等级,还需要通过针对其影响的对象区分其类型和发展进程。农业干旱而言,其干旱影响程度不仅取决于降水量和降水期及气温环境,还取决于农业系统的脆弱性等干旱向下传递的环境条件。一般而言,气候变暖会加快传递进程。气候变暖会使干旱灾害发生的时间和地点不确定性增加,表现出许多反常的时间和空间分布特征,其发生发展的规律更加难以把握。

四、干旱灾害的主要特征

全球气候变暖背景下,干旱灾害有一些比较显著的特征。主要表现在以下几个方面。

(一)干旱灾害的不可逆转性

旱灾与地震和暴雨等突发性灾害不同,干旱事件不会立即形成,是气候自然波动引起的自然灾害,存在一个渐进的发展过程,从干旱发生到产生灾害会经历一系列渐变环节的转换。很难明确区分干旱的时间和空间界限,其特征也比较模糊和复杂。所以,对干旱灾害性往往难以及时察觉,发现时一般已十分严重并难以逆转。因此,干旱灾害涉及致灾因子、孕灾环境、承灾体和防灾减灾能力等4个子系统。干旱灾害虽然发展比较缓

半干旱区农田生态系统
水循环与有机碳对干旱的响应 ┃ Responses of Water Cycle and Organic Carbon in
Farmland Ecosystem to Drought in Semiarid Area

慢,但解除却要建设快和及时,也许只要有一场透雨就可以很快结束,甚至会出现旱涝急转,这是由于蒸散的约束性特征和降水的发散性特征共同作用的必然结果。

(二)干旱灾害的多尺度性

干旱灾害是个时间尺度和空间尺度的科学问题。由于降水和大气水分循环具有短期异常、年循环、年际波动、年际异常和长期气候变化等不同时间尺度,干旱灾害也会表现出短期干旱、季节性干旱、干旱年、年代性干旱和干旱化趋势等不同时间尺度特征。一般季节性干旱是周期性发生的,短期干旱经常发生,干旱年会不时出现。不过,年代性干旱和干旱化趋势的灾害性最强,尤其是多时间尺度迭加在一起的干旱往往是灾难性的干旱。同时,干旱的发生和发展也往往表现在不同空间尺度上,地形和土地利用等局地因素引起的干旱尺度范围往往较小,而气候系统内部变率引起的干旱空间尺度一般只能达到区域尺度,但天文因素和全球变暖引起的干旱可能会达到全球尺度。另外,干旱的空间尺度有时也是动态的,随着干旱的发展,其空间尺度可能会由局地尺度发展为区域尺度。不仅如此,干旱往往随着环流异常传递而扩展,或从生态环境相对脆弱的地区开始爆发,然后再向周边地区不断扩散。

(三)干旱灾害的衍生性

干旱灾害通常并非独立发生,而是在干旱灾害发生后会诱发或衍生出沙尘暴、土地荒漠化和风蚀等其他自然灾害,这些自然灾害之间彼此相互作用,会形成复杂的以干旱为主导的灾害群。

半个世纪以来,西北地区气温呈现显著上升趋势,降水时空变化差异显著,西北半干旱地区暖干化趋势明显,水资源越来越短缺,对西北地区农业可持续发展带来显著影响。气候变暖会使干旱致灾因子的危险性加重,使承灾体生态脆弱性增加,也使孕灾环境的敏感性加大,这些都将会增强干旱灾害的风险性。

第四章　农田生态系统干旱解除策略与展望

西北半干旱区深居我国内陆,位于季风和非季风气候过渡区,是受气候变化最为明显的地区之一。因此,只有深入研究干旱,才能有效的解除干旱。农田覆盖具有降低土面蒸发和保持土壤水分的作用,能够促进作物植株蒸腾和提高水分利用率,因而成为干旱、半干旱地区旱作农业生产中重要的抗旱栽培技术措施之一。目前在农业生产中广泛应用的覆盖材料为秸秆和微地膜,关于二者覆盖的保水效应已有大量的研究报道,但都是以一定时间一定土层或深度的土壤含水量,或一定深度土层的储水量,或一定土层或深度土壤水分含量随时间的变化, 或一定时间土壤水分含量随土壤深度的变化来评价它们的保水作用, 没有将土壤水分含量随时间的变化与土层深度的变化联系起来。而实际情况是在降水、温度、灌水(如有灌溉条件)、作物蒸腾、土面蒸发、地下水位和土壤剖面性状等多方面因素的综合作用下,农田土壤水分具有随时间和深度而连续变化的特点。因此,采用土壤水分时空分布等值线图来分析秸秆与地膜覆盖的保水效应,更符合土壤水分的实际状况及变化特点,信息量也更多,既可反映土壤水分随时间和土层深度的动态变化状况, 又可以进一步分析土壤水分动态变化与降水、温度、作物生长等主要影响因素之间的关系。

半干旱区农田生态系统
水循环与有机碳对干旱的响应 | Responses of Water Cycle and Organic Carbon in
Farmland Ecosystem to Drought in Semiarid Area

第一节　农田生态系统干旱监测、评估及解除策略

一、不断提升旱情监测预警体系建设

提高干旱监测预警技术是国际干旱研究领域的一项重要内容。对干旱监测预警的研究，主要借助于干旱指数和实施干旱的观测试验研究来开展工作。利用气象、水文、土壤资料，或卫星遥感资料来建立不同的干旱指数，从而进行干旱监测预警。遥感数据是开展农业干旱监测的重要数据源，遥感监测干旱，不仅能反映大范围地表信息的优点，而且克服了传统的台站网络监测干旱的不足。随着不同用途卫星的相继发射，海量的遥感数据为学者研究地表过程提供了丰富的数据支撑。与地面观测数据相比，遥感数据当前面临的最大挑战是时间序列较短，难以在长时间尺度上探究干旱的时间变化特征。目前已发展多种尺度转换技术进行数据同化，然而仍未完全实现多源遥感数据的综合应用，尤其是微波遥感在研究干旱对地表植被影响中的应用更为缺乏。今后应挖掘更多表征性干旱特征的地表参量，提高遥感监测干旱的水平。遥感数据的不确定性问题也是阻碍其在农业干旱监测中进一步应用的关键问题。因此，发展数据同化技术、提高多源遥感数据综合利用水平、定量评价遥感数据的不确定性等问题是今后农业干旱监测研究中的一个发展方向。随着全球土壤湿度监测卫星（SMAP）等一系列新兴卫星的相继发射，为农业干旱监测提供了新的发展机遇，而遥感数据在农业干旱监测中的作用也将得到进一步提升。

二、加快水利基础设施建设，发展高效节水设施

研究表明，非雨养农业地区灌溉作物产量是雨养农业非水浇地的1倍以上。引黄灌区耕地面积占宁夏耕地面积的1/3，总产量占全区的2/3，因此，兴建水利设施，开辟水源，发展灌溉农业，全面推广节水灌溉技术是防旱抗旱的有效措施之一。加快农田水利基础设施建设，在南部山区有条件的地区发展引黄灌区。立足发展节水灌溉，统筹安排当地水分供需平

衡,科学平衡生活用水、生态用水与生产用水之间的矛盾,使有效水资源能发挥最大功效,扩大抗旱灌溉效益。

干旱的风险管理,是依赖于科学的研究,利用早期干旱预警和信息发布系统、干旱监测网络、干旱规划,尽可能在地方决策部门的指导下,在干旱前期则拟定出降低干旱风险的策略,而不是过多地依赖于对干旱灾害的援助行动,这是一种主动的应对过程。

利用上下游之间的高差,合理兴建小水库,水坝拦截,形成局部小流域自流灌溉,这是解决区域干旱的有效途径。因此,在宁夏南部山区发展窖集水,开展围观等小面积抗旱保苗灌溉,可有效地缓解干旱带来的危害。在有条件的地区,合理开发地下水资源,开展小规模滴灌、喷灌等现代节水技术,使有限的水资源灌溉更大的耕地面积。

三、改进耕种方式,提高土壤蓄水能力

西北干旱半干旱偏旱区的年降水量 400 mm 左右,部分干旱区不足 200 mm,且季节分配不均,年际变化较大,农业干旱发生频率十分频繁。历史上曾经有长期乱砍滥伐,导致农业生态环境日益恶化,进一步加快黄土高原水土流失的惨痛教训。要从根本上改变西北地区农业干旱的现象,首先应从恢复地面植被开始,根据水源和地形条件限制,合理种草种树,减少水土流失,改善生态环境。涵养水源是从根本上改变干旱面貌的措施之一,特别是在干旱半干旱区以及水土流失和风沙侵蚀严重的地区,涵养水源是减少自然灾害、战胜干旱的重要战略措施。

平整土地是减少地表径流、减缓水土流失,增强土壤蓄水保墒的有效措施之一。轮作换茬时,合理增施有机肥,一方面改善耕层土壤结构,增强土壤蓄水保水能力。另一方面促进作物根系生长,有效吸收更深层土壤水分,减轻干旱危害。

四、调整和优化农业结构,推广抗旱节水耕播新技术

根据各地干旱发生的时间和频率可知,春旱进一步增加了干土层厚度,春季播种延期,因此,应依据地区水热条件合理调整农业结构。宁夏南

半干旱区农田生态系统
水循环与有机碳对干旱的响应 | Responses of Water Cycle and Organic Carbon in
Farmland Ecosystem to Drought in Semiarid Area

部山区加大冬小麦以及玉米、马铃薯等秋粮播种面积,充分利用秋季降水以提高粮食产量,适当压缩春播面积。在严重干旱地区,适当压缩耗水量较大的作物种植面积,增大抗旱能力较强的秋作物播种面积,也是减轻干旱危害的一项有效措施。

培育研发抗旱品种,推广抗旱耕播新技术。积极研发耐旱、抗旱作物新品种。播种前进行种子抗旱处理,生长后期适时喷洒抗旱保水剂,也是增强抗旱能力的有效措施之一。发展旱地地膜栽培技术,起到保温、保墒的作用,增强土壤养分转化速率,有效提高作物产量。

积极推广应用各种行之有效的旱作农业新技术,提高天然降水的有效利用效率。西北半干旱区广大旱作地区,春旱发生频率十分频繁,严重影响春播作物适时播种和幼苗生长。在此情况下,需要不断总结旱作农业新技术。若采取抢墒、底墒、找墒、造墒等各种抗旱播种新技术,适时播种,促使幼苗根系能够快速下扎,有效吸收深层土壤有限的水分,以供给茎叶蒸腾消耗所需。若因土壤水分不足影响幼苗生长,但只要幼苗不旱死,待到雨季来临,就会迅速缓解干旱,作物收获季节仍能获得较好收成,因此应积极推广应用该项技术。

第二节 农田沟垄集雨抗旱节水高效种植技术成效

2015—2018年布设大量集雨抗旱节水试验工作。依据当地气候干旱和降水特点,长期受制于气象干旱对农业生产造成的严重威胁,逐步确立与水分短缺相适应的富有"旱区"特色的,以集雨保水关键技术为主体,增产增收为目标的旱地农业技术体系。将自然降水—地面集水和覆盖保水—农田培肥融为一体,达到水肥联合调控之效,改善作物生长区域水分生态环境。我们结合"沟垄集雨抗旱节水种植技术",以沟垄相间的作物集水种植带,实现降水在时间和空间上再分配,研究了垄沟集雨产流效率。通过当年作物生长期形成不同等级降水量,及垄沟集雨种植降水产流效率叠加,从而形成不同等级土壤水分储存于消耗标准,不断提高水分资源转化效率,对提升旱区雨水资源化高效利用,缓解半干旱区气象干旱,及由此导致干旱胁迫农业生产力大幅度降低提供科技支撑。

通过揭示西北地区集雨补灌的农业生态气象机理,确定了适于西北地区集雨的气候指标及不同材料集雨面的径流系数与降水强度的关系。通过大量田间试验研究,我们结合不同气候条件下作物垄沟覆膜种植方式的集雨区与种植区的最佳面积比及沟垄深度和宽度的最佳结构比等指标,开发了田间沟垄集雨、地膜覆盖、抗旱品种和集雨补灌之间的最佳组合技术,为应对农业干旱提供了实用技术。另外,在有条件的云层中,通过人为措施,为合理提高降雨量有效利用率提供了理论依据。

一、农田集雨覆膜种植对作物生长进程的影响

通过集雨覆膜种植对作物生长进程的影响研究,2015—2018 年试验结果表明:(1)旱地玉米生长期各时段干物质生长量平均值以全膜双垄覆盖(QMGR)179.73 g/株>垄沟集雨种植(MGB)165.45 g/株>露地种植(LDP CK)116.68 g/株;(2)旱地春小麦作物 10 株平均生长量以垄沟集雨种植(MGB)19.64 g>覆膜穴播(MXB)18.01 g>传统露地种植(PB CK)14.31 g;(3)全膜双垄覆盖种植(QMGR)的叶面积指数(LAI)值为 0.9~5.56>垄沟集雨种植(MGB)0.45~4.79>露地种植(LDP CK)0.41~4.28,生长期集雨覆盖种植较露地种植 LAI 增加 0.43~0.83;(4)由于垄沟集雨种植方式明显改善农田生态系统土壤水分循环机制,致使在干胁迫条件下作物叶片气孔导度(Gr)值增大 0.04~0.06(50%~87%),叶温降低 0.3~1.25℃,从而降低叶片气孔限制值 0.14~0.18(17.1%~22.0%),极大地提高了作物的光合效率。

二、集雨抗旱节水种植对土壤水分生态循环效应的影响

2015—2018 年研究结果表明:(1)作物生长期 0~200 cm 或 0~60 cm 土层平均土壤含水量,土壤水分以旱地玉米全膜双垄覆盖(QMGR)和垄沟集雨种植(MGB)>平膜种植(PMGR)>露地种植(LDP CK);(2)旱地

春小麦垄沟集雨种植(MGB)和覆膜穴播(MXB)种植>传统露地种植
(LDPCK)方式。全膜双垄覆盖(QMGR)和垄沟集雨种植(MGB)含水量
波动在13.55%~20.83%,平均16.81%。而平膜种植(PMGR)同层土壤含水
量波动在10.04%~19.24%,平均13.56%。垄沟集雨覆盖种植0~200 cm土
壤含水量较平膜种植增加1.59%~3.51%,平均增加3.25%;(3)全膜双垄覆
盖(QMGR)和垄沟集雨种植(MGB)在作物生长期的集雨保水作用和产
流效率,可使同层土层蓄水量分别增加43.6~111.6 mm和50.0~100 mm,
蓄水保墒率提高12.9%~17.6%。

三、沟垄集雨覆盖种植对作物主要经济性状的影响

垄沟集雨覆盖种植,无论旱地玉米还是春小麦作物,均能有效地改
善作物主要经济性状指标(2015—2018年)。结果表明:(1)全膜双垄覆
盖(QMGR)和垄沟集雨种植(MGB)其株高、穗粒数、单株粒重均明显
高于露地种植(LDP CK),穗粒数增加7.4~14.4粒,单株粒重增加21.5~
28.0 g/株,果穗重量增加20.5~28.0 g;(2)旱地春小麦垄沟集雨种植
(MGB)和覆膜穴播(MXB)种植较露地种植(LDPCK)其株高增加21.6~
26.6 cm、穗粒数增加5.2~9.4粒,穗粒重和单株粒重分别增加0.22~0.57 g
和0.28~0.72 g/株,千粒重增加0.21~3.32 g。

四、农田集雨抗旱种植对水分生产效率影响

半干旱区大面积旱作农田中,经常受制于降水不足,其农田增产潜力
较大,然而应用径流原理,在实施垄上覆膜产流,辅以沟内覆盖不同保墒
材料(秸秆)措施下,使地力、作物品种、蓄水保墒及控制旱灾能力相应时,
尽可能地将产流过程积蓄的水分,以土壤物理蒸发转化为有效蒸腾,能够
最大限度地接纳和提高自然降水资源生产效率,因此使旱地作物产量呈
大幅度提升。垄沟产流效应,有利于土壤蓄积自然降水和蓄水保水作用,
减少无效物理蒸发,变无效降水为有效利用,增强有效蒸腾作用,从而在
春季干旱季节起到缓解或解除干旱胁迫,提高作物抗旱能力,水分生产效
率不断提升。玉米水分生产效率(WUE)提升11.30%~22.03%,旱地春小麦

WUE 提升 12.96%~45.95%。

因此，旱作农田垄沟集水种植不仅能够大幅度提高旱地作物产量和水分生产效率，而且在水资源短缺的灌溉地区可采取垄沟集水结合沟灌种植技术，减少大水漫灌，节约灌溉成本，达到抗旱节水增产的效果，生产中可根据不同生产条件和作物选择不同集雨抗旱节水种植技术，对缓解干胁迫或解除旱灾具有重要作用。

第三节 农田沟垄集雨抗旱节水高效种植技术应用前景

2015—2018 年，围绕降水过程对农业干旱灾害持续、解除的影响规律与机理研究，取得一批与气象干旱关联的植物生理和土壤水分生态重要数据，特别是不同降水量条件下，土壤水分生理生态循环机制、耗水特征、土壤水供需平衡偏差、降水过程解除或缓解旱灾对生产造成的威胁、降水过程对产量贡献、水肥调控效益、作物抗旱性指标变化等重要参数值。

一、形成了成熟的配套技术体系

干旱胁迫与模拟降水对缓解干旱事件成效预估及评价。建立了不同区域降水过程对农业干旱灾害影响的技术对策。结合"沟垄集雨抗旱节水种植技术"，形成沟、垄相间的作物集水种植带，实现降水在时间和空间上再分配，从而形成不同等级土壤水分储存与消耗标准，不断提高水分资源转化效率。解决了降水过程对干旱灾害持续、解除研究的关键技术。采用不同覆盖方式农田集雨保水关键技术，研究和配套了不同覆盖方式、品种和密度最佳种植模式，建立了联合调控水肥体系，减少土壤水分无效蒸发为有效蒸腾，增强作物抗旱能力。开展农田垄沟集雨抗旱节水种植技术研究及技术配套，提升了农田水肥联合调控能力，使田间蓄水率(0~40 cm)增加 39.20%~45.73%，田间产流效率达到 66.9%~74.7%；垄沟集雨种植模式夏秋作物生长期可使种植沟每亩多增加有效蓄水(降水量)50~90 m³。

半干旱区农田生态系统
水循环与有机碳对干旱的响应 | Responses of Water Cycle and Organic Carbon in
Farmland Ecosystem to Drought in Semiarid Area

二、适合于干旱半干旱地区大面积推广应用

结合当地气候条件,对时空气象干旱导致土壤干旱,以及干旱胁迫对作物的致灾过程和发生程度, 寻求可行的具有大幅度提升有限降水资源利用效率的配套措施,达到有效地防御旱灾、降低旱灾、缓解或解除旱灾对生产造成的损失程度,为进一步完善抗旱减灾配套技术提供理论依据。采用田间试验与室内分析相结合,宏观控制与微观探查相结合,土壤水分供需平衡偏差与作物生理水分消耗相结合,尽可能经历在正常年、干旱年和丰水年的气象干旱胁迫下的相关参数。在田间定位试验的基础上,同步布设与之抗旱减灾节水配套的田间试验。采用不同集雨种植模式和覆盖保水措施,全方位高效调控土壤水分生态循环机制,构建旱地蓄水保水技术体系,形成技术配套模式应用于生产实践。提出主要旱地作物沟垄集雨种植技术最佳模式。形成的集水、保水、高效用水等关键技术,有力地支撑宁南山区及北方类似地区旱作农业持续高效发展, 适应性和可操作性强,生产成本低。尤其与研制的配套机具结合应用,适合在降水量 300~500 mm 的干旱半干旱区的旱地、梯田和缓坡耕地进行推广应用。

农田集雨保水关键技术研究——不同肥力与覆盖材料对水肥调控能力的影响

第四节　气象干旱的科学挑战与展望

一、气候干旱面临的科学挑战

农田生态系统干旱既是一个多学科密切交叉的问题，又是一个社会服务需求很强的领域。因此，干旱技术发展面临诸多方面的科学挑战。

(一)建立和完善科学合理的气候干旱监测评价机制

近年来，科研工作者已研发出一些干旱监测指数，对指导区域农业抗旱发挥着一定的积极作用，但对于部分地区和气候异常年份，目前已有的干旱监测指数还不能完全适用。因此，需要建立更加科学合理的适用于不同地区干旱监测指数和评价机制，积极应对多种极端气候环境背景下的干旱情况。比较理想的干旱指数是现实对干旱灾害准确及时监测的前提。一个理想的干旱指数应该同时满足普适性、理论性、实用性、可比性、易理解性、时效性和无量纲性等多方面的描述特征。现有干旱监测指数有的由于过于理论化而缺乏实用性，有的由于过于简单而缺乏理论基础。目前，还没有任何干旱监测指数能够达到满足所有描述特征的要求，甚至很少能达到大多数特征的要求，包括著名的 Palmer 指数和在我国通用的 CI 指数在内的许多干旱指数，在实际使用中都暴露出许多实际问题，有时甚至会给出矛盾或令人困惑的监测结果。所以，结合不同生态类型区的气候特点，深入研究干旱监测指数和评价机制是当前主要的科学挑战之一。

(二)建立专业化干旱观测系统

目前，用于干旱监测的观测要素，主要基于现有气象或相关观测系统的现状而确定的，对现有观测资料的被动应用，很少有主动从干旱形成的机理和干旱监测的实际需要出发建立专门的干旱观测系统，使一些理论性强且监测效果好的干旱指数由于缺乏观测资料支持而失去了实用性。

干旱形成机理有待深入研究。根据干旱形成的阶段，可以把干旱分为气象干旱、水文干旱、农业干旱、生态干旱以及社会经济干旱等。干旱是降

半干旱区农田生态系统
水循环与有机碳对干旱的响应
Responses of Water Cycle and Organic Carbon in
Farmland Ecosystem to Drought in Semiarid Area

水短缺的累积过程,只有当降水短缺累积到一定程度时才会形成干旱,其形成过程比较缓慢。但干旱的结束往往比较快,一场透雨就可以结束或缓解。因此,干旱形成和结束的水分过程是一个不可逆过程。同时,农田生态系统干旱还牵涉到水分在土壤中的分布特征及其与作物生物过程的相互作用关系。水文干旱更会涉及降水、冰川和积雪等复杂的产流过程及与地下水和湖泊等水资源的转化关系。因此,目前仍需要研发建立一个既能反映干旱形成和结束的过程,又能充分体现水分分量之间的转换关系及与作物生物过程的相互作用的干旱指数,这就需要对干旱形成机制有更加深入的认识和理解。

(三)加强干旱预警和应急机制建设

近年来,伴随气候变化以及极端气候的频繁出现,干旱事件呈现多样化和常态化的趋势。目前,由于缺乏规范化的应对机制和手段,还不能科学应对干旱事件,甚至将其作为突发灾害事件来仓促应对。利用传统抗旱工作方式使在旱情出现之后临时组织和动员公共社会力量投入抗旱工作,这种管理模式不能对干旱进行提前预警和预防,对农田生态系统造成巨大危害。因此,迫切需要建立科学规范的制度和机制,规范干旱应急管理模式,将农业干旱的危害降到最低程度,减少经济损失。

特别要重视生态环境的恢复重建及经济效益和社会效益,协调好集水工程、农艺工程、水资源管理和农村经济发展之间的关系,建立抗旱节水与水资源高效利用机制建设,干旱评估体系机制及发展方向,把握干旱研究的发展方向,制定有效的防灾减灾科学策略机制,建立干旱预测预警和减灾能力建设等。

二、气象干旱与农业干旱灾害研究的展望

从科学发展趋势和更好满足社会对干旱服务需求来讲,今后我国干旱技术研究应该在如下几个方面着力突破。

(一)利用气象干旱监测信息实现农业干旱预测

干旱形成是一个缓慢发展的过程,气象干旱又明显早于水文干旱、农

业干旱和生态干旱,而且气象干旱对农业的影响比水文还要缓慢。所以完全可以用气象干旱监测信息来对水文干旱和农业干旱进行超前预警,因此发展气象干旱监测技术具有特殊意义。因此,利用气象干旱监测信息来实现农业干旱预警的结合,了解气象干旱和水文干旱对农业干旱的交互作用影响,多因子协同影响,干旱的判别及监测预测,干旱之间转换规律及特征,干旱风险评估等。并建立气象干旱和水文干旱监测信息转化为农业干旱的预警信息。

(二)建立气候干旱——农业干旱综合关键技术预测系统

由于受到观测要素现状的限制,目前用到的干旱监测指数多数是用简单模型计算量来代替,但由于与干旱有关的资料很多,有地面观测、卫星遥感和GPS等多种资料来源,还包括气象、水文、农业、生态及社会经济等各种信息,而且可选择的技术手段也越来越多。因此,需要用多种灾变决策方法和集合预报等思路,建立能够反映综合关键信息和集成主要技术的综合性干旱监测预警系统。需要在发展有效干旱指标、改进干旱预报模型,加强变化环境下干旱监测和预报等方面深入研究,提升复杂干旱监测预报的精度。同时,加快地下水干旱和生态干旱等新的干旱类型,研究更有效的适合于多种类型干旱指数和基于多源融合的综合干旱指数等方面进行深入研究。

(三)加强干旱致灾过程与综合评价能力

目前,科研工作者已经形成完全掌握各类抗旱措施以求最大限度降低旱灾损失的很多科研成果,并对干旱影响和抗旱措施进行综合评价。与干旱危机管理相比,干旱风险管理将使抗旱工作从消极承受和被动适应转变到积极预防和主动应对的过程,积极发挥抗旱资源的最大有效配置,最大限度消除旱灾给经济、社会带来的不利影响。目前,旱灾不但影响农业生产,而且还影响工业、城乡供水和生态环境建设,给经济社会造成的损失巨大,不断加强干旱风险管理已成为干旱应急管理的必然选择。

半干旱区农田生态系统
水循环与有机碳对干旱的响应 | Responses of Water Cycle and Organic Carbon in
Farmland Ecosystem to Drought in Semiarid Area

（四）研究不同尺度的水分循环对干旱的贡献能力

干旱问题从本质上讲是一个水分循环问题，它的形成过程与水分循环密切相关。目前，科研学者针对干旱的研究主要考虑全球尺度与局地尺度，水分循环的影响因素较多，但对陆面微尺度水分循环的作用考虑仍然不足。水分微循环也包括露水、雾水和吸附水等对水分的贡献，也包括土壤毛管水、蒸馏水和植物吐水等水分循环过程，对短期干旱监测和预测具有重要意义，在干旱分析和数值模式中应该充分考虑。

（五）加强陆地与大气干旱监测数据库的获取与分析

加强陆气系统能量、水分和物质循环等方面的系统观测研究，获取可信度较高、持续时间较长、观测要素较全的资料。结合卫星、遥感等多种手段，发展新的资料获取方法，建立陆面模式的发展提供更准确的参数数据库。加强对比各不同生态类型区的人类活动、下垫面和气候变化三者相互作用的空间差异，且现代资料分析的结果要与动力学机制的研究相结合。

干旱是全球最为常见且危害极为严重的自然灾害之一，干旱灾害是影响社会经济发展、农业生产与生态文明建设的重要自然因素。随着气候变暖，极端气候事件发生频率和强度不断增加趋势，影响不断加重。我国是世界上干旱灾害发生频率最频繁的国家之一，因干旱灾害造成的损失占气象灾害损失的53%，居于各种气象灾害的首位。西北地区东部属于典型的干旱半干旱区，地形复杂，降水时空分布差异显著，生态环境脆弱，季节性干旱发生频繁极高，农作物产量受损严重，给地区经济及人民生活带来极大影响。为提升宁夏干旱半干旱地区抗灾能力、保障粮食与生态安全，因此，持续深入开展对农田生态系统干旱成因及致灾机理与解除的研究将是一项长期任务。

参考文献

［1］ Andela N,Liu Y Y,Dijk A. Global changes in dryland vegetation dynamicsassessed
by satellite remote sensing. Biogeosciences,2013,10(10),6657.

［2］ Casadebaig P,Debeake P,Lecoeur J. Thresholds for leaf expansion and transpiration
response to soil water defoct in a range of sunflower genotypes. European Journal of
Agronomy,2008,28(4),646-654.

［3］ Chapin III F S,Carpenter S R,Kofinas GP. Ecosystem stewardship:sustainability
strategies for a rapidly changing planet. Trends in Ecology & Evolution,2010,25
(4),241-249.

［4］ Dai A. Increasing drought under global warming in observations and models. Nature
Climate Change,2013,4 (2),171-171.

［5］ Dai A. Increasing drought under global warming in observations and models. Nature
Climate Change,2012,3(1),52-58.

［6］ Eriyagama N,Smakhtin V,Gamage N. Mapping Drought Patterns and Impacts:A Global
Perspective.Colombo,Sri Lanka:International Water Management Institute,2009.

［7］ Findell K L,Shevliakova E,Milly P C D,et al. Modeled impact of anthropogenic
land cover change on climate. J. Clim.,2007,3621-3634.

［8］ Hasanuzzaman M,Hossain M A,Teixeira da Silva J A. Plant response and tolerance
to abiotic oxidative stress:antioxidant defense is a key factor:Bandi V,Shanker A K,
Shanker Ceds. Crop Stress and its Management:Perspectives and Strategies. The
Netherlands:Springer,2012. 261-315.

［9］ Hossain A,Teixeira da Silva J A,Lozovskaya M V. The effect of high temperature
stress on the phenology,growth and yield of five wheat (Triticum aestivum L.)
genotypes. Asian Austral-asian J Plant Sci Biotech,2012,6(1),14-23.

［10］ Houghton J T,Ding Y. The scientific basis ［C］//IPCC. Climate change 2001：
Summary for Policy Maker and Technical Summary of the Working Group I
Report. London：Cambridge University Press,2001.

［11］ Huang Chongfu,Liu Xinli,Zhou Guoxian,et al. Agriculture natural disaster risk
assessment method according to the historic disaster data.Journal of Natural
Disasters,1998,7(2),1-9.

［12］ Huang J ,Yu H ,Dai A ,et al. Drylands face potential threat under 2 degrees C
global warming target. Nature Climate Change,2017,7(6)：417-422.

［13］ Huang J P, Li Y, Fu C,et al..Dryland climate change：Recent progress and
challenges［J］. Rev. Geophys.,2017,55,719-778.

［14］ Huang,J P,Ji M,Xie Y,et al. Global semi-arid climate change over last 60 years
［J］. Clim. Dyn.,2016,46(3 - 4)：1131-1150.

［16］ Liu Y M,Hoskins B J,Blackburn M. 2007. Impact of Tibetan orography and
heating on the summer flow over Asia ［J］. J. Meteor. Soc. Japan.,85B：1-19.

［16］ Liu Y Z,Wu C Q,Jia R,et al. An overview of the influence of atmospheric
circulation on the climate in arid and semi-arid region of Central and East Asia.
Science China(Earth Sciences),2018,61(09)：31-42.

［17］ Nambinina AF,Pierre C,Nicolas L,et al. Effects of plant growth stage and leaf aging
on the response of transpiration and photosynthesis to water deficir in sunflower.
Functional Plant Biology,2016,43：797-805.

［18］ Penna D,Borga M,Norbiato D,et al. Hillslope scale soil moisture variability in a
steep alpine terrain［J］.Journal of Hydrology,2009,364(3)：311-327.

［19］ Rodell M. Satellite gravimetry applied to drought monitoring//Remote Sensing of
Drought：Innovative Monitoring Approaches/CRC Press,2012：261-277.

［20］ Staubwasser M,Weiss H. Holocene climate and cultural evolution in late prehistoric-
early historic West Asia. Quat Res,2006,66：372-387.

［21］ Ting M,Wang H. Summertime US precipitation variability and its relation to Paci?c
sea surface temperature. J. Clim.1997,10(8),1853-1873.

［22］ Van Loon A F ,Gleeson T ,Clark J ,et al. Drought in the Anthropocene. Nature
Geoscience,2016,9(2)：89-91.

［23］ Wang C H,Yang K,Li Y,et al. 2017. Impacts of spatiotemporal anomalies of

半干旱区农田生态系统
水循环与有机碳对干旱的响应 | Responses of Water Cycle and Organic Carbon in
Farmland Ecosystem to Drought in Semiarid Area

Tibetan Plateau snow cover on summer precipitation in East China. J. Climate,30: 885−903,doi:10.1175/JCLI-D-16-0041.1.

［24］ Wang L,W Chen,R Huang. 2008. Interdecadal modulation of PDO on the impact of ENSO on the east Asian winter monsoon. Geophys. Res. Lett.,35,L20702.

［25］ Wilhite D A,Glantz M H. Understanding the drought phenomenon:The role of definitions. Water International,1985,10(3):111−120.

［26］ Wu G X,Liu Y M,He B,et al. Thermal controls on the Asian summer monsoon. Nature Scientific Reports. 2012,2:404,DOI:10. 1038/srep00404.

［27］ Wu G X,Liu Y M,Wang T M,et al. The influence of mechanical and thermal forcing of the Tibetan Plateau on Asian Climate. J. Hydrometeorology. 2007,8:770−789.

［28］ Wu G X,Zhang Y S. Tibetan Plateau forcing and timing of the monsoon onset over South Asian and the South China Sea. Mon. Wea. Rev.1998,126:913−927.

［29］ Yang L,Wei W,Chen L,et al. Response of temporal variation of soil moisture to vegetation restoration in semi−arid Loess Plateau,China.Catena,2014,115(3):123−133.

［30］ Yang L,Wei W,Chen L,et al. Spatial variations of shallow and deep soil moisture in the semi −arid Loess Plateau,China. Hydrology&Earth System Sciences,2012,16 (9):3199−3217.

［31］ Ye J,Wang S W,Deng X P.Melatonin increased maize （Zea mays L.） seedling drought tolerance by alleviating drought −induced photosynthetic inhibition and oxidative damage.Acta Physiol. Plant,2016,38(2):48−61.

［32］ 蔡英,宋敏红,钱正安,等. 西北干旱区夏季强干、湿事件降水环流及水汽输送的再分析[J]. 高原气象. 2015,34(3):597−610.

［33］ 陈晓光,苏占胜,郑广芬,等.宁夏气候变化的事实分析.干旱区资源与环境, 2005,19(6):45−49.

［34］ 杜灵通,刘可,胡悦,等.宁夏不同生态功能区 2000—2010 年生态干旱特征及驱动分析[J]. 自然灾害学报,2017,26(5):149−156.

［35］ 黄会平. 1949—2007 年我国干旱灾害特征及成因分析 [J]. 冰川冻土,2010,32 (4):659−665.

［36］ 黄建平,季明霞,刘玉芝,等. 干旱半干旱区气候变化研究综述. 气候变化研究进展[J]. 2013,9(1):009−014.

［37］ 李星敏,杨文峰,高蓓,等. 气象与农业业务化干旱指标的研究与应用现状. 西北

农林科技大学学报(自然科学版),2007,35(7):111-116.

[38] 李耀辉,周广胜,袁星,等.干旱气象科学研究——"我国北方干旱致灾过程及机理"项目概述与主要进展[J].干旱气象.2017,35(2):154-174.

[39] 梁旭,冯建民,张智,等.宁夏干旱气候变化及其成因研究.干旱区资源与环境,2007,21(8):68-74.

[40] 刘宪锋,朱秀芳,潘耀忠,等.农业干旱监测研究进展与展望[J].地理学报,2015,70(11):1835-1848.

[41] 罗哲贤.中国西北干旱气候动力学引论[M].北京:气象出版社.2005,1-232.

[42] 麻雪艳.夏玉米干旱发生过程及其定量研究[J].中国气象科学研究院,2017.

[43] 马力文,李凤霞,梁旭.宁夏干旱及其对农业生产的影响[J].干旱地区农业研究,20101,19(4),102-109.

[44] 钱正安,吴统文,宋敏红,等.干旱灾害和我国西北干旱气候的研究进展及问题[J].地球科学进展,2001,16(1):28-38.

[45] 秦大河,丁一汇,王绍武,等.中国西部环境变化与对策建议[J].地球科学进展.2002,17(3):314-319.

[46] 谭春萍,杨建平,秦大河,等.宁夏回族自治区持续性旱灾的气候背景.中国沙漠,2014,34(2),518-526.

[47] 谭春萍,杨建平,杨圆,等.宁夏回族自治区干旱致灾危险性时空变化特征.灾害学,2015,30(2),89-93.

[48] 唐明.旱灾风险分析的理论探讨[J].中国防汛抗旱,2008,(1):38-40.

[49] 王劲松,李耀辉,王润元,等.我国气象干旱研究进展评述.干旱气象,2012,30(4):497-508.

[50] 王连喜,孟丹,耿秀华,等.基于GIS的宁夏农业干旱风险评价与区划.自然灾害学报,2013,22(5):213-220.

[51] 王勤,刘会斌,甘建辉,等.基于作物旱度指标的农业干旱评价指标与模型研究.高原山地气象研究,2012,32(4):76-79.

[52] 王庆伟,于大炮,代力民,等.全球气候变化下植物水分利用效率研究进展.应用生态学报,2010,21(12):3255-3265.

[53] 王同美,吴国雄,万日金.青藏高原的热力和动力作用对亚洲季风区环流的影响.高原气象.2008,27(1):1-9.

[54] 吴绍洪,潘韬,贺山峰.气候变化风险研究的初步探讨.气候变化研究进展,

2011,7(5):363-368.

[55] 徐国昌,张志银.青藏高原对西北干旱气候形成的作用.高原气象,1983,2(2):
9-16.

[56] 徐志尧,张钦弟,杨磊,等.半干旱黄土丘陵区土壤水分生长季动态分析.干旱区
资源与环境,2018,32(3):145-151.

[57] 亚行支援中国干旱管理战略研究课题组.中国干旱灾害风险管理战略研究[M].
北京:中国水利水电出版社,2011.

[58] 叶笃正,高由禧.青藏高原气象学[M].北京:科学出版社:1979,1-127.

[59] 袁星,马凤,李华,等.全球变化背景下多尺度干旱过程及预测研究进展.大气科
学学报,2020,43(1):225-237.

[60] 张继权,刘兴朋,刘布春.农业灾害风险管理//郑大玮,李茂松,霍治国.农业灾
害与减灾对策.北京:中国农业大学出版社,2013,753-794.

[61] 张强,陈丽华,王润元,等.气候变化与西北地区粮食和食品安全.干旱气象,
2012,30(4):509-513.

[62] 张强,韩兰英,张立阳,等.论气候变暖背景下干旱和干旱灾害风险特征与管理
策略.地球科学进展,2014,29(1):80-91.

[63] 张强,王劲松,姚玉璧,等.干旱灾害风险及其管理.北京:气象出版社,2017,1-30.

[64] 张强,姚玉璧,李耀辉,等.中国西北地区干旱气象灾害监测预警与减灾技术研
究进展及其展望.地球科学进展,2015,30(2):196-213.

[65] 张强,姚玉璧,李耀辉,等.中国干旱事件成因和变化规律的研究进展与展望.气
象学报,2020,78(3):500-521.

[66] 张强,张良,崔显成,等.干旱监测与评价技术的发展及科学挑战.地球科学进
展,2011,26(7):763-778.

[67] 张强,张之贤,问晓梅,等.陆面蒸散量观测方法比较分析及其影响因素研究.地
球科学进展,2011,26(5):538-547.

[68] 张之贤,张强,陶际春,等.2010年"8.8"舟曲特大山洪泥石流灾害形成的气候特
征及地质地理环境分析.冰川冻土,2012,34(4):898-905.

[69] 张子龙,陈兴鹏,逯承鹏,等.宁夏城市化与经济增长的环境压力互动关系的动
态计量分析.自然资源学报,2011,26(1):22-33.

[70] 郑广芬,冯建民,马宏永,等.宁夏7月严重干旱事件的成因分析.干旱气象,
2012,30(3):332-338.

中篇

农田土壤——植物生态系统水分循环
特征及其旱灾解除技术

半干旱区农田生态系统
水循环与有机碳对干旱的响应 | Responses of Water Cycle and Organic Carbon in
Farmland Ecosystem to Drought in Semiarid Area

摘要:我国是全球干旱灾害发生频繁高的国家之一,尤其在西北干旱半干旱区遇到大旱之年造成粮食大幅度减产甚至绝收,严重威胁着粮食安全和生态安全,成为制约区域社会经济可持续发展的重要因素。水资源短缺是一个世界性的问题,水在生态系统的结构和功能中是最活跃的因素,它参与各种功能的活动,促进系统内各种功能的相互联系和相互作用。水是农作物生长发育不可或缺的重要条件之一,是作物吸收各种矿物营养元素的传输载体,作物的一切生理生化反应均是在水的参与下才能完成。

降水是半干旱区土壤水分的唯一来源。由于受到气候变化、土壤、地形、植被、环境以及人为耕作措施等因素的影响,土壤含水量具有较强的时空变异性。耕作方式导致农田土壤水分时空差异显著,干旱胁迫引起农田生态系统中耕层土壤湿度与作物叶片及植株含水量的萎蔫凋零,严重的干旱甚至影响作物生理抗旱特征的变化。土壤水分影响植被光合作用、蒸腾和土壤蒸发的重要因子之一,取决于降雨量和强度分布、蒸散、径流和地下水渗透量,其含量的多少和分布能够直接影响作物产量的形成。土壤含水量的高低、运移与时空分布受天气条件、土壤特性、种植方式及农田管理等因素共同作用影响。农田可持续发展的成效很大程度上取决于生态恢复过程中土壤水分的时空变化及其对环境的效应。

中篇选择旱地春小麦和地膜玉米为供试材料,在典型半干旱区宁夏南部固原围绕土壤—植物—大气生态系统土壤水分时空变化、植株含水量变化、土壤水分贮存潜力,开展在自然降雨与间歇性降雨入渗对土壤—植物—大气水分迁移规律、农田生态系统能量平衡与传输、农田集雨抗旱种植系统对作物产量及水分生产效率以及农田集雨系统模拟补充降水解除旱灾的关键技术研究,为半干旱区节水农业可持续发展提供一定的理论依据和技术支撑作用。

第五章 宁南旱区旱灾发生频率及干旱预测

第一节 宁南旱区干旱分布状况

一、地域性

宁南旱区年降水量随纬度呈规律性变化,即南部降水多于北部。以代表点气象站的资料为例,南部的径源县年降水量为 643.2 mm,向北推进到原州区为 471.2 mm,而北部的同心县只有 279.3 mm。据测算,自南向北每 10 km,年降水量平均递减 1.5~2 mm。此外,由于地形的抬高作用,宁南旱区的降水垂直分布差异也十分明显。例如,六盘山气象站(海拔高度 2 840.3 m)年平均降水量为 681.2 mm,而与其邻近的隆德县气象站(海拔高度 2 111.9 m),年平均降水量只有 537.9 mm,平均海拔高度每抬升 100 m,降水量增加近 20 mm。

二、季节性

宁南旱区降水在年内分布极不均匀,具有明显的季节性,全年降水主要分布在夏季(图 2-5-1)。以固原地区 6 县为例,冬季(12~2 月)降水量只占全年的 1.3%~1.8%;春季(3~5 月)占全年的 15.6%~17.9%;夏季(6~8 月)占与全年的 52.7%~56.8%;秋季冬初(9~11 月)占全年的 25.0%~28.2%。作物生长期(4~9 月)降水虽占全年的 85%~89%,但有前旱后涝的趋势,其中 4~6 月降水仅占全年的 23%~27%, 7~9 月则占 59%~66%。降水的分布特点对当地种植业生产影响极大。此外,在降水集中的季节,经常出现强度较大的暴雨,一次暴雨可占到全年总降水的 30%~50%,易于造成洪涝

半干旱区农田生态系统
水循环与有机碳对干旱的响应 | Responses of Water Cycle and Organic Carbon in
Farmland Ecosystem to Drought in Semiarid Area

灾害和水土流失。

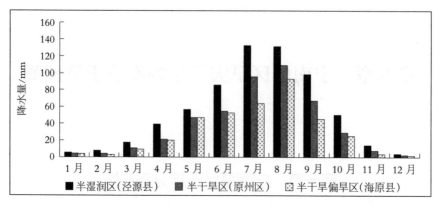

图 2-5-1　宁南山区不同生态类型区各月降水量分布状况

三、不稳定性

宁南旱区降水的稳定性差，主要表现在降水量的年际间相对变率较大。总体而言，由南向北，随着年均降水量的减少，降水变率呈增长趋势。由表 2-5-1 知，本区全年降水的相对变率为 16%~29%，即宁南旱区年降水量在多年平均水平上有 16%~29% 的增减幅度。一年之中，多雨的夏季

表 2-5-1　宁南旱区各地不同季节及全年降水相对变率(mm、%)

地点	12~2月		3~5月		6~9月		10~11月		全 年	
	平均降水	相对变率	平均降水	相对变率	平均降水	相对变率	平均降水	相对变率	平均降水	相对变率
兴仁	3.3	86	46.4	62	190.8	31	19.7	69	260.2	29
海原	7.4	71	70.7	47	280.5	35	37.1	65	395.7	27
原州区	7.6	63	82.7	35	340.1	31	40.8	60	471.2	24
西吉	7.2	65	76.0	44	305.9	29	39.4	60	428.5	23
隆德	10.8	44	85.6	37	393.0	25	48.4	57	537.8	22
泾源	12.6	55	112.9	45	455.5	24	64.2	56	645.2	19
六盘山	24.8	37	112.7	32	481.6	21	62.1	49	681.2	16

　　资料来源:表中数据来源于王立祥,李永平,廖允成等著《宁南旱区种植结构优化与生产能力提升》西北农林科技大学出版社,2009.10.

(6~9 月)的变率最小,为 21%~35%;少雨雪的冬季(12~2 月)变率最大为 37%~86%;春季、秋季变率相近似,分别为 32%~62%及 49%~69%。可见,本地区各季的降水变率大于全年的降水变率,说明出现季节性干旱的概率要比出现全年干旱的概率大的多。另外,在不同地区间,随年降水量的增加(或湿润指数的上升),相对变率相应下降,即降水量愈少的地区其生产的稳定性愈低。

第二节 旱区干旱指标及发生频率

由于宁南旱区降水数量有限且季节分布不均,年际间变率大,加上严重的水土流失,所以干旱,尤其是春旱、夏旱几乎年年皆有,干旱是本区发生频率最高、影响面积最广、危害最严重的气候灾害,对农业生产有着最为直接的影响。

一、干旱指标的确定

广义的干旱,是指在区城自然生态系统的水文循环中,水分收入量小于支出量,水分亏缺的积累使供水量在一定时段内不能满足生物需水量的现象。而狭义的农业干旱,则是指在农田生态系统的水文循环中,水分亏缺的积累使农田供水量不能满足作物需水量的现象。干旱可按照其发生的原因和发生的季节进行分类。根据干旱发生的原因,通常分为土壤干旱、大气干旱和作物生理干旱。根据干旱发生的季节,通常分为春旱、夏旱、秋旱、冬旱和季节连旱。宁南旱区春旱和夏旱非常普遍,秋旱也经常发生,冬季虽阵水稀少,但农田土壤封冻,不属于作物生长季节。故与本区种植业关系密切的干旱类型主要包括春旱、夏旱、秋旱和季节连旱,要对干旱农业气候进行判定,应首先确定土壤的干旱指标,然后再根据土壤含水量与降水的关系找出干旱的降水指标。当地农田水文常数的测定表明,0~50 cm 土层平均容重为 1.20~1.35,田间持水量为 24%,凋萎系数为 6%~7%。根据中国科学院西北水土保持研究所对当地土壤墒情的评价标准,

半干旱区农田生态系统
水循环与有机碳对干旱的响应 | Responses of Water Cycle and Organic Carbon in
Farmland Ecosystem to Drought in Semiarid Area

土壤含水量以 16%~19%(占田间持水量的 60%~80%)为最好,≤11%(低于田间持水量 50%)则会发生干旱,≤8%则会产生严重干旱,此时土壤处于十分干燥状态,作物出苗困难或山现凋萎现象。据多年土壤水分资料统计,当旬降水量<30 mm 时,0~50 cm 内的土壤湿度通常为<11%,故将旬降水量<30 mm 定为干旱旬的降水标准。

干旱不仅与降水数最有关,还与干旱发生的时序性有关。因为:

(1)不同季节发生干旱其负效应强度不同。干旱发生的持续时间越长,其负效应越大,若在作物需水关键期发生干旱,对全年成灾的"权重"越大。

(2)任一时段的干旱不仅与当时的气象、土壤环境条件有关,而且还与前期的环境条件、作物状况有关。换言之,干旱的影响有后效性,即前期干旱能使后期干旱"升级"或"加重";反之,前期水分供应充足,在一定程度能够缓解下一时段的旱情。

根据宁南旱区四季的时段划分及降水的时间分布规律,参考中国科学院在固原县综合考察队(1988)提出的干旱划分标准,对本区生长季内和全年干旱等级进行划分,干旱指标见表 2-5-2、表 2-5-3。该干旱划分

表 2-5-2　宁南旱区作物生长季干旱指标

季节	干旱类型	干旱时期界定		旱情等级
		最长连旱旬数	旱旬总数	
春(3~5 月)	上年秋旱	3~5		旱
		6		大旱
	上年秋不旱	6		旱
夏(6~7 月)	春旱	3~4		旱
		5~6 或 6 以上		大旱
	春不旱	4~6		旱
秋(8~9 月)	夏旱		5~6	大旱
	夏不旱		5~6	旱

指标的特点是:春旱、复旱主要取决于连续干旱旬数,秋旱主要取决于干旱总旬数,这是考虑到秋雨对当年利少弊多,主要影响下一年底墒。各级旱情等级有明显的时序性,前期旱情和后期旱情有密切的关联性。

表 2-5-3　宁南旱区年度干旱指标

时期	春季(3~5 月)	夏季(6~7 月)	秋季(8~9 月)	全年旱级
干旱等级	旱	旱	不旱或旱	旱
	不旱	旱	旱或大旱	旱
	旱	大旱	不旱、旱或大旱	大旱
	大旱	旱或大旱	不旱、旱或大旱	大旱

资料来源:以上表 2-5-2、表 2-5-3 数据来源于王立祥,李永平,廖允成等著《宁南旱区种植结构优化与生产能力提升》,西北农林科技大学出版社,2009.10.

二、干旱的时空分布规律及其周期性

宁南旱区不同类型地区及不同季节干旱发生的频率和强度存在明显的差异,使干旱气候表现一定的时空分布规律。采用确定的干旱农业气候指标,对宁南旱区各地的干旱发生频率进行测算,结果见表 2-5-4。据此,可将本区干旱发生的时空分布规律归纳为:

1. 全区干旱年份发生的频率为 49%, 即两年一遇。其中大旱年为 17%,即六年一遇。半干旱偏旱区(以同心、海原为代表)的干旱年份发生概率为 61%~67%,即三年二遇;半干旱地区(以西吉、固原为代表)的干旱年份发生概率为 47%~48%,约两年一遇;半湿润偏旱区(以径源、隆德为代表)的干旱年份发生概率为 22%~25%,即四年一遇。总体而言,宁南旱区干旱发生的频率和强度与不同自然类型区的降水量呈负相关,即随着降水量的减少,干旱发生频率增加,干旱强度增强。

(2)春、夏两季(4~7 月)干旱的发生频率高。其中,发生春旱(4~5 月)的概率为 39%~84%,平均为 68%,即三年二遇;发生夏旱(6~7 月)的概率为 32%~68%,平均为 55%,即两年一遇。秋旱的发生概率较低,全区平均为 35%,约三年一遇。但秋旱能够引起"连锁反应",严重影响翌年收成。如

半干旱区农田生态系统
水循环与有机碳对干旱的响应 | Responses of Water Cycle and Organic Carbon in
Farmland Ecosystem to Drought in Semiarid Area

表 2-5-4　宁南旱区不同地区的干旱发生频率(%)(1955—2020)

干旱类型		全区	同心县	海原县	原州区	西吉县	隆德县	泾源县
全年	旱	32	40	38	24	27	18	16
	大旱	17	27	23	23	21	7	6
	总计	49	67	61	47	48	25	22
春 (4~5月)	旱	50	61	56	53	51	37	33
	大旱	18	23	20	14	12	9	6
	总计	68	84	76	67	63	46	39
夏 (6~7月)	旱	39	43	44	37	39	30	28
	大旱	16	25	20	15	17	7	6
	总计	55	68	64	52	56	37	32
秋 (8~9月)	旱	26	33	27	15	17	13	10
	大旱	9	19	13	17	18	8	5
	总计	35	52	40	32	35	21	14
季节连旱	旱	43	57	51	42	43	28	22
	大旱	27	39	33	24	26	11	9
	总计	18	29	25	18	19	7	6

资料来源:根据各县多年气象资料整理

1972、1986、1999年本区有严重秋旱,又接着第二年春季大旱,造成严重
旱灾。

(3)本区季节连旱现象突出,尤其是春夏连旱发生较多,危害也较大,
其出现概率为22%~57%,平均为43%,即五年二遇。夏秋连旱平均发生概
率为27%,即四年一遇。三季连旱平均发生概率为18%,即六年一遇。从干
旱历史分析,干旱的发生具有一定的周期性,这是造成宁南旱区农业丰歉
年景现象的主要原因。据宁夏气象局对旱涝史料分析证明:自1470—
1979年,宁夏发生旱灾的年份共190年,占37.3%,平均2.7年一遇,旱涝
变化显著的有2~3年和10年左右的周期振动, 其中以10年周期最为显

著。因而干旱的这种周期性规律对宁南同样是适用的。

三、降水量减少、气温上升的趋势益发明显

值得关注的是,近半个世纪来,宁南旱区干旱有明显加剧趋势,旱灾发生频率愈来愈高,强度逐渐加重(表2-5-5)。

表2-5-5　60年来宁南半干旱区降水量和气温变化状况(原州区)

年　份		降水量(mm)			平均气温(℃)		
		年均值	年最大值	年最小值	年均值	年均高值	年均低值
前20年	1961—1965	552.1	766.4(1961)	373.4(1963)	6.4	6.6(1961)	6.0(1964)
	1966—1970	484.7	619.2(1966)	352.6(1969)	6.0	6.8(1966)	5.2(1967)
	1971—1975	403.7	531.1(1973)	290.5(1972)	6.2	6.9(1973)	5.7(1974)
	1976—1980	481.0	559.5(1978)	395.5(1980)	6.0	6.5(1979)	5.3(1976)
后38年	1981—1985	463.9	523.9(1984)	282.1(1982)	6.0	7.0(1981)	5.3(1983)
	1986—1990	419.8	552.4(1990)	326.1(1986)	6.5	7.7(1987)	6.0(1986)
	1991—1995	439.9	591.0(1992)	313.9(1991)	6.4	6.9(1993)	6.1(1992)
	1996—2000	400.0	465.7(1996)	327.9(1999)	7.3	8.0(1998)	6.3(1996)
	2001—2005	411.4	494.9(2003)	372.2(2005)	7.8	8.5(2006)	7.2(2003)
	2006—2010	392.2	452.3(2010)	350.6(2007)	8.3	10.0(2008)	6.9(2009)
	2011—2015	503.4	706.2(2013)	377.6(2015)	7.8	8.5(2013)	7.1(2012)
	2016—2019	551.0	659.2(2019)	420(2017)	8.2	8.4(2016)	8.2(2019)

资料来源:根据固原市气象站数据整理

以原州区为例,20世纪60年代年平均降水量为518.4 mm,减少到70~80年代的442.1 mm,90年代为420.0 mm,2001—2010年、2011—2015年和2011—2019年平均分别为392.2 mm、503.4 mm和551.0 mm;从1961—2019年的59年间,降水量减少了100.0 mm,减少22.0%,年均减少3.0 mm左右。等于每公顷土地减少1 146 m³水。最大降水量由1961年766.4 mm到1996年465.7 mm和2003年的494.9 mm。其中4~9月份

半干旱区农田生态系统
水循环与有机碳对干旱的响应 Responses of Water Cycle and Organic Carbon in
Farmland Ecosystem to Drought in Semiarid Area

降水量,60 年代平均为 452.9 mm,70 年代为 386.2 mm,80 年代为
378.9 mm,90 年代为 388.9 mm。

年均气温呈升高趋势。原州区 60 年代至 80 年代平均气温为 6.2℃升
高到 2001—2019 年均 7.8℃。历经 59 年,平均气温升高 2.3℃;年均最高
气温由 6.6℃升高到 10.0℃,年均最低气温值由 6.0℃升高到 8.2℃。59 年
以来,年均气温、年均最高气温和年均最低气温分别升高 2.3℃、3.4℃和
3.0℃。

对半干旱区年均降水量以 5 年为一个时段,按不同等级差进行划分
(表 2-5-6),在年均降水量 450 mm 以上、449~400 mm、390 mm 以下 3
个等级差中,1961—2019 年的 59 年间,年均降水量为 450 mm 以上的年

表 2-5-6　宁南半干旱区年均降水量等级差值变化状况(原州区)

年份	年均降水量/mm	450 mm 以上	449~400 mm	399 mm 以下
1961—1965	552.1	1961,1964,1965	1962	1963
1966—1970	484.7	1966,1967,1968	1970	1969
1971—1975	403.7	1973	1975	1971,1972,1974
1976—1980	481.0	1977,1978,1979	1976	1980
1981—1985	463.9	1981,1983,1984,1985	—	1982
1986—1990	419.8	1988,1990	1989	1986,1987
1991—1995	439.9	1992,1994	1995	1991,1993
1996—2000	400.0	1996,1998	2000	1997,1999
2001—2005	411.4	2003	2001	2002,2004,2005
2006—2010	392.2	2010	2006	2007,2008,2009
2011—2015	503.4	2012,2013,2014	—	2011,2015
2016—2019	551.0	2016,2018,2019	2017	—
合计	28	10	21	
占总年份(%)	47.7	16.9	35.6	

资料来源:根据固原市气象站数据整理

份为 28 年,占 47.5%,449~400 mm 的年份 10 年,占 16.9%,390 mm 以下为 21 年,占 35.6%。降水量不超过 450 mm 的年份达到 52.3%,且主要集中在 20 世纪 80 年代以后。宁南山区旱灾的频频出现对农业生产力的持续提高造成巨大的损失,无疑也对生态环境的改善造成很大的压力。因此,建立与干旱自然环境相适应的种植结构,加强干旱气候规律及农业抗旱技术的研究,为促进旱区农业持续稳定发展,实施抗旱避灾农业提供科学依据。

四、干旱对种植业生产的影响

宁南旱区无霜期($\geq 0℃$)一般为 150~190 d,作物生长季节主要处在 4~9 月份。与夏秋作物的生长发育关系密切的降水主要包括前一年秋墒和春季、夏季、秋季降水,不同时段降水分布差异悬殊,各时段干旱对不同作物生长发育的影响也有很大差别。

1. 前一年(8~10 月):秋墒对冬麦区的小麦播种有直接影响,充足的土壤墒情又是冬小麦安全越冬的重要决定因素。其次,秋墒对翌年春播有很大影响,若前一年秋季降水丰足,春播前土壤中能保持较多的水分,则对春小麦等夏熟作物正常播种和出苗都十分有利,从而为丰产打下基础;若前一年秋季降水久缺,则对翌年春播不利。群众有"秋旱连根烂","秋旱连两年"的说法,说明秋旱对农业生产的危害是很大的。

2. 春季(4~5 月):这一阶段冬小麦处于返青到拔节期,春小麦为出苗到拔节期,胡麻等油料作物为播种到出苗期,谷子、糜子、马铃薯等秋熟作物也处在播种到出苗期。春季自然降水仍较少,且随着气温的回升,土壤蒸发开始增大,但大部分作物尚处在苗期和营养生长期,需水量还未达到高峰期,春季干旱发生频率高,对农作物播种出苗影响较大。

3. 夏季(6~7 月):冬小麦、春小麦进入抽穗—灌浆—成熟期,秋作物生长旺盛,谷子、糜子进入拔节—抽穗期,马铃薯进入开花和块茎膨大期,油料进入开花期。因而 6~7 月是夏秋两季作物生长需水的关键时期,同时也是从旱季向雨季过渡时期。本区初夏旱发生频率较高,对夏、秋作物生

半干旱区农田生态系统
水循环与有机碳对干旱的响应 | Responses of Water Cycle and Organic Carbon in
Farmland Ecosystem to Drought in Semiarid Area

长发育均有较大影响。

4. 秋季(8~9 月)：此期谷子、糜子进入盛花期至成熟期,马铃薯、荞麦等秋作物均进入旺盛生长期和成熟阶段。虽本区南北部作物发育有差异,但一般都相继成熟、收获。这一阶段正值多雨季节,加之秋作物后期需水量呈下降趋势,因而降水一般都可满足作物生长需要。有些年份甚至秋雨绵绵,对秋作物生长和成熟、收获带来不利影响。

第三节　气候干旱振动及相关性

宁夏旱区落后的农业生产现状与其恶劣的自然条件有较大的关系。而干旱是该区发生次数最多、影响面积最广、危害最严重的气候灾害,对农业生产有着最为直接的影响。

一、气候干旱趋势

由于宁南旱区降水数量有限且季节分布不均,年际间变率大,加上水土流失严重。所以干旱,尤其是春旱、夏旱几乎年年皆有。群众中广泛流传有"三年两头旱","五年一小旱,十年九旱、十年一大旱"的说法。值得注意的是,20 世纪 90 年代以来,由于气候变化问题。干旱出现的周期在逐渐缩短,干旱危害的程度越来越严重,素有"年年春旱、春夏连旱、十年十旱"之说,说明本区发生干旱的概率频频上升。另据历史文献记载,本区自 1470—1948 年的 478 年间,发生干旱年份达 176 次,三年一遇,其中大旱年 50 次,约十年一遇。中华人民共和国成立后 31 年,发生干旱次数 25 次,其中大旱 4 次,平均不到八年就发生 1 次。

近几十年来,宁南山区干旱有明显加剧趋势,旱灾发生频率愈来愈高, 强度逐渐加剧。以海原县为例,20 世纪 60 年代年平均降水量为 426.8 mm,70 年代平均为 368.7 mm,80 年代平均为 305.6 mm,90 年代平均为 311.0 mm;其中 7~9 月份降水量,60 年代平均为 270.7 mm,70 年代平均为 213.2 mm,80 年代平均为 189.9 mm,90 年代平均为 201.1 mm。

本区干旱的气候具有持续性、周期性、季节性几个特征：

（一）持续性

从历史资料看，本区干旱具有持续几年的特征，少者 2 年，多者 6 年。其中大旱年又多发生在连旱数年之后，旱期越长，危害越大。1928—1930 年宁夏出现连续大旱，其中同心县、固原、海原县等地"寸草不生，民不聊生，十堡九空"。

（二）周期性

通过对树木年轮和 500 年旱涝史料分析研究，得出下面结论：

该区干旱和湿润交替出现存在 10 年、20 年、30 年和 60 年出现大旱周期。20 世纪 90 年代正处于大周期旱期。短期内灾害 2~3 年一遇，而本区降雨年际变化和旱灾的出现已经由 5 年一周期逐渐缩短为 3 年一周期，干旱趋势越来越明显。

（三）季节性

干旱时段主要是春旱、初夏旱。春旱主要发生在 4~5 月，初夏干旱主要发生在雨季来临前的 6 月上中旬，此时正值夏熟作物抽穗、扬花的水分临界期，需水量大，初夏干旱严重影响着当地主要夏熟粮油作物（春小麦、胡麻）生产的稳定性。并夏旱性往往与春旱相连，形成春夏连旱的现象日趋明显。该地区伏旱发生一般不严重。

二、干旱年景判断及作物产量相关性

降雨量是自然界的随机现象，从表面看来它的变化很大，难以确定，但从历史统计特征来看，又有不同数量等级出现的相对集中性，即人们所说的丰水期、平水期和欠水期。为定量地说明降雨和作物产量的关系，必须把三种降水分布类型和数值范围确定出来，其产生办法是先求降水序列的几个统计量，即：平均数 $\bar{x}$，最大数 $Xmax$，最小数 $Xmin$，均方差 S，样本总数 N，t_0 测验的双侧分布值，后按下式可求出几种降水类型的数值范围：

平水型: $\bar{x}-(S/\sqrt{N})t_0 \leqslant m \leqslant \bar{x}+(S/\sqrt{N})t_0$

丰水年: $\bar{x}+(S/\sqrt{N})t_0 < m < Xmax$

欠水年: $Xmin < m < \bar{x}-(S/\sqrt{N})t_0$

式中: m 为降雨的取值范围。

对降雨年型的划分大多都是以全年降雨量为标准，根据全年的雨量来划分丰欠年景。但是，在农业生产上，这种以全年降雨为标准划分的丰歉年景和作物产量的丰歉年景并非完全相符，降雨多的年份并不一定都是农业丰歉年景，这主要与降雨的分布和作物需水期的吻合有关。只有找出影响作物产量的降雨关键期，以此为标准，划分的降雨丰歉才在农业生产中更具有实际意义。为了找出影响作物生长的关键期降雨，对半干旱区（原州区）和半干旱偏旱区（海原县）不同时段的降雨和各主要作物的产量进行相关分析，结果见表 2-5-7、表 2-5-8。

表 2-5-7　宁南半干旱区不同作物单产与年时段降雨相关系数（原州区）

时段	R_{34}	R_{56}	R_{789}	R_{L7890}	R_{year}
夏粮	0.347 8	0.686 4★★	−0.254 6	0.566 3★	0.215 5
小麦	0.361 1	0.681 3★★	−0.282 7	0.570 2★	0.340 5
夏杂	0.304 9	0.702 5★★	−0.236 0	0.524 1★	−0.014 2
秋粮	0.260 7	0.592 4★	0.264 9	0.390 5	0.387 9
谷子	0.254 4	0.445 1	0.311 7	0.326 3	0.593 6★
糜子	0.103 2	0.402 8	0.276 5	0.301 8	0.404 7
秋杂	0.223 0	0.519 3★	0.256 2	0.319 9	0.451 4
薯类	0.319 4	0.690 4★★	0.193 3	0.503 0★	0.321 7
油料	0.298 2	0.714 3★★	−0.342 8	0.487 1★	−0.126 7

注: ★0.1 的显著水平, ★★0.05 的显著水平

表 2-5-8 　宁南半干旱偏旱区不同作物单产与年时段降雨相关系数(海原县)

时段	R_{34}	R_{56}	R_{789}	R_{L7890}	R_{year}
夏粮	0.308 4	0.627 7★★	−0.290 2	0.480 7★	0.313 6
小麦	0.264 6	0.641 0★★	−0.194 3	0.495 0★	0.290 7
夏杂	0.372 9	0.498 3★	−0.325 9	0.389 9	0.354 8
秋粮	0.376 2	0.474 1★	0.410 3	0.461 1★	0.406 0
谷子	0.292 4	0.381 6	0.292 4	0.193 1	0.331 9
糜子	0.134 9	0.406 2	0.388 0	0.303 4	0.416 2
秋杂	0.490 7★	0.316 5	0.466 7★	0.298 4	0.385 2
薯类	0.112 5	0.624 8★★	0.197 3	0.525 6★	0.493 1★
油料	0.428 0	0.500 4★	0.099 2	0.212 8	0.465 3★

注:★0.1 的显著水平,★★0.05 的显著水平

　　表 2-5-7、表 2-5-8 显示,各类作物和 5~6 月降雨(R_{56})的相关性最好,其次是和上年 7、8、9、10 月(R_{L7890})的相关性密切,和全年(R_{year})的相关性差。

　　可见,5~6 月份降水的多少对全年作物的收成有显著的决定作用。而上年 7~10 月份的降水,主要是通过影响作物播种期的底墒和深层土壤储水量来对作物生长发育发挥作用。所有作物与 3~4 月降水(R_{34})均呈正相关关系,但除海原的秋杂粮外,均未达到显著水平。这是因为 3~4 月的春季雨水直接影响作物的播种与出苗,此期降水在全年总降水量所占份额并不大。各类作物与 7、8、9 月的降水(R_{789})相关性表现不一,其中,夏粮作物呈负相关,这是因为一年中各时段降水存在一定的负相关性;而秋熟作物呈正相关关系,表明 7~9 月份的降水对秋作物生长发育仍有一定的促进作用。

　　据此,对宁南山区以 5~6 月和全年为标准,进行年景划分,并对两种划分的降雨分布进行分析(表 2-5-9、表 2-5-10 和图 2-5-2)。

半干旱区农田生态系统
水循环与有机碳对干旱的响应 | Responses of Water Cycle and Organic Carbon in
Farmland Ecosystem to Drought in Semiarid Area

表 2-5-9　宁南山区全年降雨划分不同年型降雨分布特征（mm）

地区类型	代表地点	年型	全年平均值	3~4 月		5~6 月		7~9 月	
				平均值	比例	平均值	比例	平均值	比例
半干旱区	原州区	丰水年	523.7	42.5	8.1	108.3	20.7	324.8	62.0
		平水年	413.7	36.5	8.8	82.0	19.9	235.0	56.9
		欠水年	332.7	30.4	9.1	105.6	31.7	161.1	48.4
		平均	436.3	37.1	8.5	102.3	23.4	250.8	57.4
半干旱偏旱区	海原县	丰水年	475.8	39.5	8.3	102.1	21.4	291.0	61.1
		平水年	377.1	26.6	7.0	91.1	24.3	216.0	57.3
		欠水年	265.2	23.2	8.7	57.4	21.6	142.7	53.8
		平均	372.5	29.9	8.0	82.8	22.2	216.6	58.1

表 2-5-10　宁南山区 5~6 月降雨划分不同年型降雨分布特征（mm）

地区类型	代表地点	年型	全年平均值	3~4 月		5~6 月		7~9 月	
				平均值	比例	平均值	比例	平均值	比例
半干旱区	原州区	丰水年	448.7	34.4	6.6	149.7	28.6	225.1	43.0
		平水年	392.8	39.0	9.4	105.0	25.4	208.2	50.4
		欠水年	450.0	38.4	11.5	62.0	18.7	295.2	88.7
		平均	436.3	37.1	8.5	102.3	23.4	250.8	57.4
半干旱偏旱区	海原县	丰水年	456.7	32.6	6.9	134.5	28.3	246.7	51.9
		平水年	333.2	30.8	8.2	81.9	21.7	190.9	50.6
		欠水年	339.6	26.8	10.1	39.5	14.9	216.5	81.7
		平均	372.5	29.9	8.0	82.8	22.2	216.6	58.1

资料来源：根据固原气象站数据整理

表 2-5-9 是以全年降雨为标准的年景划分下降雨分布。图 2-5-2 是以全年降雨为标准划分的不同年景下固原、海原的各月降雨分布图。从表 2-5-9 中看出，在欠水年型下，原州区 3~4 月和 5~6 月降雨占全年

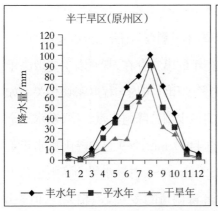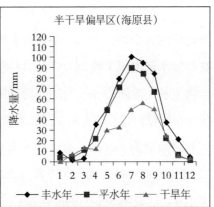

图 2-5-2　宁南山区多年降水量划分的不同年型各月雨量分布

降雨的比例要高于丰水年和平水年,甚至 5~6 月份歉水年降雨绝对值(为
105.6 mm)都高于平水年的 82.0 mm,和丰水年的 108.3 mm 很接近,而
秋季雨量无论是占全年雨量的比例还是绝对值都远低于平水年和丰水
年,说明在固原,歉水年降雨的分布提前了。从图 2-5-2 中也可看出歉水
年降雨在 5~6 月份有明显的凸起,甚至超过了平水年。海原县丰水年 5~6
月降雨是 102.1 mm,高于平水年的 91.8 mm,也高于歉水年的 57.4 mm;
从 5~6 月降雨量占全年降雨的比例来说,平水年大于歉水年,歉水年大于
丰水年;从图 2-5-2 中也可看出,平水年 6 月降雨接近丰水年,这同样说
明在半干旱偏旱区的海原县在歉水年降雨的情况下,对夏秋作物都是有
利的,因为 5~6 月是夏粮作物的抽穗、开花期,正是夏粮作物的水分临界
期,而此期又是秋粮作物的播种、出苗期,降雨的增加有利于秋杂粮的生
长。而处在干旱期的夏粮作物不能进行播种的情况下,则更有利于播种秋
粮作物,以缓解旱情。图 2-5-2 展示,即使在歉雨年,5~6 月半干旱区(原
州区)降雨量在 40~60 mm 之间,半干旱偏旱区(海原)降雨量在 30~50 mm
之间,可以使秋粮取得一定的收成。同时说明秋粮作物应是该地区比较稳
产的作物。

　　表 2-5-10 是以 5~6 月为标准年景划分的各时段降雨分布,是以 5~6
月降水量为标准划分的不同年型下原州区、海原县的各月降雨分布状况。

半干旱区农田生态系统
水循环与有机碳对干旱的响应 | Responses of Water Cycle and Organic Carbon in
Farmland Ecosystem to Drought in Semiarid Area

5~6 月份的降雨量直接关系到当年作物产量的高低，如若单纯按照全年降雨量的多少划分丰水年型和歉水年型不甚科学。因此，在实际生产中往往有歉水年出现丰收，丰水年出现减产年的事实存在，其原因主要取决于作物生长关键阶段 5~6 月的降雨量的多少和分布均匀程度密切相关。如半干旱区（原州区），以 5~6 月降雨量的多少划分降雨丰歉年型，歉水年全年的降雨量为 450 mm，高于丰水年的 448.7 mm；7~9 月的降雨歉水年更高，歉水年是 295.2 mm，丰水年是 225.1 mm；3~4 月歉水年的降雨也高于丰水年。这说明 5~6 月的降雨量和全年降雨量的多少没有相关性，但 5~6 月的降雨量与当年粮食作物产量具有显著相关性；同样 7~9 月的降雨量呈显著的负相关，因此，5~6 月降雨量与作物单产的相关度>7~9 月降雨>3~4 月降雨量。半干旱偏旱年（海原县）的情况是，歉水年全年雨量为 339.6 mm，略大于平水年的 333.2 mm，而小于丰水年的 456.7 mm，说明半干旱偏旱区（海原县）5~6 月的降雨和全年降雨量的多少具有相关性。

对原州区、海原县粮食产量也作了丰歉年景的划分，以 5~6 月和全年降雨为标准划分的丰歉年景作了比较，粮食丰歉的年份基本和以 5~6 月为标准划分的降雨丰、歉年份相一致，而和以全年为标准划分的降雨丰歉年份不尽一致，原州区的表现尤其突出。说明本区以 5~6 月降雨为标准来划分粮食生产的丰歉年景更具有实际意义。同时，宁南山区夏季降雨的变化较大，夏旱的频率也比较高，以 5~6 月的降雨划分的年景丰歉能较为准确地反映粮食的丰歉比较科学，根据 5~6 月降雨划分的年景下各时段的降雨分布来分析不同作物种群对降雨适应性更具有现实意义。因此，以 5~6 月为标准划分的丰歉年景下的降雨分布与作物生育期的时序效应，并依次判断不同作物及品种的生态适应性。

第六章　干旱胁迫下模拟降水对
土壤水分时空变化的影响

随着干旱胁迫时间的延长,耕层土壤含水量不断下降,但降水后日蒸散量会出现一个峰值,无水分亏缺条件下作物的蒸散速率较水分胁迫条件下较高,说明土壤含水量是影响蒸散的一个重要因素。

第一节　干旱胁迫下模拟降水与作物土壤水分
时空变化

一、对玉米土壤水分时空变化的影响

2015—2018 年(试验材料与方法同第二章),玉米沟垄集雨抗旱节水种植人工补充雨量土壤水分(%)时空变化趋势(表 2-6-1),玉米苗期或需水关键期,如 5 月下旬、6 月下旬和 7 月中旬分别补充降水量 667 m² 总量为 MR30 mm、MR60 mm、MR90 mm、MR120 mm 和 MR150 mm,以MR0 mm(CK$_1$)为对照(补充雨量)。实施人工补充水量后,其 0~60 cm 土层土壤含水量差异比较明显。土壤含水量分别为 14.0%~18.9%、15.0%~20.9%和 15.7%~21.8%,较 MR 0 mm(CK$_1$)补充降水量增加 3.5%~6.0%,蓄水量增加 10~30 mm,较 KWR(CK$_2$ 抗旱遮雨棚)增加 3.0%~10.0%,蓄水量增加 50~80 mm。8 月 15 日以后,随着生长期延长和秋季降水量增加,土壤墒情得到恢复,后期各处理间土壤蓄水量差异缩小。

半干旱区农田生态系统
水循环与有机碳对干旱的响应 | Responses of Water Cycle and Organic Carbon in
Farmland Ecosystem to Drought in Semiarid Area

表 2-6-1　干旱胁迫过程人工模拟补充降水旱地玉米主要生长期 0~60 cm
土壤含水量比较(%、mm)(彭阳县)

处理	2016 年干旱年型				
	5 月 19 日	6 月 12 日	6 月 24 日	7 月 12 日	7 月 31 日
MR150	16.50	16.50	15.73	18.00	16.64
MR60	16.50	16.50	14.26	16.44	15.42
MR0	16.50	16.33	14.06	14.81	13.61
KWR	16.50	13.67	10.81	8.50	8.22
MR150 较 MR0 增加	0.00	0.17	1.67	3.19	3.03
蓄水量(mm)	0.0	1.4	13.8	26.3	25.0
处理	2017 年特大干旱年型				
	5 月 23 日	6 月 8 日	6 月 20 日	7 月 2 日	8 月 1 日
MR150	15.56	18.42	18.23	11.06	7.78
MR120	15.91	18.91	19.34	12.81	7.54
MR60	16.24	18.93	17.51	11.03	7.15
MR0	14.62	13.49	12.21	9.85	6.53
KWR	10.49	8.77	9.21	6.80	5.24
MR150 较 MR0 增加	0.94	4.93	6.02	1.21	1.25
蓄水量(mm)	7.8	40.7	49.6	9.9	10.3
处理	2018 年丰水年型				
	5 月 30 日	6 月 10 日	6 月 24 日	7 月 22 日	8 月 5 日
MR150	19.10	19.78	13.96	20.45	19.67
MR120	18.83	19.55	15.66	19.98	19.37
MR60	18.19	19.55	12.55	19.65	19.28
MR0	16.71	18.16	12.56	19.16	17.70
KWR	10.21	10.36	10.28	8.98	9.57
MR150 较 MR0 增加	2.39	1.62	1.40	1.29	1.97
蓄水量(mm)	19.7	13.3	11.5	10.6	16.3

二、人工模拟补充降水对春小麦土壤水分时空变化的影响

农田生态系统蒸散与降水、土壤水分状况密切相关。半干旱区农田生态系统全年降水量有赞中不足。降水主要集中在生长季,占全年降水量85%以上,其中 5 月和 8 月降水量较大,均超过 60 mm。半干旱区农田生态系统蒸散存在明显季节性变化,与降水季节分布密切相关。

作物收割后蒸散的主要来源为土壤蒸发,刚刚出苗的小麦蒸腾对于蒸散的贡献率较低。旱地春小麦生长期大部分时间处于干旱季节,2016—2018 年经历了干旱年份、特大干旱年份和丰水年份,生育期人工模拟降水量 MR60、MR120 和 MR150 处理区的土壤水分显著高于MR0(CK)和 KWR(抗旱棚),其 0~60 cm 土壤蓄水量增加 20~45 mm(表 2-6-2)。

表 2-6-2　干旱胁迫致灾过程人工模拟补充降水旱地春小麦生长期 0~60 cm
土壤含水量比较(%、mm)(彭阳县)

| 处理 | 2016 年干旱年型 | | | |
	5 月 4 日拔节	5 月 21 日拔节	6 月 11 日孕穗	6 月 23 日抽穗
MR150	17.20	14.34	11.74	15.04
MR60	15.30	12.60	10.50	12.50
MR0	13.93	9.85	9.81	9.95
KWR	8.58	8.93	8.23	6.48
MR150 较 MR0 增加	3.27	4.49	1.93	5.09
蓄水量(mm)	26.9	37.0	15.9	41.9
MR0 较 KWR 增加	5.35	0.92	1.58	3.47
蓄水量(mm)	44.1	7.6	13.0	28.6
处理	2017 年特大干旱年型			
	5 月 11 日	5 月 23 日	6 月 7 日	6 月 20 日
MR150	15.50	15.50	13.71	12.27
MR120	15.39	14.62	14.37	12.92

半干旱区农田生态系统
水循环与有机碳对干旱的响应 | Responses of Water Cycle and Organic Carbon in
Farmland Ecosystem to Drought in Semiarid Area

续表

处理	2017 年特大干旱年型			
	5 月 11 日	5 月 23 日	6 月 7 日	6 月 20 日
MR60	13.33	13.12	13.14	10.45
MR0	10.09	11.55	10.95	11.29
KWR	9.42	9.87	6.28	6.67
MR150 较 MR0 增加	5.41	3.95	2.76	0.98
蓄水量(mm)	44.6	32.5	22.7	8.1
MR0 较 KWR 增加	0.67	1.68	4.67	4.62
蓄水量(mm)	5.5	13.8	38.5	38.1
处理	2018 年丰水年型			
	5 月 12 日	5 月 30 日	6 月 10 日	6 月 24 日
MR150	16.64	16.81	13.65	12.93
MR120	16.66	16.24	13.49	11.73
MR60	15.79	16.46	12.95	11.04
MR0	15.41	13.08	11.22	8.15
KWR	11.89	7.72	6.21	6.42
MR150 较 MR0 增加	1.23	3.73	2.43	4.78
蓄水量(mm)	10.1	30.7	20.0	39.4
MR0 较 KWR 增加	3.52	5.36	5.01	1.73
蓄水量(mm)	29.0	44.2	41.3	14.2

抗旱遮雨棚(KWR)生长期一直控制自然降水量,从 5 月上旬至 7 月中旬生长期 0~60 cm 土壤水分更低,进入 5 月下旬以后,浅层土壤水分经常处于土壤凋湿度在 8%左右,而小麦叶片凋萎含水量为 70%左右。小麦生长期 MR150 较 MR0 处理区 0~60 cm 土壤水分含量增加 1.80%~5.98%,MR0 区较 KWR 区(抗旱遮雨棚)增加 0.92%~5.35%。

2015—2017 年旱地玉米和春小麦不同处理间土壤水分生态循环周

年动态(图2-6-1、2-6-2、2-6-3、2-6-4、2-6-5、2-6-6)。

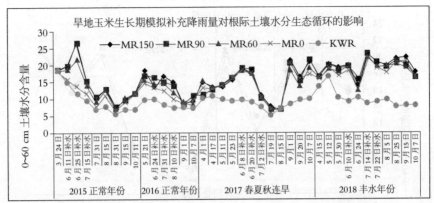

图2-6-1　旱地玉米作物人工模拟补充降水量0~60 cm土壤水分生态循环过程(2015—2018)

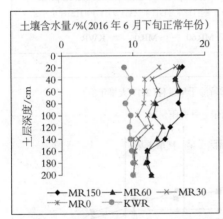

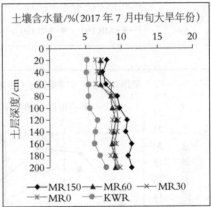

图2-6-2　正常年份与大旱年份玉米作物人工模拟补充降水量对0~60 cm土壤水分变化趋势

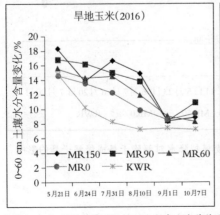

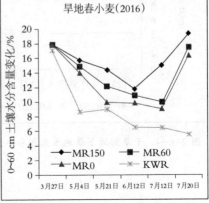

图2-6-3　干旱胁迫下旱地玉米和春小麦作物人工模拟补充降水对0~60 cm土壤水分变化趋势

半干旱区农田生态系统
水循环与有机碳对干旱的响应 ‖ Responses of Water Cycle and Organic Carbon in
Farmland Ecosystem to Drought in Semiarid Area

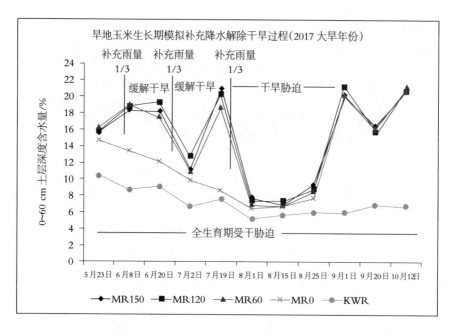

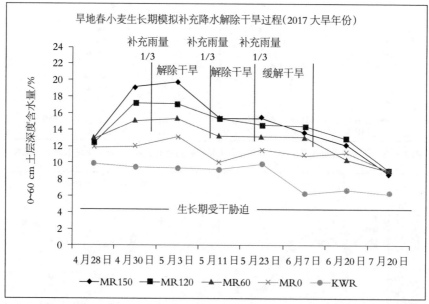

图 2-6-4　干旱胁迫下旱地玉米和春小麦模拟降水对解除干旱或缓解干旱的影响

旱地玉米模拟补充降水(MR90)生长期土壤剖面水分生态循环(2015—2016)

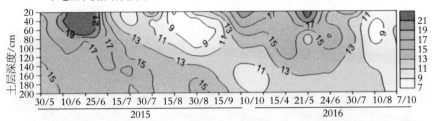

旱地玉米模拟补充降水(MR90)生长期土壤剖面水分生态循环(2017—2018)

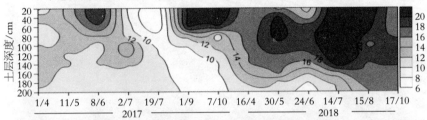

旱地玉米模拟补充降水(MR0)土壤剖面水分生态循环(2015—2016)

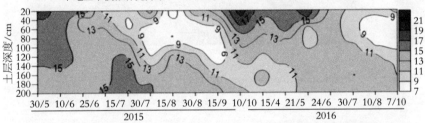

旱地玉米模拟补充降水(MR0)生长期土壤剖面水分生态循环(2017—2018)

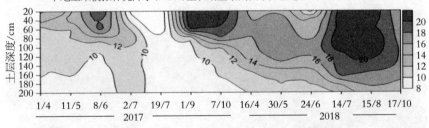

旱地玉米抗旱遮雨棚(KWR)生长期土壤剖面水分生态循环(2017—2018)

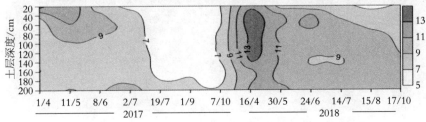

图 2-6-5　旱地玉米模拟补充降水 MR90 生长期土壤剖面水分生态循环(2015-1-2018)

半干旱区农田生态系统
水循环与有机碳对干旱的响应 | Responses of Water Cycle and Organic Carbon in
Farmland Ecosystem to Drought in Semiarid Area

图 2-6-6　西北半干旱区旱地玉米双垄沟集雨覆盖种植水肥调控研究成果大面积生产示范

第二节　农田覆盖方式与土壤水分时空变化

　　试验以覆膜方式为主处理,玉米品种为副处理,密度再裂区,全因素组合设计（试验材料与方法同第八章）。主处理 A1 为全膜双垄沟覆盖(QMGR)和 A2 半膜平铺盖(PMF)两种,A1 为大垄 70 cm 垄高 10 cm、小垄宽 40 cm 垄沟 15 cm,大小垄交替排列,A2 田间地膜带宽 60cm,地膜带与裸地(50 cm 宽)交替排列,副处理 B 为 3 种类型玉米杂交种,B1 吉祥 1号(耐密性中等,晚熟)、B2 酒单 4 号(耐密性差,早熟)和 B3 先玉 335(耐密性强, 晚熟), 再裂区 D 为 3 个密度,D1、D2 和 D3 分别为 $4.5×10^4$、$6.75×10^4$、$9.0×10^4$ 株·hm^{-2}。试验处理为 18 个,重复 3 次,共 54 个小区。

　　试验在黄土高原丘陵沟壑区宁夏彭阳县白阳镇嶂岘村进行（北纬 $35°41'~36°17'$,东经 $106°32'~106°58'$）。试验所在地海拔 1 700 m,年均降水量 460 mm。根据玉米生育期(4~9 月)各月降水量与对应期间降水分析,2012 年为正常年、2013 年为丰水年、2014 年和 2015 年为干旱年（表1）,特别是 2014 年 5 月、6 月、7 月 3 个月降水量明显偏少,2014 年和 2015 年 7 月份正值玉米授粉灌浆前期, 降雨量仅是多年同期平均值的 31.7%和 36.5%,玉米严重受旱。

一、旱地玉米不同覆盖方式年际间土壤水分垂直变化

　　2012—2015 年,对不同时期 0~200 cm 土壤水分的测定表明,无论降雨年份如何,旱地农田全膜双垄沟集雨种植(QMGR)土壤水分始终都明显高于半膜平覆盖种植(PMF)。无论全膜双垄沟还是半覆膜种植方式,保蓄土壤水分的多少与季节性降雨量高低基本吻合,2013 年丰水年保蓄的土壤水分高于 2012 年正常年,正常年高于 2014 年和 2015 年干旱年。特别是试验进行到 2014 年、2015 年时,玉米整个生育期降雨稀少,7 月、8 月2 个月共降雨 90 mm 左右,是多年同期平均降水量的 47.9%,大约是 2012年同期降水的 50% 和 2013 年的 30%。2014 年 8 月 4 日和 8 月 20 日

半干旱区农田生态系统
水循环与有机碳对干旱的响应
Responses of Water Cycle and Organic Carbon in
Farmland Ecosystem to Drought in Semiarid Area

QMGR 处理土壤平均水分达到了 12.50%和 12.37%,较 PMF 处理增加 2.66 和 1.98 个百分点,2015 年 7 月 30 日和 8 月 30 日同样处理土壤水分 15.66%和 13.55%,较 PMF 处理增加 3.49 和 3.39 个百分点,即全膜双垄沟种植在玉米灌浆期 0~200 cm 土层多蓄积了 50~90 mm 的土壤水分,在严重伏旱年份发挥了明显的抗旱增产作用。

2012—2015 年定位试验期间,全膜双垄沟玉米不同生育期土壤贮水量也明显增加,2012 年、2013 年、2014 年、2015 年早春播前 0~200 cm 土层贮水量 FPRF 处理较 HPFC 处理分别增加 68.7 mm、56.3 mm、77.8 mm 和 63.2 mm,苗期干旱季节分别增加 66.0 mm、103.6 mm、78.5 mm 和 95.68 mm,到玉米收获后仍然增加 47.8 mm、64.5 mm、74.6 mm 和 58.0 mm。

二、旱地玉米不同覆盖方式对土壤水分垂直变化

经过连续 4 年的定位试验,全膜双垄沟集雨种植引起了土壤剖面水分垂直分布的明显变化(图 2-6-7)。为进一步反映连续 4 年连作覆膜玉

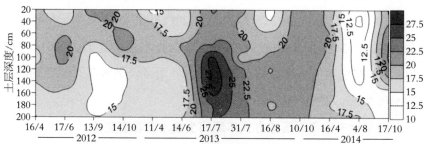
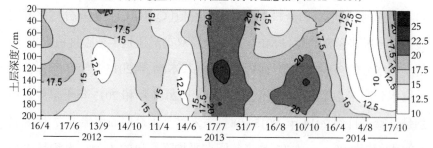

图 2-6-7　旱地玉米全膜双垄沟覆盖(QMGR)和半膜平覆盖(PMF)年际土壤
垂直剖面水分生态循环

米土壤水分时空变化,根据各个年份 0~200 cm 土壤水分的实测值绘制了土壤水分等值线图(图 2-6-4)。在 0~200 cm 土壤剖面上,QMGR 处理的土壤水分含量始终高于 PMF 处理,随着土层深度的增加或玉米生育进程的推进,两种覆膜种植方式之间土壤水分趋势性接近,但这种变化趋势在不同气候年份间不尽一致。正常年份 2012 年和丰水年份 2013 年土壤水分剖面分布特征基本相似,7、8 月份降雨量是多年平均值的 1~3 倍,土壤水分得到补偿,到玉米灌浆后期 100 cm 以下两种覆膜种植方式土壤水分趋于一致,两年收获时土壤水分含量都维持在相对较高的水平,2012 年在 14%~15% 之间、2013 年为 18%~20%;但在干旱的 2014 年和 2015 年明显不一样,特别是 2014 年玉米苗期(6 月 4 日)半膜平覆盖 0~140 cm 土壤剖面水分已降低到了 8.31%~9.20%,全膜双垄沟种植在 10.4%~14.3%,到收获前(9 月 18 日)100~180 m 土层土壤含水率全膜覆盖和半膜覆盖平均 12% 和 10.6%,特别是 100~140 cm 之间土壤水分半膜覆盖下降到了 8.2%,较全膜覆盖(11.7%)低 3.5 个百分点,接近土壤低湿层,并且 160~200 cm 土层两种覆膜方式土壤水分趋于接近。因此,无论降雨年型如何,全膜双垄沟种植均能有效保蓄生育期降水,使土壤坡面水分高于半膜平覆盖。

在 2012—2015 年定位试验中,玉米生育期尽管遇到了 1 个正常年份、1 个丰水年份和 2 个干旱年份,4 年期间全膜双垄沟集雨种植与半膜覆盖种植之间土壤水分变化形成了明显的周年差异,全膜双垄沟总是高于半膜覆盖。半膜覆盖在不同年份均出现了土壤水分的低湿层,如 2012 年 9 月中旬 80~140 cm 土壤水分降低到 12.5%,2013 年 5 月下旬到 6 月上旬 120~180 cm 土壤水分降低 12.5%,2014 年玉米收获的 9 月中下旬 0~180 cm 土层土壤水分降低到 10% 左右,特别是 2015 年 8 月上旬至 9 月中旬 40~160 cm 土层土壤水分下降到 10% 以下,形成了一个土壤水分 <8% 的干土层,并且随着时间推移干土层厚度增加、范围扩大。因此,4 个试验年份的试验结果表明,不同降雨年份全膜双垄沟集雨种植产量的增加,并

半干旱区农田生态系统
水循环与有机碳对干旱的响应 | Responses of Water Cycle and Organic Carbon in
Farmland Ecosystem to Drought in Semiarid Area

没有多消耗土壤水分,也未在深层形成土壤水分的低湿层,全膜双垄沟覆盖种植尚未观察到对土壤坡面水分循环的负面影响。

第三节　农田生态系统作物抗旱生理特征

作物含水量与作物生长状况密切相关,准确了解作物水分状况对作物及时灌溉以及提高作物产量具有重要指导意义(刘二华等,2020)。土壤含水量较低的条件下,作物根系的吸水速率低于蒸腾速率,导致气孔阻力上升从而造成"蒸散高地"的形成及时间的持续。

水分胁迫条件下,全天蒸散量水平较低,作物为了更好地维持自身的生理生化过程,"蒸散高地"的持续时间较长;而水分充足条件下,全天蒸散水平较高,"蒸散高地"持续时间较短,维持较高的蒸散速率的时间较长(张静等,2016)。

一、模拟补充降水对缓解干旱致灾生理参数的影响

在经由一般干旱,严重干旱,正常年份或丰水年份的情况下,布设定位试验所得到的相关科学参数,系统研究了气象干旱与土壤干旱对生物生产能力的影响状况,并结合生产实践进行了作物生长过程中干旱胁迫与模拟降水对缓解干旱致灾各参数影响程度进行了预估和评价。(1)当旱地春小麦 0~60 cm 土壤相对含水量达到 45%~50%,作物出现缺水现象,叶片缺水系数达到 0.250 左右;当土壤含水量达到 60%~70%,作物叶片缺水现象缓解或干旱解除;当同层相对土壤含水量为 35% 以下,作物抵御抗旱能力大幅度降低,作物生理缺水逐渐加重,旱地春小麦缺水系数可达0.300~0.400,普遍出现叶片凋萎现象。基本摸清抗旱减灾防御机制作物产量与耗水特征。(2)旱地玉米和小麦生长关键期进行人工模拟降水 30~150 mm,玉米较不补充降水量(MR0)区增产 8.5%~33.6%,春小麦增产29%~131.6%,WUE 分别增加 5.2%~11.7% 和 27.4%~92.8%。(3)作物降水与土壤供水关系及模拟降水等级能够大幅度提升降水对产量的贡献率。结

果表明,作物生长期进行田间补充(模拟)降水量为 60~150 mm 的情况下,旱地玉米生长期降水量和土壤供水量分别对产量贡献率为 23.8%~76.3%。旱地春小麦降水量和土壤供水量对产量的贡献率分别为 13.9%~86.1%。(4)受制于干旱的影响,测定了干旱致灾过程旱地对春小麦和玉米作物瞬间光合效率差异明显。

植物样品相对含水量(RWC)计算公式:

$$RWC=(W_f-W_d)/W_f\times100\%$$

式中:RWC 为植株样品相对含水量,W_f 和 W_d 分别为植株样品鲜重量和干重量。

当植物受到干旱胁迫时,质膜受到不同程度的破坏进而膜透性电导率增大,叶片含水量随土壤含水量下降而降低。在干旱胁迫下,越耐旱的植物,植株含水量下降越平缓,保水能力越强,不同作物保水能力从大到小依次为玉米、小麦,保水能力较差的作物,其叶片膜透性本身就较大,在干旱条件下,质膜破坏的程度相对较大,因此叶片细胞膜透性变化较大。随着干旱胁迫时间的延长,作物叶片的含水量不断下降,但下降幅度各有差异其中小麦的叶片含水量下降幅度最大,在干旱胁迫 6 天后,其叶片含水量下降到最低,说明小麦的保水能力和抗旱性相对较差。

二、干旱胁迫过程与土壤湿度与作物叶片及植株含水量关系

干旱胁迫下,由于作物的保水能力不同,因而土壤含水量、叶片含水量和叶片细胞膜透性的变化不同。保水能力较强的作物,其土壤含水量、叶片含水量和叶片细胞膜透性均较小。经过干旱胁迫使作物的土壤含水量和叶片含水量均呈下降趋势,叶片细胞膜透性增大,但保水能力较好的作物其变化幅度较小,玉米叶片保水能力相对较小麦好。

在干旱胁迫环境条件下,土壤水分含量在一定程度与作物叶片和植株含水量存在正相关关系。土壤水分含量高,则叶片或者植株含水量高。2016 年遇到夏秋连旱,6 月 10 日至 10 月 10 日期间,玉米主要生长期降水量仅 212.7 mm,降水量较多年同期均值减少 3 成以上。因此,0~60 cm 土

半干旱区农田生态系统
水循环与有机碳对干旱的响应 | Responses of Water Cycle and Organic Carbon in
Farmland Ecosystem to Drought in Semiarid Area

层土壤水分持续下降。7月中下旬抗旱遮雨棚KWR区0~60 cm土层平均含水量由8.2%下降至8月10日7.2%和9月10日7.3%,期间土壤水分一直维持在作物凋萎含水量指标内。研究表明,旱地玉米叶片凋萎含水量为70%~75%,在此期间,玉米叶片含水量仅59.3%~69.7%。同期MR0区叶片含水量为64.9%~76.0%,稍高于KWR区叶片含水量,但均属叶片凋萎含水量范围,使玉米生长量受到严重影响。因此,通过定位测定,寻找出旱地玉米叶片或植株出现凋萎湿度的土壤含水量的直线函数关系(表2-6-3、图2-6-8)。研究表明,0~60 cm土壤水分与同期玉米叶片或植株含水量呈直线相关性,且达到相关显著和极显著水平。

7月中下旬抗旱遮雨棚KWR区0~60 cm土层平均含水量由8.2%下降至8月10日7.2%和9月10日7.3%。研究表明,旱地玉米叶片凋萎含水量为70%~75%,此期玉米叶片含水量仅59.3%~69.7%。同期MR0区叶片含水量为64.9%~76.0%,稍高于KWR区叶片含水量,但均属叶片凋萎含水量范围,使玉米生长量受到严重影响。因而,通过定位测定,寻找出旱地玉米叶片或植株出现凋萎湿度的土壤含水量的直线函数关系,土壤水分与同期玉米叶片或植株含水量呈直线相关性,且达到相关显著水平。

三、模拟补充降水对土壤的作物缓解旱灾的影响

土壤相对湿度直接或间接关系着农作物生长进程和产量水平变化,在一定程度上反映了当年干旱程度。根据国家《干旱评估标准》对黄土高原塬台中壤区农田生态系统农业干旱等级标准(表2-6-3),确定土壤相对湿度,以55~60为轻度干旱、40~51为中度干旱、30~41为重度干旱、<35

表2-6-3　黄土高原丘陵黄土区土壤相对湿度与农业干旱等级标准

干旱等级	轻度干旱	中度干旱	重度干旱	特大干旱
沙壤和轻壤土	45~55	35~46	35~36	<25
中壤和重壤土	55~60	40~51	30~41	<35
轻黏到重黏土	55~65	45~56	35~46	<35

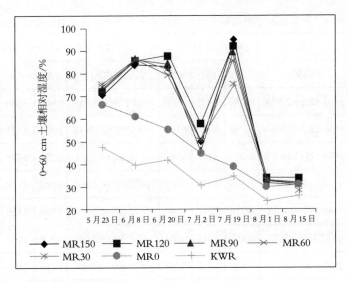

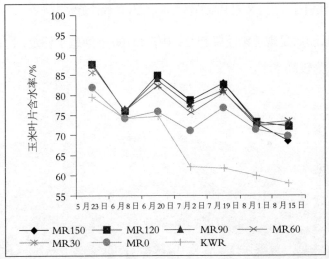

图 2-6-8　干旱胁迫过程人工模拟降水对旱地玉米生长期土壤相对湿度
与叶片含水量变化趋势

为特大干旱作为农业干旱评价标准对宁南山区不同年份土壤湿度进行评价。并对干旱胁迫期模拟补充降水旱地玉米浅层(0~60 cm)土壤相对湿度与叶片和植株含水量进行函数模型分析(表 2-6-4)。

生长季内,玉米不同生育期水分利用效率的日变化规律在 4 个生育期相对较为一致,均呈现出"U"型分布,水分利用效率在日出后不久就达

半干旱区农田生态系统
水循环与有机碳对干旱的响应 | Responses of Water Cycle and Organic Carbon in
Farmland Ecosystem to Drought in Semiarid Area

表 2-6-4　干旱胁迫期模拟补充降水旱地玉米土壤与叶片相对湿度函数分析

处理	土壤相对湿度与叶片含水量				土壤相对湿度与植株含水量			
	函数模式	R	t 值	p 值	函数模式	R	t 值	p 值
MR150	y=65.820+0.2003X	0.738	2.442	0.050	y=65.527+0.2688X	0.855	3.688	0.010
MR120	y=68.325+0.1670X	0.798	2.182	0.072	y=65.990+0.2559X	0.867	3.881	0.008
MR90	y=69.125+0.1555X	0.709	2.247	0.066	y=68.208+0.223X	0.776	2.749	0.033
MR60	y=68.379+0.156X	0.875	2.044	0.087	y=71.440+0.188X	0.902	4.658	0.004
MR30	y=69.097+0.146X	0.710	2.251	0.065	y=70.603+0.209X	0.948	6.629	0.001
MR0	y=57.328+0.345X	0.851	3.615	0.011	y=62.210+0.379X	0.876	4.062	0.007
KWR	y=32.865+0.991X	0.938	6.053	0.001	y=50.609+0.738X	0.786	2.846	0.029

注:土壤相对湿度为 X,叶片或植株含水量为 y 的线性函数。

到最大值,随后呈现逐渐下降趋势,中午 12:00 逐渐趋于稳定,下午 15:00
后又增长为较高水平。

旱地半膜垄沟集雨(50∶60 cm)抗旱节水农艺与机具配套中密度种植大面积示范与推广

四、干旱胁迫对作物缺水系数的影响

叶片相对含水量体现植株在胁迫状态下的水势，反映植株对水分的利用状况，与水分代谢密切相关。叶片相对含水量(RWC)随干旱时态的加剧其相对值逐渐降低，但叶片自然饱和亏(RSD)和叶片吸水率(RW)随着叶片相对含水量降低而逐渐增加。此时，作物缺(需)水系数(CWS)随之增大，其作物抗旱能力明显降低的趋势。在轻度干旱发展到重度干旱情况下，MR150（充分灌溉）叶片自然饱和亏（RSD）由 4.6%增加到22.50%，KWR（抗旱遮雨棚）处理区，由 19.51%增加到 28.06%，使 KWR区叶片水分饱和亏较 MR150 区平均增加 23.46%。对此，由于气候干旱胁迫导致作物大量缺水，直至叶片出现凋萎现象。因此，旱地玉米作物生长关键期缺(需)水系数为 0.242~0.390，旱地春小麦生长期一直处于干旱期，其缺(需)水系数为 0.305~0.342。

五、农田集雨覆盖种植对作物产量及水分生产效率影响

半干旱区大面积旱作农田中，经常受制于降水不足，其农田增产潜力较大，然而应用径流原理，在实施垄上覆膜产流，辅以沟内覆盖不同保墒措施下，使地力、作物品种、蓄水保墒及控制旱灾能力相应时，极尽可能地将产流过程积蓄的水分，以土壤物理蒸发化为有效蒸腾，能够最大限度地接纳和提高自然降水资源生产效率，因此使旱地作物产量大幅度提升。

①玉米全膜双垄覆盖（QMGR）较平膜种植（PMGR）增产 18.63%。垄沟集雨种植（MGB）较平膜种植（PMGR）平均增产 8.37%，集雨覆盖种植较露地平播（LDP CK）增产 40%以上。②旱地春小麦垄覆沟种（MGB）和覆膜穴播（MXB）增产 12.43%~18.0%，覆膜集雨种植较传统露地种植（CK）增产 42.5%~60.3%。③全膜双垄覆盖（QMGR）和垄沟集雨种植（MGB）其垄沟产流效应，有利于土壤蓄积自然降水和蓄水保水作用，减少无效物理蒸发，变无效降水为有效利用，增强有效蒸腾作用，从而在春季干旱季节起到缓解或解除干旱胁迫，提高作物抗旱能力，水分生产效率不断提升。玉米水分生产效率（WUE）提升 11.30%~22.03%，旱地春小麦

半干旱区农田生态系统
水循环与有机碳对干旱的响应 | Responses of Water Cycle and Organic Carbon in
Farmland Ecosystem to Drought in Semiarid Area

WUE 提升 12.96%~45.95%。

　　因此，旱作农田垄沟集水种植不仅能够大幅度提高旱地作物产量和水分生产效率，而且在水资源短缺的灌溉地区可采取垄沟集水+沟灌种植技术，减少大水漫灌，节约灌溉成本，达到抗旱节水增产的效果，生产中可根据不同生产条件和作物选择不同集雨抗旱节水种植技术，对缓解干旱胁迫或解除旱灾具有重要作用。

第七章　农田生态系统土壤水分贮存潜力与水分迁移规律

　　水资源短缺是一个世界性的问题,越来越受到人们的关注。如何提高水资源利用效率,特别是在干旱地区为了促进农业持续发展,采取各种抗旱节水耕作种植技术提高降水资源利用效率和农田生态系统水分贮存潜力,是一项长期而艰巨的任务。我国北方旱农地区的旱灾,主要分布在年降雨量 200~600 mm 的干旱半干旱区以及半湿润易旱区。干旱导致作物减产和严重绝产情况发生,严重威胁着生态系统安全和粮食安全。我国晋、陕、内蒙古、甘、宁、青等省(区)101 县 532.3 万 hm² 耕地在当前技术水平和投入水平下,水分生产的开发程度仅 40%左右,仍有 60%的潜力可供开发,但这些地区经常因严重的干旱灾害导致大面积农业受损甚至发生绝产现象。因此,积极有效地提高农田生态系统土壤水分贮存潜力成为区域农业可持续发展的首要任务之一。

第一节　土壤水分贮存潜力与水分利用

　　由于宁夏半干旱区地形特殊,是传统的雨养农业区,不具备大规模的灌溉条件,加上该地区土层深厚,地下水埋藏深度一般不超过 60 cm,水资源短缺现象严重,大气降水是当地土壤水分补给的重要来源。土壤水分是宁夏半干旱区植物生长发育和生态环境恢复的重要限制因子之一。并

半干旱区农田生态系统
水循环与有机碳对干旱的响应 ┃ Responses of Water Cycle and Organic Carbon in
Farmland Ecosystem to Drought in Semiarid Area

且在"大气—土壤—作物"连续体系中,以土壤为载体,接纳大气降水,大气降水只有转化为土壤水分以后才能供给作物。而且土壤水分是土壤最重要的组成部分之一,其含量的多少和分布能够直接影响区域农业的可持续发展,可见水分是该地区农业生中的主要限制因子之一。因此,开展土壤水分研究,充分认识宁夏干旱区内土壤水分时空变化规律,阐明土壤水分在干旱陆地生态系统中的意义,对干旱区生态维护以及水资源管理和增加作物产量有重要的科学意义。然而,土壤水分贮存潜力的高低、运移与分布受天气条件、土壤特性、种植方式及农田管理等因素共同作用影响。

土壤蓄水量是指一定土层厚度的土壤总含水量,是充分利用降雨,强化降雨入渗提高水分利用效率的重要途径。与湿润程度和田间持水量有关,气候越湿润、田间持水量越大,土壤蓄水能力越大。宁夏半干旱区属于典型的黄土高原,土层厚度在 50~80 m 之间,黄土颗粒细,土质松软,是天然的"土壤水库",深厚的黄土覆盖为降水资源转化为土壤水分创造了得天独厚的条件。

一、土壤水分平衡计算方法

(一)土壤蓄水量

$$W=h \times a \times b \times 10/100 \tag{1}$$

式中,W 为土壤蓄水量(mm);h 为土壤厚度(cm);a 为土壤容量(g/cm^3);b 为土壤含水量(%)。

(二)蓄水效率

$$WSE=D/R_i \times 100\% \tag{2}$$

式中,WSE 为土壤蓄水效率(%);D 为某时期一定土层中增加的贮水量(mm);R_i 为同时期降水量(mm)。

(三)土壤水分变化速率

$$WCV=C/T \tag{3}$$

式中,WCV 为土壤水分变化速率(mm/d),当 $WFV>0$ 时为土壤蓄水过程, $WFV<0$ 时为土壤耗水过程; C 为某时期一定土层中蓄水变化量 (mm); T 为同时期的天数(d)。

（四）水量平衡方程

$$P+L_i+F_\uparrow=R_s+E_T+L_o+F_\uparrow+\Delta S \tag{4}$$

式中: P 为降水(mm), L_i 为侧向壤中流输入量(mm), $F_\uparrow$ 为下部土层的向上补给量(mm), R_s 为地表径流量(mm), E_T 为蒸散发(mm), L_o 为侧向壤中流输出量(mm), $F_\downarrow$ 为对下部土层的入渗量(mm), ΔS 为土壤蓄水量变化量(mm)。式(1)左侧为以土柱为主体的输入部分,右侧为输出部分。

（五）水分利用效率（WUE）

水分利用效率（WUE）指蒸散的每单位(mm)水分在单位面积上所生产的经济产量,其计算公式为:

$$WUE = Y/E_T \tag{5}$$

$$E_T = I + P + U - R - F \pm \Delta S \tag{6}$$

其中，式中: Y 为经济产量 （kg/hm²）, E_T 为作物生长期间的耗水量 (mm), I 为时段内模拟补充降水量或者灌水量 （mm）, P 为时段内有效降水量(mm), U 为地下水通过毛管作用上移补给作物水量(mm), R 为地表径流量(mm), F 为深层渗漏量(mm), ΔS 为收获期与播种期 0~100 cm 土壤蓄水量之差(mm)。

二、降水对土壤蓄水量的影响

降水条件下的土壤水分运动过程分为入渗和迁移两个阶段，水分的入渗和迁移是一个连续的过程。入渗深度为降水停止时雨水的瞬时影响深度,依据降雨结束时水分在土壤剖面增加的范围进行判断;迁移深度为降水结束后水分在土壤中的运移最大深度，依据土壤水分监测值的动态增量范围进行判断,至某深度土壤水分不再随时间呈增加变化时,该次降水的迁移深度达到最大。

独立降水为一次降水发生后其入渗深度范围内的土壤水分又恢复到

半干旱区农田生态系统
水循环与有机碳对干旱的响应 | Responses of Water Cycle and Organic Carbon in
Farmland Ecosystem to Drought in Semiarid Area

之前水平的单次降水。间歇降水为一次降水发生后其入渗深度范围内的土壤水分未恢复至降水之前的初始水平时又发生了新的降水，包含2次以上的连续降水。

降水次数有效率为观测期内有效降水的次数占该时期总降水次数的百分比，降水量有效率为观测期内累积有效降水量所占该时期总降水量的百分比。

三、耕作措施对土壤蓄水量的影响

农田休闲，特别是在干旱年份，采用保护性耕作技术可以充分利用夏季降水，将其蓄存于深层土壤，供夏秋作物生长需要。夏季农田休闲，免耕与深松隔年轮耕可以充分利用夏季休闲期和作物生育期降水，明显提高了土壤水分保蓄和小麦的水分利用效率。深松—薄松—免耕模式能有效蓄水保墒，提高旱地冬小麦播前和整个生育期土壤蓄水量和降水利用效率，改善土壤的蓄水保墒效果，有利于冬小麦生育后期的籽粒灌浆和干物质积累，从而提高了作物的籽粒产量和生物产量。保护性耕作不同耕作方式对田间耗水量和耗水系数无显著影响，但深松耕作可以改善土壤结构，减小土壤紧实度，增加作物产量及水分利用效率，显著提高作物水分利用效率，并且与产量相关性达到极显著水平，可见留茬深松是增加土壤含水量、提高自然降水利用效率、增加作物产量的有效耕作方式。

黄土高原半旱区夏季休闲期正值雨季，其土壤蓄水效果与耕作方式有密切关系。夏季能够显著改善0~200 cm土层蓄水量，随着降水量的增多土壤对降水的保蓄能力增强。经过夏闲期蓄墒，深松/免耕/深松和免耕/深松/免耕模式有效蓄积夏闲期降水，使小麦播前土壤蓄水量显著增加，提高了休闲期降水蓄水效率和小麦整个生育期降水利用效率，比传统耕作显著提高了土壤的蓄水保墒能力。免耕可通过降低土壤体积质量，促进土壤水稳性团聚体的形成等作用来提高土壤的保水能力和水分利用效率，进而促进作物增收。

土壤团聚体稳定性的增加能够增加降水的入渗，导致土壤蓄水量增加。有研究表明，当土壤容重从 1.6 g·cm⁻³ 减小到 1.1 g·cm⁻³，其饱和含水量、重力水含量和有效水含量增加，其凋萎含水量、无效水含量减少；其饱和导水率增加，导致稳定入渗率和累计入渗量增加，导致土壤蓄水量增加。容重与土壤总孔隙度的属性正好相反，土壤总孔隙越大，入渗到土壤的降水越多。土壤总孔隙度的增加也能够导致土壤饱和导水率的增加。土壤持水性能越强，降水转化为土壤水后能够增加土壤水分的有效性，使作物免受干旱胁迫。因此，土壤物理特性在降水—土壤水的转化中扮演着重要角色。

第二节　土壤贮水量对作物生产力的贡献

生育期降水较充足年份（2013 年），各处理土壤蓄水量随着时间的推移逐渐升高，土壤水分没有被消耗反而增加。生育中期相对干旱年份（2014 和 2015 年），各处理土壤蓄水量均明显下降覆盖所导致的深层土壤干燥化的问题相对复杂。0~100 cm 和 100~200 cm 土层土壤蓄水量均低于或接近土壤稳定湿度。

土壤蓄水量随季节呈先增后降的趋势变化，且生育前期明显高于生育后期。土壤湿度的季节性变化主要受降水的影响。李友军等指出，深松覆盖和免耕覆盖休闲期间土壤蓄水量较传统耕作分别提高了 8.79%~13.39%、7.72%~8.05%，减少土壤蒸发约 40%，降水蓄墒率分别提高 13.72%、11.28%，耗水量减少 15%，降水利用效率分别提高 25.55%、11.83%，水分利用效率分别提高 16.37%、10.62%。

黄土高原西部旱作区是一个蓄水和保水性能良好的天然水库，为冬小麦生长发育提供较好的水分生存环境，应予大力开发和利用。土壤蓄水是影响黄土高原冬小麦生产力的最重要因素。土壤蓄水量是旱作区春小麦生产力的最重要因素，旱作区春小麦水分生产力低且不稳定，但仍有一定的潜力。

冬闲期土壤水分储蓄与翌年春季高效利用是宁夏半干旱区夏凉作物

半干旱区农田生态系统
水循环与有机碳对干旱的响应 | Responses of Water Cycle and Organic Carbon in
Farmland Ecosystem to Drought in Semiarid Area

高产稳产的关键。黄土高原冬小麦全生育期降水量只能满足耗水量的
65%~95%，有 5%~35%的耗水量是由播前土壤蓄水量补给的。土壤蓄水量
是旱作区冬小麦生产力的最重要因素。土壤蓄水量对冬小麦产量要素的
影响敏感。旱塬区冬小麦不孕小穗率形成期对土壤蓄水量等环境因素的
反应尤为敏感，其次是千粒重，最小是穗粒数。不孕小穗率和千粒重与产
量的相关性非常密切，是影响产量的主要要素。旱作区冬小麦水分利用率
低，水分生产力低且不稳定，但潜力很大。因此，土壤蓄水量是该区域冬小
麦生产力最重要因素之一。

一、作物生长期土壤蓄水量的作用

不同覆盖处理均能有效抑制冬春休闲土壤水分的无效蒸发，生育期
土壤水分消耗与恢复特征。农田土壤水分的消耗与利用受降水影响较
大，不同覆盖方式与年份间互相作用对水分利用效率和耗水系数均表现
出了极显著的差异性。地膜覆盖能有效提高水资源利用效率，有效提高了
玉米干物质累积速度，缩短了其生育进程。黄土高原地区降水量变率大，
地膜不同覆盖方式土壤水分动态变化及其利用特征。愈是干旱年份，实际
贮水量愈少，与气候类型相吻合。

半干旱区夏闲期土壤耕作的一个重要目的，就是多接纳并保蓄天然
降雨，以利于秋播作物生长，由于休闲期耕作管理和降水情况的不同，其
土壤蓄水量年际变化较大。因此，保护性耕作模式（免耕与深松隔年轮耕）
可有效蓄积夏秋降水，显著提高降水有效利用率和作物产量，是宁南旱区
比较合理的耕作模式。

当冬小麦某一发育阶段自然降水不能满足作物需水量时，半干旱区
休闲期土壤贮水便及时补给冬小麦所需水分，休闲期土壤贮水量相对少、
蓄水效率低，主要消耗在越冬至拔节期。因而对半干旱区冬小麦不同生育
阶段都有重要作用，且不同发育阶段贡献不同。休闲期贮水效率与半干旱
区冬小麦产量存在显著相关性，因此在冬小麦产量预报等业务服务中，须
将休闲期降水考虑进去。

二、休闲期土壤蓄水量的作用

黄土高原半干旱区代表测站土壤解冻至封冻期间 1 m 土层贮水量变化曲线呈不明显的波谷型分布。在干旱半干旱区,冬小麦产量很大程度上依赖于存储在土壤中降水,采用不同的保护性耕作措施不仅具有一定的蓄水保墒效果,还可提高冬小麦产量和水分利用效率(邓振镛等,2010)。休闲期是土壤蓄水的关键时期。休闲期降水与冬小麦全生育期降水相当。降水的季节分配与冬小麦生长发育时段不匹配,导致休闲期降水对黄土高原旱作区冬小麦生产至关重要。黄土高原休闲期土壤蓄水对冬小麦整个生育期都有重要作用,当自然降水不能满足冬小麦需水量时,土壤蓄水就如地下水库不断输送水分满足冬小麦生长所需水分。

黄土高原 1 m 土层最大蓄水量和最适宜蓄水量分别为 270~331 mm 和 216~265 mm,但实际贮水量 1 m 土层为 111~269 mm。黄土高原旱作区休闲期 1 m 土层多年平均贮水量半湿润区为 91 mm,蓄水效率为 30.7%;半干旱区为 32 mm,蓄水效率为 16.5%。不同降水年型、不同气候区休闲期蓄水量和蓄水效率差别较大。因此,客观定量分析半干旱不同气候区休闲期土壤蓄水规律和耗水特征,对充分利用休闲期降水具有重要意义。

第三节　农田生态系统土壤水分循环及迁移规律

一、地下水—土壤—植物—大气水分运移机理

(一)土壤干旱与大气干旱水循环

干旱与植物生理生态变化。干旱胁迫时植物水分损失过高,大于正常吸水时导致的植物组织水分亏缺现象,在植物的耐受范围内,一般不会产生太大的影响。而当植物组织水分亏缺太大的时候就会影响植物的正常生长,产生一定的不良生理反应。根据植物干旱形成的原因不同,可划分为土壤干旱和大气干旱两种类型,不论什么类型的干旱,基本都是由于根

半干旱区农田生态系统
水循环与有机碳对干旱的响应 | Responses of Water Cycle and Organic Carbon in
Farmland Ecosystem to Drought in Semiarid Area

系的吸水能力无法满足植物蒸腾导致的，植物体内的水分亏缺严重导致
生理平衡被打破，从而对作物产生一定的旱灾损失。

当地下水小于某一深度时，地下水与土壤水的交换转化关系是双向
的，地下水通过毛细作用，进入土壤层而影响土壤层水分分布和作物根
系生长，地下水埋深长期小于该深度的地区称为地下水浅埋区。地下水埋
深较浅的地区，土壤—植物—大气连续体土壤—植物—大气连续体（Soil
Plant Atmosphere Continuum，SPAC）中的水分因自然的和人为的作用必
然要和地下水发生联系，不同埋深地下水对土壤水分的分布和农作物产
量、水分利用效率等有着不同程度的影响。因此浅埋深地下水参与和影响
了 SPAC 系统中的水分运移和能量分配的物理过程。因此，分析水分运移
规律和充分利用地下水、对制定合理的节水灌溉方案，通过控制地下水对
农作物生长进行调控等具有一定的理论价值和现实意义。

(二)地下深层贮水与土壤水分运移

虽然土壤水分运移研究在理论上和应用上均有重要的作用，但由于
问题的复杂性，在相当长的时期内，只能处于定性的描述或用各种经验
的方法处理生产实践中不断遇到的土壤水分运移问题。土壤—植物—大
气连续体（Soil-Plant-Atmosphere CXontinuum，SPAC）是 1966 年由
Philip 较完整地提出的表述水分传输过程的重要概念。SPAC 理论从 20
世纪 80 年代初介绍到国内，把土壤—植物—大气看作一个连续体，用统
一的能量指标——水势将不同介质之间相互关系看作整体中内部关系，
使土壤水分运移和作物及生态环境协调研究成为可能。土壤水分运移研
究从单一学科走向多学科的交叉也体现在 SPAC 系统的研究。我国学者
在 SPAC 水分运动方面的研究起步于 20 世纪 80 年代，至今已做了大量
工作，邵明安等(1986)以 Van den Honert(1948)的恒定流模型为基础,阐
述了水流的各项阻力及其在 SPAC 系统中的相对重要性，并在土壤—植
物系统中水流非线性模式基础上，对植物根系吸收土壤水分进行了数学
模拟,虽然采用较复杂的根系吸水函数,侧重于土壤—根系系统,但包含

较为复杂难测的参数,比较系统地对土壤—植物的水容进行了研究。康绍忠等对冬小麦根系吸水分布进行了动态模拟,建立了冬小麦根系吸水模式。

二、土壤—植物—大气水分迁移的研究进展

(一)水肥调控研究方面

SPAC 概念被提出以来,田间水循环过程及规律研究广泛地开展,土壤水分和作物、大气间的有序、动态和量化关系不断探讨,为田间水肥调控原理、机制研究和节水农业各个环节提供了理论基础和应用依据。将单纯的农田根层水分与能量运动提升到水循环、水文要素和生态环境评价的高度。SPAC 已成为干旱胁迫下评估干旱指标、田间土壤水分和作物蒸发蒸腾量的模拟预测、覆膜水热效应创新性研究的重要手段。SPAC 已成为土壤物理、土壤化学、植物生理、水文地质、环境生态及盐碱地改良等研究的重要组成部分。

(二)地下水与地表水连续体监测

GSPAC 系统将地下水含水层、土壤、植物、大气视为一个物理上的连续体系统,包括地下水、土壤水、植物水、大气水等不同形式水分运移、转化和联系的介质。它包含了 SPAC 系统,又突出了地下水与地表过程的关系,是比 SPAC 系统更高一层更具普遍意义的系统。这一概念的提出,在理论思维和研究方法上拓展了一个新的学术领域,这一领域处于土壤学、水文地质学、水文学、农业气象学、植物生理学等学科的边缘研究领域,具有明确的研究内容和广阔的发展前景,为水资源的持续利用提供了新思路。研究表明,SPAC 中土壤水势通常在 $0\sim-1.0$ MPa 间变化,叶片水势、大气水势分别在 $-0.1\sim2.0$、$-10\sim-100$ MPa 间变化,其值的相对大小与在水分传输过程中主要控制性的阻力存在作物叶片与大气之间,其次才是作物根系与土壤之间的分配相一致。当然,土壤水势与植物的水分状况密切关联。如土壤水分有效性、水力传导阻力、植物水容性(Water capacitance)以及气象条件等多种因素共同作用的结果。

半干旱区农田生态系统
水循环与有机碳对干旱的响应 | Responses of Water Cycle and Organic Carbon in
Farmland Ecosystem to Drought in Semiarid Area

（三）土壤—植物—大气与生态系统的水分尺度

受降水和植被耗水的影响，土壤水分表现出明显的季节性变化，一般可分为缓慢消耗期、大量损耗期、相对稳定期和恢复期。同时受立地条件的影响，土壤水分在水平和垂直方向上均表现出明显的空间变异性，在垂直方向上，表层土壤水分对降水有一定响应，深层土壤对降水的响应微弱。土壤水分对草地的影响按研究尺度可分为个体尺度，群体尺度，生态系统尺度，不同尺度上研究对象和侧重点不同，个体尺度侧重局部各个生理过程的整体反映，同时还可以用来进行个体间的差异比较。群落尺度侧重群落间不同物种的竞争及互利作用，群落组成和结构及空间分布格局的变化。而生态系统尺度则侧重于土壤水分对结构、过程以及功能的影响。

三、土壤水分循环科技展望

土壤—大气水分循环在植物光合作用、蒸腾作用和水分利用效率等生理参数对土壤水分的响应规律方面联系起来；建立基于光合生理参数的土壤水分有效性及生产力分级；水分利用效率（WUE）指植被光合作用生产的干物质与蒸散作用所消耗的水分之比，它反映了植被光合生产过程与耗水特性之间的关系以及植物适应和忍耐干旱能力研究。因此，建立草地和农田生态系统与土壤水分关系模型也很重要；土壤水分是综合气候、土壤以及植被对水分平衡的响应和水分对植被动态影响的关键变量，对土壤水分动态在不同时空尺度上的模拟和预测对生态过程和水文过程也同等重要；加快不同优势种和植物功能与土壤水分关系的研究，建立不同研究尺度之间、不同时间和空间尺度上水分转换模型；探讨水分缺乏条件与作物耐旱的定量关系。利用各种耕作栽培技术，寻找作物目标水分的高效转化生态位；建立作物抗旱性评价体系，结合分子生物学，获得作物抗旱高产新品种，提高水分利用效率，为提高作物品质、改善生态环境、增加农作物产量奠定基础。

四、农田生态系统土壤水分运动基本方程

（一）土壤水分运动方程

在土壤水动力学到土壤水文学的发展中，土壤水分运动基本方程。常见的达西定律（Richards）描述了土壤中水流速度与水力梯度成正比的规律（雷志栋，杨诗秀，等，《土壤水动力学》[M]清华大学出版社，1988），基于这一定律和土壤水势的概念、质量守恒原理可以推导出描述土壤水分运动的基本方程：

$$\frac{\partial \theta(z,t)}{\partial_t} = \frac{\partial}{\partial_z}\left[K_W(z,t)\frac{\partial \varphi(z,t)}{\partial_z}\right] + \frac{\partial K_K(z,t)}{\partial_z} - S_W(z,t) \tag{1}$$

式中：$\varphi(z,t)$ 为土壤基质势；$\theta(z,t)$ 为土壤体积含水率；t 为时间；z 为自地表向下深度的负数；$K_W(z,t)$ 为土壤导水率；$S_W(z,t)$ 为水分源汇项，一般为植物根系吸收。

（二）土壤水分平衡方程

土壤水经土壤表面蒸发和植物气孔蒸腾作用进入大气，是大气水分的主要来源之一，土壤水对气候有直接影响。土壤含水量决定水势梯度，影响下渗和非饱和水分运动速率，从而影响流域中的径流路径、产流机制和土壤侵蚀过程。土壤水分控制着植被的空间分布与生长过程，同时也受到植被的调节，在气候—土壤—植被相互作用。

土壤水文过程可以用土壤水平衡方程来描述：

$$\frac{d\theta}{dt} = P - ET - L - R - Q \tag{2}$$

式中：θ 为土壤水分；P 为降水；ET 为实际蒸散量；L 为深层渗漏；R 为地表径流；Q 为侧向土壤流。

（三）土壤水热耦合方程

土壤—植物—大气连续体。水分经由土壤到达植物根表皮—进入根系后—通过植物茎，到达叶片，再由叶片气孔扩散到空气层，最后参与大气的端流交换，形成一个统一的、动态的相互反馈的连续系统。SPAC 模

半干旱区农田生态系统
水循环与有机碳对干旱的响应 | Responses of Water Cycle and Organic Carbon in
Farmland Ecosystem to Drought in Semiarid Area

型中主要包括土壤水热耦合方程（雷志栋，杨诗秀，等，土壤水动力学
[M]. 清华大学出版社,1988)、植被冠层模型、根系吸水模型等。以土壤含
水率 θ 与土壤温度 T 为变量的土壤水热耦合方程：

$$\begin{cases} \dfrac{\partial \theta}{\partial_t} = \dfrac{\partial}{\partial_z}\left(D_W \dfrac{\partial \theta}{\partial_z}\right) + \dfrac{\partial}{\partial_z}\left(D_{WH}\dfrac{\partial T}{\partial_z}\right) - \dfrac{\partial K_W}{\partial_z} - S_W \\[4mm] C_H \dfrac{\partial T}{\partial_t} = \dfrac{\partial}{\partial_z}\left(K_H \dfrac{\partial T}{\partial_z}\right) - S_H \end{cases} \tag{3}$$

式中：θ 为土壤含水率,cm^3/cm^3；T 为土壤温度,℃；t 为时间,s；z 为自
地表向下的深度,m；D_W 为土壤水扩散系数,m^2/s；D_{WH} 为温度梯度对水流
的扩散系数,$m^2/(s \cdot ℃)$，一般可忽略；K_W 为土壤导水率,m/s；C_H 为土壤体
积热容量,$J/(m^2 \cdot ℃)$；K_H 为土壤热传导率,$J/(s \cdot ℃)$；S_W 为水分源汇项 1/s,
一般为植物根系吸水；S_H 为热量源汇项,$J/(m^2 \cdot s)$，常温下一般忽略不计。

五、土壤干燥度及评价标准

李军等人采用美国研制的 WinEPIC 模型定量模拟评价了黄土高原
半干旱和半湿润地区生物量演变、深层土壤干燥化动态和区域分布规律,
WinEPIC 模型是侵蚀和生产力影响计算模型 EPIC （Erosion -
Productivity Impact Calculator）, 称为环境政策综合气候（Environmental
Policy Integrated Climate）模型,是美国研制的"气候—土壤—作物—管
理"综合系统动力学模型,能够逐日定量模拟水土资源利用和作物生产力
长周期动态变化过程,评价农业生态系统管理策略和水土资源环境效
应(Williams et al.1989, 2006)。特别适合于旱地土壤水分生态环境效应的
模拟和分析 （Black-land Research and Extension Center, 2006；Texas
Ag-riculture & Machinery Blackland Research Center, 2006）。已广泛应用
与草地和农田深层土壤干燥度评价,其验证良好。

（一）土壤干燥化评价

李军等人提出了土壤干燥化指数 SDI(soil desiccation index)来评价土
壤干燥化强度,计算公式为：

$$SDI = \frac{SM - WM}{SSM - WM} \times 100\% \tag{4}$$

式中：SDI 为土壤干燥化强度，SM 为土壤湿度，WM 为凋萎湿度，SSM 为土壤稳定湿度。

其中：$ASW_i = (SW_i - WP_i) \times P_i \times H_i \times 10 \tag{5}$

式中：ASW_i 为 10 m 土层的有效含水量；ASW_i 为第 i 土层的有效含水量(mm)；SW_i 为第 i 土层的土壤湿度(%)；WP_i 为第 i 土层的土壤萎蔫湿度(%)；P_i 为第 i 土层的土壤容重(g/cm^3)；H_i 为第 i 土层的土层厚度(cm)。

土壤干燥化强度划分为 6 级：(1)$SDI = 100\%$，为无干燥化；(2)$75\% \leq SDI < 100\%$，为轻度干燥化；(3)$50\% \leq SDI < 75\%$，为中度干燥化；(4)$25\% \leq SDI < 50\%$，为严重干燥化；(5)$0 \leq SDI < 25\%$，为强烈干燥化；(6)$SDI < 0$，为极度干燥化。

在不同土地利用方式下，其土壤湿度的最大观测深度不同，各类林地、草地和农田土壤湿度剖面平均值和土壤干层深度等指标均按照实际测深，一般在测定土层深度为 200~1 000 cm 之间。但为了便于比较土壤干燥化程度，在计算土壤贮水量、土壤有效贮水量(土壤贮水量与凋萎湿度时贮水量的差值)和土壤水分过耗量(土壤贮水量与土壤稳定湿度时贮水量的差值)等指标。

为了定量评价和比较不同土地利用方式下土壤干燥化效应，通常采用土壤稳定湿度值作为判断土壤干燥化现象的上限指标。土壤稳定湿度值采用土壤凋萎湿度与田间持水量的平均值计算，取值范围介于土壤重量含水量的 10%~16% 之间，约为田间持水量的 50%~70%。该值反映了某一种土壤对水分保持能力的中间状态，不随降水量的年度和季节变化而发生变化，便于在不同降水年型、不同季节和不同降水类型区之间比较林地、草地和农田的土壤干燥化强度。李永平等人研究表明，宁南山区半干旱区和半干旱偏旱区的黄绵土 0~100 cm 土壤田间持水量为 20%~22%，土壤凋萎湿度为 5%~6% 之间。

半干旱区农田生态系统
水循环与有机碳对干旱的响应 | Responses of Water Cycle and Organic Carbon in
Farmland Ecosystem to Drought in Semiarid Area

(二)土壤水分恢复程度评价

在植物生长或轮作过程中,干燥化草地和粮田在采取不同耕作和抗旱措施后,使粮田土壤水分得到逐渐恢复,采用土壤稳定湿度值作为土壤水分完全恢复的判断指标。为了便于评价农田干燥化土壤水分的恢复效应,研究提出了一个定量描述土壤水分恢复程度的概念——土壤水分恢复指数 SWRI(Soil water restoration index),定义为采取不同耕作和抗旱措施后农田某一土层土壤有效含水量差值占该层土壤稳定有效含水量与采取抗旱不同耕作及抗旱措施前农田土壤有效含水量差值的百分数,其含义为农田某一土层已恢复土壤有效含水量占应恢复土壤有效含水量的比重,公式表达为:

$$SWRI = \frac{SMG - SMA}{SSM - SMA} \times 100\% \tag{6}$$

式中,$SWRI$ 为土壤水分恢复指数;SMG 为农田采取不同耕作或抗旱措施后的田块土壤湿度;SSM 为土壤稳定湿度,SMA 为农田不采取耕作或抗旱措施的田块相同作物同期土壤湿度。

土壤水分恢复程度划分为 6 级:(1)$SWRI \geqslant 100\%$,为完全恢复;(2)$75\% \leqslant SWRI < 100\%$,为极好恢复;(3)$50\% \leqslant SWRI < 75\%$,为良好恢复;(4)$25\% \leqslant SWRI < 50\%$,为中度恢复;(5)$0 \leqslant SWRI < 25\%$,为轻度恢复;

西北半干旱区农田生态系统粮草轮作模式与水肥循环控制研究—水—土—肥
迁移规律监测区

(6)$SWRI<0$,为无恢复。

第四节　农田生态系统土壤水分入渗与能量平衡

中国气象局资料,日降水量在 10.0 mm 以下的降雨为小雨,10.0~24.9 mm 为中雨,25.0~49.9 mm 为大雨。已有研究认为,在低于入渗容量的范围内,降雨强度越大,其降水量可能存在短时期内使农田水分不能快速入渗现象。但初始土壤含水量对入渗与迁移影响更加明显,这是因为高含水量一方面更容易使土壤达到饱和,另一方面增强了土壤中的气体效应,更有助于湿润峰值向下运移。自然降雨的入渗和迁移深度不仅受降水量影响明显,还与降水强度及初始土壤含水量有关,降水量一定情况下,水分的入渗深度和迁移深度也越大。因此,间歇性降雨更有利于促进农田干燥化土壤水分的修复。

一、降雨有效性与土壤剖面水分入渗规律

自然条件下,降水量与降雨次数具有季节性、周期性变化,并导致其影响下的水分运移在土壤剖面内具有层次性。西北半干旱区,多为脉冲降雨,即降雨次数多,雨量小。降水类型主要分为独立降雨和间歇降雨。其中,独立降雨情况下,水分的入渗、迁移深度主要取决于降水量、降雨强度及初始土壤含水量等影响因子,各场次降雨之间互不影响;而在间歇性降水情况下,水分的入渗及迁移深度除了受以上因子影响外,还受其自身包含的多次降水之间的交互作用影响,这也是两种降水类型下土壤水分变化产生差异的主要原因。

降水使得水分进入土壤,由于土壤基质的吸附力、毛管力、重力作用,水分向下运动补给地下水或者暂时储存于土壤中;蒸发使得土壤水分经土表蒸发和植物吸收蒸腾,水分向上运动进入大气。

(一)季节性变化规律

在西北干旱半干旱地区,1~3 月属于干旱期,土壤含水量偏低,但基

半干旱区农田生态系统
水循环与有机碳对干旱的响应 | Responses of Water Cycle and Organic Carbon in
Farmland Ecosystem to Drought in Semiarid Area

本保持稳定。4~9 月是相对丰水季节,耕层土壤含水量变化较大。10 月以后降水减少,蒸发作用持续,50 cm 以上土壤含水量逐渐减小,直至冬期土壤形成冻土层,含水量降到最低。

降水前后土壤水势变化特点表现为:表层土壤水势变化幅度最大,7~8 月补给作用达到最大时,其土壤水势逐渐降低;5 月蒸发作用强烈时,土壤水势降低至基本达到最低状态。随着深度加大,降水入渗补给的滞后效果越明显,且持续作用更长。7、8、9 三个月是当地雨季降水量最大时期,受连续强降水的影响,0~200 cm 深度土壤水分水势增大,且持续到 11 月上旬才开始缓慢减小。

随降水季节的不同,土壤水势整体分布差异明显。7~9 月土壤水势最高,局部地段甚至达到饱和,12 月至翌年 3 月土壤水势最低。地面 0~100 cm 深度土壤含水量受季节影响非常大,土壤水势激烈变化;100 cm 深度以下土壤含水量基本不受季节交替影响,100~140 cm 土壤水势相对稳定。

(二)土壤深度水分交替入渗规律

常见的土壤水分动态包括入渗型、蒸发型、蒸发—入渗型、下渗—上渗型、下渗—上渗—入渗型。降雨结束后,表层蒸发作用继续,土壤水分向上运移,最终出现上渗—下渗—上渗—下渗交替出现的复合型曲线。根据该区土壤水势垂直变化特点,可将土壤水势划分为 3 个分带:50 cm以上土壤水势激烈变化;50~140 cm 土壤水势相对稳定,含水量最大;140 cm 以下土壤水势呈平稳下降趋势,最后达到饱和,只受重力势作用。降水作用下,此期土壤水势易形成上渗—下渗—上渗—下渗交替出现的复合型曲线。

西北半干旱区不同的立地环境及不同植被下的土壤水分存在差异性。半干旱区具有独特的生态环境和植被类型,位于季风边缘地带,是典型的生态环境脆弱带。玉米是西北半干旱地区主要种植作物,对当地农业深层可持续发展有着极其重要的贡献,作为典型的 C_4 作物,玉米具有较强的光合能力,水分利用效率较高。研究区域适合耕种水分短缺,年降水量较少月,雨量变率较大。半干旱区农田干湿状况与降水、蒸散等生态系统水循环过程密切相关。蒸散是土壤—植物—大气系统中水分传输和转化的主要途径,是农田生态系统水循环的重要环节,农业用水中绝大部分是通过蒸散过程返还到大气,对降水量变化依赖性极强,是生态环境与农业生产的脆弱地区。

二、农田土壤水分类型指标转换规律

在农田生态系统水平衡、水循环研究中,SPAC 系统能量平衡研究将占重要的位置。这是因为能量平衡的某些要素(如蒸发)本身就是水平衡中的重要要素和水循环中的重要过程,并且能量平衡与水分循环和作物生长发育又紧密联系。

在农业生态系统水分运行及区域分异规律研究中,以大气水、地表水、植物水、土壤水和地下水相互转换为主要形式的农田生态系统水分运行和转换联合观测研究是水量转换和水分运行与作物生产力关系的核心,它首先是以单站的田间综合试验为基础,并把综合观测试验置于土壤—植物—大气连续体中进行,以获取单站的水量转换各要素数据,建立单站的农田水量转换和水分运行的试验模式;其次是把田间综合试验与建立数学模型紧密联系起来,把站(点)的试验与区域的历史和现状的水文、气象、土壤、植被等生态环境要素和作物产量数据联系起来,并对不同区域的水分信息联网进行空间变异比较。最后将田间综合试验结果与遥感信息紧密联系起来,建立相关的试验遥感模式或建立 GIS 系统,从而实现区域尺度数据转换。

在旱作农业区,作物生长主要依靠天然降水,小麦需水量与同期降水量相差可达 250~300 mm,小麦产量低下,改善和优化农业生态系统结构、增强土壤蓄水能力、减少无效径流损耗是提高作物产量和提升作物水分利用效率的关键问题。

半干旱区农田生态系统
水循环与有机碳对干旱的响应 ▎ Responses of Water Cycle and Organic Carbon in
Farmland Ecosystem to Drought in Semiarid Area

第八章　农田集雨覆盖种植对作物耗水及水分利用的影响

第一节　试验材料与方法

一、试验设计

试验设计以覆盖方式为主处理,品种为副处理,密度为再裂区全因素组合(表2-8-1)。设主区处理:膜覆盖方式A,即全膜双垄覆盖(A1)和半膜平覆盖(A2),微膜宽度分别为120 cm和80 cm。A1起垄标准以大垄宽70 cm、高10 cm,小垄宽40 cm、高15 cm;用整垄器整垄,垄而圆,大小垄间形成70 cm、40 cm交替的种植沟带宽。A2半膜平覆(80 cm地膜,等行,膜宽60 cm,两膜之间空行50 cm露地);主区处理2为玉米品种为B:即B1(吉祥1号)、B2(酒单4号)、B3(先玉335);副区处理为品种密度C:C1、C2和C3分别为45 000株/hm²、67 500株/hm²和90 000株/hm²。试验处理为18个,重复3次,共54个小区。

试验于2013—2015年均在宁夏彭阳县嵩岘旱农基点进行。小区长6.5 m,每小区种植6行,小区面积21.5 m²,平均行距55 cm。每小区选测定标记15株,每次测定取样参考标记样株进行,收获期按小区实收脱粒计算产量。

表 2-8-1　旱地玉米覆盖方式、品种及密度试验田间设计方案

主区 1	主区 2	裂区处理	重复	小区数
A1(全膜双沟覆盖)	B1(品 1)、B2(品 2)、B3(品 3)	C1(密 45000)、C1(67500)、C3(90000)	3	27
A2(半膜平覆盖)	B1(品 1)、B2(品 2)、B3(品 3)	C1(密 45000)、C1(67500)、C3(90000)	3	27

表 2-8-2　试验小区设置

密度(C)(株/hm²)	行距/cm	株距/cm	每行株数	种植行/小区
45 000	55.0	40.4	16	6
67 500	55.0	27.0	24	6
90 000	55.0	20.2	32	6

二、项目测定内容及方法

项目主要测定内容:①记录生育期降雨量,播种前、生育期关键期和收获期,每隔 10 天测定 0~200 cm 土壤水分,耗水量和水分利用效率;②各处理主要生育期及病害发生情况;③各处理主要生育期玉米植株和穗部性状(如干旱胁迫等);④成熟期农艺性状及产量;⑤出苗后,每隔 15 天定期测定株高、叶面积、干物质积累等指标;⑥收获后测定土壤贮水量。计算公式见(1)~(2)。

土壤贮水量:$W=666.67 \times h \times dv \times W\% / 0.67$　　　　　　　　(1)

式中:W 为土壤贮水量(mm),h 土层深度(m),dv 为土壤容重(g/cm³),$W\%$ 为土壤重量含水率(%)。

作物水分利用效率:$(WUE)=Y/ETa$　　　　　　　　　　　(2)

式中:WUE 为水分利用效率 [kg/(mm·hm²)],Y 为籽粒产量(kg/hm²),ETa 为生育期作物耗水量(mm)。

试验数据采用 DPS 进行方差分析,采用 Duncan 新复极差法进行显著性检验($P<0.05$),及图件制作。

半干旱区农田生态系统
水循环与有机碳对干旱的响应 | Responses of Water Cycle and Organic Carbon in
Farmland Ecosystem to Drought in Semiarid Area

第二节 覆膜、品种和密度对作物生长及
土壤水分的影响

一、不同覆膜方式对玉米品种生长量的影响

2013—2015 年对比覆盖方式、品种及密度在不同生育阶段的单株生
长量,其干物质积累呈慢—快—慢的规律(表 2-8-3)。表 2-8-3 说明,不
同覆盖方式、不同品种在相同种植密度下能够产生交互作用,其生长期
各时段干物质积累量以 A1 (全膜双垄覆盖)462.7 g/株>A2 (平膜覆盖)

表 2-8-3 旱地垄沟集雨抗旱节水种植模式玉米单株干物质
生长量比较(彭阳县)

处理		2013(丰水年)(日/月)						
		29/5	14/6	28/6	17/7	31/7	16/8	20/9
A1	B1C2	4.4	27.9	88.8	190.2	307.5	420.3	553.5
	B2C2	2.9	22.7	71.8	163.3	280.9	390	499.1
	B3c2	4.1	24.4	87.1	180	300.9	433.2	585
平均		3.8	25.0	82.6	177.8	296.4	414.5	545.9
A2	B1C2	2.4	16.1	70.1	148.8	240.9	340.2	495.6
	B2C2	1.1	13.5	53	130.9	221.2	317	441
	B3C2	1.5	11.4	61	143.8	239.4	346.9	517.1
平均		1.7	13.7	61.4	141.2	233.8	334.7	484.6
处理		2014(干旱年)(日/月)						
		25/5	9/6	25/6	15/7	04/8	20/8	01/10
A1	B1C2	1	16.6	55.1	155.3	279	354.2	422.9
	B2C2	0.6	11.9	45.1	136.1	249.6	314.7	365.5
	B3c2	1.2	10	52.8	165.2	299.5	388.3	469.5
平均		0.93	12.8	51.0	152.2	276.0	352.4	419.3

续表

处理		2014(干旱年)(日/月)						
		29/5	14/6	28/6	17/7	31/7	16/8	20/9
A2	B1C2	0.8	7.3	34.8	96.5	196	256.5	306.7
	B2C2	0.5	4.7	31.2	80.1	167.3	218.5	284.9
	B3c2	1.2	5	26.8	102.8	214.8	284.5	387.1
平均		0.83	5.7	30.9	93.1	192.7	253.2	326.2

处理		2015(干旱年)(日/月)						
		27/5	11/6	25/6	15/7	30/7	30/8	30/9
A1	B1C2	10.8	28.8	70.7	129.9	190.3	356.1	420.0
	B2C2	7.9	20.3	44.1	103.1	167.5	333.1	396.0
	B3c2	7.5	16.7	54.3	122.2	196.4	382.1	452.5
平均		0.87	21.9	56.4	118.4	184.7	357.1	422.8
A2	B1C2	4.2	7.1	49.7	124.6	184.1	340.3	389.0
	B2C2	1.7	4.8	38.3	98.8	150.0	304.7	368.8
	B3c2	2.9	6.6	44.4	114.5	183.4	352.2	420.8
平均		0.3	6.2	44.2	112.6	172.5	332.4	392.9

401.2 g/株;品种干物质积累量以 B3(先锋 335)>B1(吉祥 1 号)>B2(酒单 4);相关性分析表明,玉米干物质与产量达极显著相关。生长期单株干物质生长量(A1)(全膜双垄覆盖)较(A2)(平膜覆盖)增加 2.7~61.4 g/株。

二、旱地玉米覆膜种植方式叶面积指数(LAI)动态变化

叶面积指数(LAI)是反映植物群体生长状况的一个重要指标,其大小直接与最终产量高低密切相关(表 2-8-4)。从表 2-8-4 看出,半干旱区玉米叶面积指数在苗期较低,拔节期逐渐上升,抽雄期达到最大值,之后平稳发展,至乳熟期开始下降。不同处理之间表现为:苗期相差不大,拔节期、抽雄期直到乳熟末期一直以 A1(全膜双垄覆盖)较 A2(平膜覆盖)高

表2-8-4　不同覆盖保墒措施下玉米品种生长期叶面积指数(LAI)变化(彭阳县)

覆盖方式	品种	2014(日/月)					
		28/5	9/6	25/6	15/7	20/8	平均
A1	B1	0.42	1.02	3.29	4.24	3.80	3.33
	B2	0.35	0.98	2.82	3.65	3.03	2.81
	B3	0.41	0.79	2.64	4.37	4.54	3.44
平均		0.39	0.93	2.92	4.09	3.79	3.19
A2	B1	0.29	0.34	1.07	2.66	2.83	1.96
	B2	0.29	0.59	1.34	2.37	2.50	1.94
	B3	0.18	0.50	1.57	2.83	2.95	2.20
平均		0.25	0.48	1.33	2.62	2.76	2.03
		2015(日/月)					
		29/5	11/6	24/6	15/7	20/8	平均
A1	B1	0.52	1.57	3.33	5.00	4.66	3.02
	B2	0.42	1.34	3.36	4.31	4.25	2.74
	B3	0.41	1.41	3.18	4.96	5.04	3.00
平均		0.45	1.44	3.29	4.76	4.65	2.92
A2	B1	0.21	0.77	2.66	4.14	4.26	2.41
	B2	0.16	1.00	2.37	3.99	4.07	2.32
	B3	0.16	1.10	2.83	4.19	4.29	2.51
平均		0.18	0.96	2.62	4.11	4.21	2.41
		2014—2015					
A1	B1	0.47	1.29	3.31	4.62	4.23	3.17
	B2	0.38	1.16	3.09	3.98	3.64	2.77
	B3	0.41	1.10	2.91	4.66	4.79	3.22
平均		0.42	1.18	3.10	4.42	4.22	3.06
A2	B1	0.25	0.55	1.87	3.40	3.54	2.19
	B2	0.17	0.80	1.86	3.18	3.29	2.13
	B3	0.22	0.80	2.20	3.51	3.62	2.36
平均		0.22	0.72	1.97	3.36	3.48	2.22
差值		0.21	0.47	1.13	1.06	0.74	0.83

的趋势。丰水年份(2013)、干旱年份(2014)A1 处理主要生长期叶面积指数平均值分别为 3.14 和 3.19，分别较 A2 均值 2.83 和 2.03 增加 11.0%和56.17%。干旱年份（2015)A1 和 A2 处理生长期平均叶面积指数分别为2.92 和 2.41,增加 21.16%。2014—2015 各时段叶面积指数 A1 较 A2 平均增加 0.21~1.13,平均增加 37.84%。无论丰水年还是干旱年份,叶面积指数(LAI)差别明显。

在覆盖方式相同,品种和田间密度一致的情况下(表略),叶面积指数(LAD)值依次以品种 B3(先锋 335)>B1(吉祥 1)>B2(酒单 4)。因此,生产中作物产量的高低,不仅决定于耕作栽培措施,而且与选择抗旱品种和植株密度密切相关。

不同种植密度对玉米叶面积指数(LAI)的影响,在同等气候和生产条件下,玉米叶面积指数(LAI)随种植密度的增加而上升(表 2-8-5)。叶面积指数依次由种植密度 C3(3 000 株)>C2(4 500 株>C1(6 000 株)。小喇

表 2-8-5　不同覆盖方式玉米主要生长期品种和密度对叶面积的影响(2013)

处理	6 月 17 日(小喇叭期)				7 月 7 日(抽雄期)			
	全膜双垄覆盖(A1)	增加(%)	半膜平覆盖(A2)	增加(%)	全膜双垄覆盖(A1)	增加(%)	半膜平覆盖(A2)	增加(%)
B1C1	1.38		0.98		2.75		2.61	
B1C2	1.88	36.2	1.50	53.3	4.42	60.7	3.92	50.2
B1C3	3.62	92.6	1.95	30.0	5.70	29.0	4.53	15.6
B2C1	1.92		1.21		3.28		2.91	
B2C2	2.21	15.1	1.32	9.1	4.54	38.4	3.39	16.5
B2C3	3.19	44.3	1.72	30.3	5.48	20.7	4.15	22.4
B3C1	1.27		0.70		3.38		2.31	
B3C2	1.77	39.4	1.01	44.3	4.22	24.9	3.32	43.7
B3C3	2.35	32.8	1.15	13.9	5.94	40.8	3.97	19.6

半干旱区农田生态系统
水循环与有机碳对干旱的响应 | Responses of Water Cycle and Organic Carbon in
Farmland Ecosystem to Drought in Semiarid Area

叭口期 C2 较 C1 增加 9.1%~53.3%,C3 较 C2 增加 13.9%~92.6%。抽雄期
C2 较 C1 增加 16.5%~60.7%,C3 较 C2 增加 19.6%~40.8%。

三、旱地玉米覆膜种植方式土壤水分生态循环效应

全膜双垄沟播具有明显的集流蓄水保墒作用(表 2-8-6)。试验结果
表明,A1 全年 0~200 cm 土层平均土壤含水量显著高于 A2 处理,A1 处理
全年各生长期平均土壤含水量为 12.50%~20.8%,A2 处理同层土壤含水量
为 9.8%~19.2%,A1 较 A2 处理 0~200 cm 土壤含水量高 1.6%~4.1%, 全年
同层土层贮水量较 A2 增加 43.6~111.6 mm, 平均增蓄水量 73.2 mm,蓄
水率提高 12.9%~17.6%。这些水分对改善土壤水分生态循环,为确保提升粮
食产量创造了良好的水分生产条件,起到非常重要的抗旱防灾减灾作用。

表2-8-6　不同覆盖方式玉米田间蓄水保墒状况比较(彭阳县)

覆膜方式	土壤水分	2014(日/月)					2015(日/月)				
		16/4	04/8	20/8	18/9	17/10	11/6	15/7	15/8	15/9	10/10
A1	%	18.7	12.5	12.4	16.2	19.2	20.8	20.1	15.8	14.1	14.9
	mm	514.0	343.2	339.8	444.7	527.3	572.1	551.0	433.6	387.5	408.9
A2	%	16.0	9.8	10.4	14.1	16.3	19.2	16.2	12.5	10.0	12.2
	mm	439.7	270.2	285.3	386.1	448.4	528.5	444.4	343.9	275.8	335.7
差值	%	2.71	2.66	1.99	2.13	2.87	1.6	3.9	3.3	4.1	2.7
	mm	74.3	73.0	54.5	58.6	78.9	43.6	106.6	89.7	111.6	73.2

四、旱作玉米覆膜种植方式田间耗水量的变化

宁夏半干旱区旱农区降水有限、水分利用效率低下是导致该区作物
生产力水平低而不稳的主要原因。发展保护性耕作是保护水土资源、提高
水分利用效率的重要途径。覆膜处理几乎在小麦和豌豆的所有生育时期
提高了 0~30 cm 的土壤深度土壤水势,为土壤水—作物水的转化提供动
力学基础,蒸腾速率分别增加。

在宁夏半干旱农区,免耕秸秆覆盖和免耕地膜覆盖,改善了水分转化

相关土壤物理特性,提高了降水—土壤水的转化效率;促进了根系生长,提高了土壤水势,增强了根系吸水的动力,减少了蒸散,促进了作物对水分的吸收和利用,提高了土壤水—作物水的转化效率,从而提高了产量和水分利用效率。由于免耕秸秆覆盖比免耕地膜覆盖更加具有可持续性,因此免耕秸秆覆盖是有利于半干旱农区小麦和玉米等作物水分利用效率持续提高的耕作措施。

旱作玉米地膜覆盖种植下,各因素对田间耗水量变化的影响与产量、WUE 变化有相似的地方,但也有不同之处。降水年型、密度、品种对耗量是(ETa)的影响达到极显著水平($P<0.000\ 1$),大小顺序为降水年型>品种>密度。田间耗水量随降水量的增加而增加,而覆膜方式对 ETa 影响不显著($P=0.417\ 6$)。如丰水年份(2013)全膜双垄沟 ETa 524.4~548.6 mm,半膜平覆盖 516.1~540.1 mm。干旱年份(2015)全膜双垄沟 ETa 449.1~484.7 mm,半膜平覆盖 431.9~489.0 mm。即旱作玉米田间耗水量(包括作物蒸腾耗水与棵间蒸发)与地膜覆盖方式关系并不密切,增加地膜覆

农田气象干旱胁迫致灾过程特征与干旱解除技术研究
——旱地玉米不同覆盖方式、品种及密度综合因素裂区田区试验

半干旱区农田生态系统
水循环与有机碳对干旱的响应 | Responses of Water Cycle and Organic Carbon in
Farmland Ecosystem to Drought in Semiarid Area

盖面积主要是减少了土壤水分无效蒸发损失,提高了蒸腾耗水比例,降水量多少、品种水分利用能力、群体大小是旱作玉米耗水增产的主要驱动因子。然而,密度由低到中 ETa 增加 12.4~30.0 mm,达到极显著水平,但中密度与高密度之间 ETa 差异不显著。中晚熟耐密品种先玉 335 与吉祥 1 号之间 ETa 无明显差异,但较早熟耐密性弱的酒单 4 号 ETa 增加 18.6~23.0 mm,差异极显著。

各因素对 ETa 的互作而言,降水年型与密度、覆膜方式、品种三要素之间互作效应和四要素互作效应以及降水年型与品种或密度或覆膜方式二因素间的互作效应,均达到显著或极显著水平,这与年际间降水变异大有关。但品种、密度、覆膜方式各因素之间的互作效应不显著。

五、旱作玉米覆膜种植方式水分利用效率的变化

在地膜覆盖前提下,各因素同样极显著地影响水分利用效率的大小,顺序(表 2-8-7,图 2-8-1),依然是降水年型>密度>覆膜方式>品种。3 个降水年型中,玉米生产年度的 WUE 最高值为丰水年份(2013)>干旱年份(2014、2015),但 WUE 提升幅度不决定于丰水年份和干旱年份,其差值高低决定于品种和种植方式及密度。丰水年份(2013)A1 处理区先锋 335 品种 WUE 最高 25.35 kg/(mm·hm²),较夏秋连旱的 2015 年 A1 处理同品种 WUE 为 21.15 kg/(mm·hm²)提高 19.86%。但品种相同密度不同,则 WUE 差异明显,丰水年份(2013)A1 相同品种下,不同密度间 WUE 可提升 35%~50%。因此,WUE 随着密度的增加而提高,密度由低到中增加 2.25 万株/hm² 时 WUE 平均提高 17.35%,再由中到高增加同等数量的密度 WUE 提高 12.73%。全膜双垄沟较半膜平铺种植 WUE 提高 21.08%。

表 2-8-7　不同覆模方式对玉米作物耗水量及水分生产效率比较(彭阳县)

处理		2013(丰水年)			2014(干旱年)			2015(干旱年)		
		ETa /mm	Yd kg/hm²	WUE kg/mm·hm²	ETa /mm	Yd kg/hm²	WUE kg/mm·hm²	ETa /mm	Yd kg/hm²	WUE kg/mm·hm²
A1	B1C1	564.3	10 188.0	18.00	512.7	8 583.0	16.80	477.8	7 140.0	15.00
	B1C2	531.9	11 304.0	21.30	512.9	10 246.5	19.95	483.2	8 601.0	17.85
	B1C3	519.5	12 735.0	24.45	532.5	10 663.5	20.10	480.4	9 679.5	20.10
	平均	538.6	11 409.0	21.30	519.4	9 831.0	18.90	480.5	8 473.5	17.70
	B2C1	576.2	7 744.5	13.50	477.2	6 643.5	13.95	438.7	5 485.5	12.45
	B2C2	519.9	9 711.0	18.75	507.2	8 454.0	16.65	441.5	7 371.0	16.65
	B2C3	549.5	11 127.0	20.25	478.4	9 843.0	20.55	467.1	8 731.5	18.75
	平均	548.5	9 528.0	17.40	487.6	8 314.5	17.10	449.1	7 195.5	15.90
	B3C1	521.7	9 864.0	18.90	514.0	8 865.0	17.25	478.0	7 666.5	16.05
	B3C2	547.2	11 784.0	21.60	467.1	11 157.0	23.85	484.4	9 595.5	19.80
	B3C3	504.4	12 816.0	25.35	515.5	11 556.0	22.35	491.8	10 387.5	21.15
	平均	524.4	11 488.5	21.90	498.9	10 525.5	21.15	484.7	9 216.0	19.05
A2	B1C1	524.6	8 587.5	16.35	519.5	7 074.0	13.65	431.7	6 181.5	14.25
	B1C2	530.7	8 997.0	16.95	538.3	8 164.5	15.15	407.9	7 078.5	17.40
	B1C3	516.6	11 005.5	21.30	511.3	9 513.0	18.60	456.3	8 508.0	18.60
	平均	524.0	9 531.0	18.15	523.0	8 250.0	15.75	431.9	7 255.5	16.80
	B2C1	512.1	6 400.5	12.45	522.2	5 758.5	11.10	420.6	4 984.5	11.85
	B2C2	513.0	7 711.5	15.00	513.1	7 000.5	13.65	431.7	6 420.0	14.85
	B2C3	523.2	10 095.0	19.35	510.8	8 349.0	16.35	443.8	7 546.5	16.95
	平均	516.1	8 068.5	15.60	515.4	7 035.0	13.65	432.0	6 316.5	14.55
	B3C1	553.7	8 989.5	16.20	486.8	7 516.5	15.45	480.4	6 459.0	13.50
	B3C2	539.0	10 366.5	19.20	480.5	9 052.5	18.90	489.8	8 115.0	16.50
	B3C3	527.6	11 214.0	21.30	487.8	9 868.5	20.25	496.9	8 931.0	18.00
	平均	540.1	10 189.5	18.90	485.1	8 812.5	18.15	489.0	7 834.5	16.05

　　注:表中数据为全膜双垄沟覆盖(A1)和半膜平覆盖(A2),主区处理2为玉米品种为B:即 B1(吉祥1号)、B2(酒单4号)、B3(先玉335);副区处理为品种密度 C:C1、C2 和 C3 分别每公顷密度为 4.5 万株、6.75 万株和 9.0 万株。

半干旱区农田生态系统
水循环与有机碳对干旱的响应 | Responses of Water Cycle and Organic Carbon in
Farmland Ecosystem to Drought in Semiarid Area

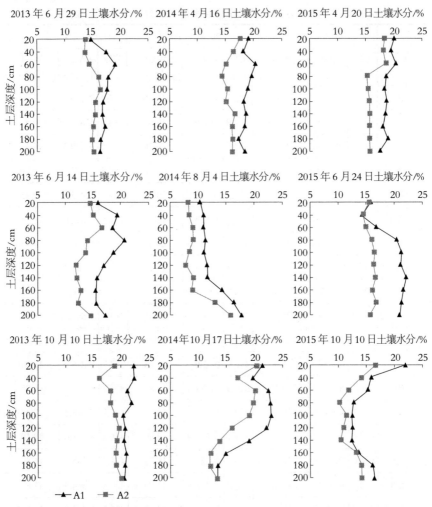

图 2-8-1　2013—2015 年玉米生长期全膜垄沟覆盖(A1)与半膜平覆盖(A2)0~200 cm
土壤水分变化

第三节　农田垄沟集水种植对作物产量
及水分利用的影响

一、垄沟集水种植对玉米耗水量及水分利用效率影响

半干旱区大面积旱作农田中,经常受制于降水不足,其农田增产潜力
较大,然而应用径流原理,在实施垄上覆膜产流,辅以沟内覆盖不同保墒

措施下,使地力作物品种、蓄水保墒及控制旱灾能力相应时,尽可能地将产流过程积蓄的水分,以土壤物理蒸发化为有效蒸腾,能够最大限度地接纳和提高自然降水资源生产效率。因而,使旱地作物产量大幅度提升(表2-8-8)。

表 2-8-8　旱地玉米集雨种植模式作物耗水量及水分生产效率

| 年份 | 处理 | Eta(mm) | | 籽粒产量 | | WUE (kg/(mm·hm²)) | | 增加 (%) |
		生产年度	生育期	(kg/hm²)	增加 (%)	生产年度	生育期	
2015	QMGR	596.8	472.1	9 595.5	18.2	16.08	20.33	35.2
	BMGR	552.4	492.9	8 382.0	3.3	15.18	17.01	13.1
	PMF(CK)	607.1	539.7	8 115.0		13.37	15.03	
2016	QMGR	415.3	343.1	10 878.0	18.6	26.19	31.71	30.4
	BMGR	410.7	338.5	9 937.5	8.4	24.20	29.36	20.7
	PMF(CK)	449.3	377.1	9 169.5		20.42	24.32	
	LDP(CK)	451.3	379.1	7 057.5		15.65	18.62	
2017	QMGR	375.2	261.6	2 811.0	153.6	7.49	10.74	161.4
	BMGR	370.2	264.8	1 665.0	50.2	4.44	6.29	53.0
	PMF(CK)	368.2	269.7	1 108.5		2.96	4.11	
2018	QMGR	444.8	399.1	11 821.5	22.8	26.55	29.55	11.7
	BMGR	427.8	399.5	10 323.0	11.6	24.15	26.10	12.6
	PMF(CK)	424.3	393.5	9123.0		21.30	22.80	

注:①2015、2016 和 2017 年彭阳县旱地玉米生长期降水量分别为 245.4 mm、260.1 mm 和 234.8 mm;②生产年度指前茬作物收获后至本茬作物收获期的降水量或耗水量,水分生产效率增加值以生育期计算。

玉米采用垄沟集雨覆盖种植技术能够大幅度提升水分生产效率。垄沟集水种植以垄上覆膜为基础,并分别对种植沟覆盖地膜、作物茎秆保墒措施,有助于提高农田水分生产效率。试验表明,旱地玉米采用垄沟集水种植,能够提高产量和作物对水分生产效率的转化效率。①抗旱节水增产

半干旱区农田生态系统
水循环与有机碳对干旱的响应 | Responses of Water Cycle and Organic Carbon in
Farmland Ecosystem to Drought in Semiarid Area

效果以全膜双垄沟（QMGR）>半膜垄沟种植（BMGR）>半膜平膜种植（PMF）>露地种植（LDP CK）；②大旱年份的增产幅度>干旱年份>正常年份>丰水年份（2018）；③QMGR（全膜双垄沟）能够大幅度提升作物生产能力；当玉米生产年度耗水量在375.2~596.8 mm或者生育期耗水量为261.6~492.9 mm之间，其QMGR（全膜双垄沟）和BMGR（窄膜垄膜）处理生产能力为8 382.0~11 821.5 kg/hm²，较PMF（CK）区增产3.3%~22.8%。遇到特大干旱年份（2017）生产年度耗水量为368.2~375.2 mm或者生育期降水量为261.6~264.8 mm，较PMF（CK）区增产50.2%~153.6%。集雨覆盖种植较LDP CK（露地种植）增产40%以上。

旱地玉米采用全膜双垄覆盖（QMGR）和垄沟集雨种植（BMGR）两种种植方式，均能起到增加地表温度，垄沟产流效应有利于土壤蓄积自然降水和蓄水保水作用，减少无效物理蒸发，变无效降水为有效利用，增强有效蒸腾作用，从而在春季干旱季节起到缓解或解除干旱胁迫，提高作物抗旱能力，水分生产效率不断提升。以生产年度水分生产效率（WUE）分析，①2015年和2016年全膜双垄覆盖（QMGR）和垄沟集雨种植（BMGR）较PMF（CK）水分生产效率（WUE）增加13.1%~35.2%，特大干旱年份水分生产效率（WUE）较PMF（CK）增加50%以上；②生产年度WUE值而言，2015年和2016年的WUE值达到15.0~25.5 kg/(mm·hm²)，而特大干旱年份（2017）生产年度WUE仅4.5 kg/(mm·hm²)左右，生育期WUE为4.5~10.5 kg/(mm·hm²)；③2016年全膜双垄覆盖（QMGR）和垄沟集雨种植（BMGR）WUE分别为26.25 kg/(mm·hm²)和24.15 kg/(mm·hm²)，较平膜种植（PMGR）20.4 kg/(mm·hm²)，WUE增加5.85 kg/(mm·hm²)和3.75 kg/(mm·hm²)，WUE提升18.38%~28.70%，较露地种植（LDP CK）WUE增加9.00~10.65 kg/(mm·hm²)。特大干旱年份作物WUE值不足干旱年（2015—2016年）的1/3。说明在大气或土壤出现极度干旱胁迫下不利于作物正常生长，从而使作物高效用水的生理生态运行机制不断降低或弱化的趋势。

全膜双垄沟具有显著的抗逆增产作用。在合理种植密度范围内,耐密品种的密植增产幅度和水分利用效果明显。全膜双沟垄种植三个品种在三种种植密度条件下,吉祥1号、酒单4号和先锋335,玉米产量可分别为9 831.0~1 140.9 kg/hm²,8 314.5~9 528.0 kg/hm²,10 525.5~11 488.5 kg/hm²。较半膜平覆种植方式平均增产19.7%、18.2%和16.1%。随着密度增加,增产幅度减少。因此,旱地玉米采用全膜覆盖方式的合理密度以选择在52 500~67 500株/hm²之间较好。

二、不同覆膜种植方式对春小麦作物耗水量及水分利用效率影响

旱地春小麦采用垄膜+沟穴播(MGB)和平覆膜穴播(MXB)种植,增产效果显著(表2-8-9)。MGB种植模式能够起到保水蓄水,阻止地表水无效蒸发作用,变无效蒸发为有效蒸腾,最大限度提升土壤水分利用效率,从而提升水分生产转化效率和提高作物产量。试验结果表明,作物生产能力以垄膜+沟穴播(MGB)>平覆膜穴播(MXB)>传统露地种植(LDP CK)。2016年垄沟集雨种植(MGB)平均产量为2 971.5 kg/hm²,较平覆膜穴播(MXB)2 643.0 kg/hm²增产12.43%,春小麦覆膜集雨保水种植较传统露地种植(PB CK)增产42.5%~60.3%。2017年遇到特大干旱年份,生育期降水量仅125.1 mm,比干旱年份(2016)同期还减少71.8 mm,旱地春小麦产量普遍较2016年减产1 500 kg/hm²左右,2017年极度干旱

农田气象干旱胁迫致灾过程特征与干旱解除技术研究
——旱地春小麦人工模拟补充降水及覆盖种植模式田区试验

表 2-8-9　旱地春小麦集雨抗旱节水种植技术作物耗水量及水分生产效率(彭阳县)

年份	处理	Eta(mm)		籽粒产量		WUE (kg/(mm·hm²))		增加 (%)
		生产年度	生育期	(kg/hm²)	增加 (%)	生产年度	生育期	
2016	MGB	326.8	287.6	2 971.5	60.3	9.09	10.34	64.0
	MXB	327.3	288.1	2 643.0	42.6	8.07	9.18	45.6
	LDP(CK)	333.6	294.4	1 854.0		5.57	6.30	
2017	MGB	311.5	208.5	1 467.0	26.5	4.71	7.04	18.8
	MXB	294.7	220.9	1 326.0	14.4	4.50	6.00	1.3
	LDP(CK)	287.1	195.7	1 159.5		4.04	5.93	
2018	MGB	325.7	238.6	2 725.5	26.6	8.37	11.43	30.4
	MXB	309.0	256.7	2 299.5	15.0	7.44	8.96	11.2
	LDP(CK)	337.2	251.5	1 999.5		5.93	7.95	

注:①2016 年和 2017 春小麦生育期降水量分别为 196.9 mm 和 125.1 mm。②生产年度指前茬作物收获后至本茬作物收获期间的降水量或耗水量,WUE 的增加值以生育期耗水量计算。

情况下 MGB(垄膜+沟穴播)和 MXB(平覆膜穴播)产量分别为 1 467.0 kg/hm²和 1 326.0 kg/hm² 分别较 LDP(CK)增产 26.5%和 14.4%。

旱地春小麦采用垄沟集雨穴插种植(MGB)和平覆膜穴播(MXB)种植模式,生产年度 WUE 分别为 4.65~9.15 kg/(mm·hm²)和 4.50~8.10 kg/(mm·hm²),较传统露地种植(PB CK)4.05~5.55 kg/(mm·hm²)增加 3.60~4.50 kg/(mm·hm²)。干旱年份(2016)和特大干旱年份(2017)生产年度 WUE 分别提升 45.01%~64.86%和 11.0%~16.7%。生育期 WUE 值分别增加 45.6%~64.0%和 10%以上。

因此,旱作农田垄沟集水种植不仅能够大幅度提高旱地作物产量和水分生产效率,而且在水资源短缺的灌溉地区可采取垄沟集水+沟灌种植技术,减少大水漫灌,节约灌溉成本,达到抗旱节水增产的效果。同时,旱作农业生产地区可根据不同生产条件和作物进行推广农田垄沟集雨抗旱节水种植技术,对缓解干旱胁迫或解除旱灾具有重要科技支撑作用。

三、不同覆膜方式、品种及密度对玉米产量的影响

(一)玉米高肥密值抗逆增产作用明显

半干旱区经常受制于降水不足,在欠缺人工补充水源条件下,旱作农田的增产潜力较大,然而采用全膜双垄沟种植模式,辅以沟内覆盖不同保墒措施下,使地力作物品种、蓄水保墒及控制旱灾能力相应时,尽最大可能地减少土壤无效的物理蒸发,使旱地玉米较半膜平覆方式产量呈显著提升趋势(表2-8-10)。

表2-8-10　不同覆盖保墒措施下玉米品种及密度对产量的影响(彭阳县)

单位:kg/hm²

处理	2013(丰水年型)			2014(干旱年型)			2015(干旱年型)			平均增产(%)
	A1	A2	A1较A2增产(%)	A1	A2	A1较A2增产(%)	A1	A2	A1较A2增产(%)	
B1C1	10 188.0	8 587.5	18.6	8 583.0	7 074.0	21.3	7 140.0	6 181.5	15.5	18.5
B1C2	11 304.0	8 997.0	25.6	10 246.5	8 164.5	25.5	8 601.0	7 078.5	21.5	24.2
B1C3	12 735.0	11 005.5	15.7	10 663.5	9 513.0	12.1	9 679.5	8 508.0	13.8	13.9
平均	11 409.0	9 531.0	19.7	9 831.0	8 250.0	19.2	8 473.5	7 255.5	16.8	18.6
B2C1	7 744.5	6 400.5	21	6 643.5	5 758.5	15.4	5 485.5	4 984.5	10.0	15.5
B2C2	9 711.0	7 711.5	25.9	8 454.0	7 000.5	20.8	7 371.0	6 420.0	14.8	20.5
B2C3	11 127.0	10 095.0	10.2	9 843.0	8 349.0	17.9	8 731.5	7 546.5	15.7	14.6
平均	9 528.0	8 068.5	18.1	8 314.5	7 035.0	18.2	7 195.5	6 316.5	13.9	16.7
B3C1	9 864.0	8 989.5	9.7	8 865.0	7 516.5	17.9	7 666.5	6 459.0	18.7	15.4
B3C2	11 784.0	10 366.5	13.7	11 157.0	9 052.5	23.2	9 595.5	8 115.0	18.2	18.4
B3C3	12 816.0	11 214.0	14.3	11 556.0	9 868.5	17.1	10 387.5	8 931.0	16.3	15.9
平均	11 488.5	10 189.5	12.7	10 525.5	8 812.5	19.4	9 216.0	7 834.5	17.6	16.6

注:表中数据为裂区试验,全膜双垄沟覆盖(A1)和半膜平覆盖(A2),主区处理2为玉米品种B,即B1(吉祥1号)、B2(酒单4号)、B3(先玉335);副区处理为品种密度C,C1、C2和C3分别为留苗密度45 000株/hm²、67 500株/hm²、90 000株/hm²。试验处理为18个,重复3次,共54个小区。

半干旱区农田生态系统
水循环与有机碳对干旱的响应 | Responses of Water Cycle and Organic Carbon in
Farmland Ecosystem to Drought in Semiarid Area

研究表明,①玉米产量 2013 年(丰水年)>2014 年>2015 年,其原因是 2013 年的 4~8 月玉米主要生长阶段降水量为 485.2 mm,较干旱年型 (2014)同期降水量 218.9 mm 还多 266.3 mm,较同期多年平均值 314.3 mm 多 170.9 mm。因而,无论沟垄种植方式还是半膜平覆种植模式。②A1(全膜双垄沟覆盖)处理产量始终高于 A2(半膜平覆膜),产量和水分利用效率均随密度增加而提高,在合理种植密度范围内,耐密品种的密植增产幅度和水分利用效果更加明显。A1 种植方式的吉祥 1 号、酒单 4 号和先锋335 品种分别在高密度、中密度和低密度条件下,玉米产量可分别达到 7 140.0~12 735.0 kg/hm²,5 485.5~11 127.0 kg/hm²,7 666.5~12 816.0 kg/hm²。较半膜平覆种植方式 6 181.5~11 005.5 kg/hm²、4 984.5~10 095.0 kg/hm² 和 6 459.0~11 214.0 kg/hm²,平均增产 15.5%、10.1%、和 16.5%。③同等气候和生产条件下,3 个品种均以种植密度 C3(90 000 株/hm²)产量最高。如全膜沟垄覆盖种植的高产耐密品种先锋 335(90 000 株/hm²)最高产量达到 12 816.0 kg/hm²,中密度(67 500 株/hm²)产量为 11 784.0 kg/hm²。平膜覆盖玉米高密度先锋 335(90 000 株/hm²)、中密度(67 500 株/hm²)最高产量分别为 11 214.0 kg/hm² 和 11 366.5 kg/hm²(表 2-8-11)。

因此,从不同种植密度水分生产效率看,随着种植密度的增加,作物经济产量逐渐增加,水分生产效率也依次提高,但在旱地条件下,玉米增产幅度较大的合理密度为 67 500 株/hm²,较密度 52 500 株/hm² 增产 20.0%,而种植密度达到 90 000 株/hm² 时,则增产幅度降低,平均为 10.0%左右。因此,生产中选择抗旱品种的合理种植密度应控制在 52 500~ 67 500 株/hm² 比较适宜。

(二)沟垄集雨覆盖种植与品种及密度间交互综合效应比较

半干旱区经常遇到干旱威胁,降水不足,在欠缺人工补充水源条件下,旱作农田的增产潜力较大,然而采用全膜双垄沟种植模式,辅以沟内覆盖不同保墒措施下,使地力、作物品种、蓄水保水及控制旱灾能力增强,通过增加土壤有效水分贮存量,尽可能地降低土壤无效蒸发转为有效蒸腾作用,达到旱地玉米较平膜覆盖种植方式增产效果显著的目标。

不同处理各因素交互项综合增产效应明显(表 2-8-11)。结果表明,不同覆盖方式,其品种和密度交互项综合增产效应看,①覆盖方式 A1 和 A2 处理产量分别为 8 295.0~10 816.5 kg/hm² 和 7 135.5~9 264.0 kg/hm²,覆盖方式增产 16.25%~18.97%。品种间和密度间产量分别 6754.5~10 848.0 kg/hm² 和 7 396.5~11 506.5 kg/hm²,分别增产 8.41%~26.22%和 10.64%~34.56%。②覆盖方式 A1 和 A2 处理间 WUE 增加 8.80%~16.41%。品种间 WUE 增加 7.31%~32.75%,密度间 WUE 增加 11.11%~35.92%。

表 2-8-11 玉米不同处理间交互项综合增产效应比较（彭阳县）

处理		2013		2014		2015		增加(%)	
		Yd (kg/hm²)	WUE (kg/mm·hm²)	Yd (kg/hm²)	WUE (kg/mm·hm²)	Yd (kg/hm²)	WUE (kg/mm·hm²)	Yd (kg/hm²)	WUE (kg/mm·hm²)
A	A1	10 816.5	22.35	9 558.0	22.20	8 295.0	19.35	16.25~18.97	8.8~16.41
	A2	9 264.0	19.20	8 034.0	20.40	7 135.5	17.55		
B	B1	10 476.0	22.05	9 043.5	23.40	7 864.5	18.45	8.41~26.22	7.31~32.75
	B3	10 848.0	23.10	9 672.0	23.40	8 526.0	19.80		
	B2	8 799.0	17.40	7 672.5	20.40	6 754.5	17.25		
C	C2	9 987.0	20.40	9 010.5	22.80	7 863.0	18.90	10.64~34.56	11.11~35.92
	C3	11 506.5	23.85	9 969.0	25.65	8 964.0	21.00		
	C1	8 628.0	18.00	7 408.5	19.05	7 396.5	15.45		

注:①A1、A2 分别为全膜双垄沟和半膜平覆,B1、B2 和 B3 分别为品种吉祥 1 号、酒单 4 号和先锋 335,C1、C2 和 C3 分别为留苗密度 45 000 株/hm²、67 500 株/hm²、90 000 株/hm²,下同;②各因素与产量方差分析达到显著水平。其主区处理覆盖方式（A）与裂区处理品种（B）即 A×B、A×C 和 B×C 均达到显著水平(LSD0.5=0.521)。但 A×B×C 交互项不显著。

第四节　农田生态系统耕作措施与土壤水分转化

水是农作物生长发育不可或缺的重要条件之一，是作物吸收各种矿物营养元素的传输载体，并且作物的一切生理生化反应均在水的参与下才能完成。水对作物产量的影响主要表现在对光合作用和呼吸作用的影响。研究表明，作物生长发育过程中光合作用直接消耗的水分不足农作物耗水量的 1%，而 99%的水分是由于作物蒸腾和土壤蒸发所消耗的。

耗水量包括植物蒸腾和蒸发量，这个词比蒸腾比率更符合农林生产实际，因此在田间和林地，棵间蒸发与植物蒸腾难以分别测定。20 世纪 70 年代以后，学术界多采用水分利用效率，它是消耗单位水量所产生的单位面积产量，能直观地比较不同作物或同一作物不同条件下的用水效率。

宁夏半干旱区，作物降水利用率可以作为衡量水分利用效率（WUE）的指标。WUE 是评价作物生长适宜度的综合生理生态指标，它既包括区域水分平衡、农田水分再分配、作物本身用水在不同方面，也包括作物群体、个体、单叶、细胞等不同层次耗水特征以及自然降水、灌溉水等不同水分分配比例关系。

一、耕作措施对土壤水分的影响

在旱农区，由于长期的土壤翻耕使得土壤结构遭到破坏，土壤质量连年下降，引起降水入渗速率低下，最终导致生产力水平低且不稳定，而保护性耕作技术的应用使得该地区的生产力水平有所改善。结果表明，作物收获后休耕期的留茬覆盖免耕和少耕较传统耕翻多储存 12~14 mm 的土壤水分，增加 16%的降水贮存效率。可见，保护性耕作对休闲期降水贮存效率因地域差异而有所不同。此外，不同耕作措施对降水贮存效率的影响也因季节而异，不能一概而论。

保护性耕作对土壤容重的影响随着耕作年限和试验地区而有所不同。土壤饱和导水率是反映土壤渗透性能的指标。在西北干旱半干旱地区,与传统耕作相比,免耕秸秆覆盖可以显著增加土壤的饱和导水率。

在农田中作物根系从土壤中吸收的水分主要是用于作物的蒸腾过程,研究表明,植物在其整个生命过程中所消耗的水分是其干物质重的200~1 000倍,其中90%以上的水分都是用于蒸腾消耗。因此,在农田中以作物蒸腾耗水量来衡量土壤水—作物水的转化量具有较好的指示作用。而土壤水—作物水的转化受到土壤水势、根系吸水能力和作物蒸腾量的影响,土壤水势的增加为根系吸水提供动力学基础,根系吸水能力可以用根干重、根长和根表面积量化,这三者越大,吸水能力越强,作物的蒸腾量就越大,进而导致更多的土壤水—作物水转化,提高作物的水分利用效率。

二、作物蒸腾量对需水量的影响

作物蒸腾量是指作物吸收利用的水分,作物蒸腾量越大,说明土壤水—作物水的转化越多。土壤水势和根系吸水能力是决定作物蒸腾量大小的重要因素。研究表明,在湿润土壤中(土壤水分含量为24%),土壤—植物的水力导度高于干燥土壤(土壤含水量分别为12.5%、6.0%),随着土壤的干燥化程度加剧,植物通过关闭气孔以减少蒸腾。当土壤干燥时,其水力传导性下降了几个数量级,在根部周围形成了较大的水势梯度,实际上存在一个土壤水势阈值,超过这个阈值,土壤中的水分流动就不能再维持蒸腾损失。在水分充足和干旱条件下,特别是干旱条件下,根系干重对蒸腾效率有贡献,根表面积与蒸腾速率呈显著正相关。

土壤水—作物水的转化可以用土壤水—作物水的转化效率(CTE)量化,CTE是生育期内作物蒸腾量与土层0~2 m作物生育期内最大土壤累积有效蓄水量之比。而生育期的作物蒸腾量大小直接影响着CTE的大小,蒸腾量越大,CTE就越大,作物的水分利用效率越高。

作物水分吸收和散失是发生在土壤—作物—大气连续中一个复杂的动态过程。土壤性质决定着水分吸收、贮存、转换与受水势制约的水分流动;植物群体与个体特性包括遗传性状特征、群体结构特征(即植物群体地上与地下部分、枝、叶、根系的空间分配特征);环境物理特征包括气候

半干旱区农田生态系统
水循环与有机碳对干旱的响应 | Responses of Water Cycle and Organic Carbon in
Farmland Ecosystem to Drought in Semiarid Area

条件,特别是地层面气象条件,这些因素及其内在联系,决定了作物蓄水量、耗水量与产量的关系。植物需水量和耗水量是作物水分利用的关键因素,关系到作物生产效能和资源利用效益,是农业可持续发展的重要问题。

目前,西北干旱半干旱地区出现不同程度的缺水、缺肥以及灌溉不合理等问题,不但限制了单位面积作物产量的提高,也对区域环境产生深远影响。该地区光热资源丰富,水资源短缺是影响区域产量和农业发展的主要限制因子。

三、农田补充灌溉方式、优化种植结构与土壤水分利用

(一)农田土壤水分补充方式

半干旱区农田水系统是一个典型的"自然—社会"二元水循环结构,受自然、社会的双重驱动作用影响,农田水循环系统一方面遵循蒸发蒸腾、入渗、产流等自然水循环机理的过程,另一方面又与人类活动的供水、用水、耗水、排水、补水过程中改变循环通量数量。其中,人类活动对半干旱区水系统的影响主要表现在农田耕种、引水和排水等,例如水循环中的取水—输水—用水过程改变了水循环的蒸发、入渗、产流过程。

按干旱区农田生态系统水循环涉及大气水、地表水、土壤水、地下水和植物水的相互转化,形成了供水、用水、耗水、排水、补水 5 大关键过程。其中,供水是指从当地地表水、地下水、入境河流等水源,通过蓄水、引水、提水等水源工程向灌区提供的水量。用水是指研究对象通过人工供水设施获得的水量,根据不同的研究尺度略有差异。农田尺度是指进入田间地块的水量,灌区尺度是指通过引水渠闸门进入灌区的水量。耗水量是指农田蒸发消耗的水量,包括棵间蒸发、植被蒸腾和植被截留蒸发 3 部分。排水是指灌溉地表退水、地下水排泄和降水径流通过排水渠系或天然河道流出的水量,可作为河湖湿地生态补水水源或直接排入下游。补水是指未被消耗的灌溉水量和当地降水量通过渠系渗漏、土壤入渗回补给地下水的水量。通过对半干旱区农田生态系统水循环过程的解析可以看出,降水、气温、太阳辐射、地形地貌等自然因素以及灌溉引水、渠系改造、种植

宁南半干旱区山地彭阳县不断适应市场需求、调整种植业结构和突出区域
特色优势产业——万亩万寿菊和万亩小杂粮保健作物

结构、灌溉制度、农艺技术、水价等社会因素是影响和驱动农田水循环过程的主要因素。

(二)优化种植结构压缩高耗水作物比例

由于不同作物的生长周期、水分需求和灌溉制度存在显著差异,意味着不同种植结构的耗水与需水时空分布将发生重大变化,进而对灌溉引水、排水及补水过程带来新的变化。

小麦全生育期需水量总体小于水稻等作物,但往往因需水高峰期与降水高峰期不吻合,因而导致生长期缺水严重而减产;玉米生长期与雨季基本吻合,净灌溉需水量小,是灌溉依赖程度较低的粮食作物;而葵花和大豆、马铃薯等作物耗水量较小,净灌溉需水量低,农业经济效益也相对较高。因此,减少全生育期耗水量大、净灌溉需水量高的作物种植面积,能够直接降低区域净灌溉需水量和农业耗水量,形成减少农业灌溉水量的效果;而增加灌溉依赖程度较低的作物种植面积,作物生长期更多依赖于天然降水,能够有效缓解区域灌溉供需矛盾,降低农业耗水量和农业灌溉水量。

宁夏银川灌区调整种植结构,应压缩高耗水量的水稻种植面积,仅此一项可使水稻作物蒸发耗水量减少了 1.02 亿 m^3。甘肃河西地区通过大力缩减高耗水作物种植面积,增加经济作物种植面积,可使农业用水量累计减少 4.74 亿 m^3。因此,随着种植结构调整和优化力度的增强,在降低农业耗水量和灌溉用水量的同时,也会对农田水系统带来影响,如渠系渗漏和土壤入渗补给水量减小,地下水补给量缩减,地下水位降低,潜在蒸发量和农田排水量相对减小,整个农田水分系统各个要素也发生变化,甚至会导致区域水循环过程及水资源利用方式发生重大改变。

(三)建立节水型高效种植制度

长期以来,宁夏半干旱区农业种植以粮食为主,主要有小麦、玉米、马铃薯等,经济作物主要是胡麻、葵花、甜菜、枸杞等。种植结构调整对农田系统水循环过程及水量平衡有重要影响。在水资源严重短缺以及最严格水资源管理制度的约束下,引黄灌区种植结构调整是在保障粮食安全的基础上,实现水资源可持续利用、建设节水型农业的重要措施。受黄河水资源统一调度、本地降水丰枯等因素的影响,农田灌溉用水等水量平衡要素发生显著变化,如何准确量化种植结构与水量平衡要素的影响仍然是一个难点。

从长远来看,随着节水型种植结构的进一步优化,灌区农田灌溉水量、潜在蒸发量、耗水量、田间入渗量必将持续减小,水资源利用效率提高。与此同时,地下水位也会随着灌溉水量、地下水入渗补给量等要素的减少而降低。

第九章　农田生态系统田间模拟降水
及其解除旱灾技术

　　水资源短缺是一个世界性的问题,越来越受到人们的关注。如何提高水资源利用效率,特别在干旱地区为了促进农业持续发展,采取各种抗旱节水耕作种植技术提高降水资源利用效率是一项长期而艰巨的任务。我国北方旱农地区的旱灾, 主要分布在年降雨量 400~600 mm 的半干旱区和半湿润易旱区。我国晋、陕、内蒙古、甘、宁、青等省(区)101 县 532.3 万 hm² 耕地在当前技术水平和投入水平下,水分生产的开发程度仅 40%左右,仍有 60%的水热潜在生产力可供开发,但这些地区经常因严重的气象干旱灾害导致大面积作物减产和严重绝产情况发生,严重威胁着生态系统安全和粮食安全。

　　根据宁夏南部山区降雨特点,春季降水量仅占全年 20%~25%,4~7 月份是玉米播种和苗期生长关键期,此期降水量直接影响到当年产量。宁南山区自然灾害发生频发较高,特别是旱灾发生频率高,影响范围最广,水资源十分贫乏,区域性缺水矛盾突出。春旱、夏旱、秋旱的平均发生频率分别为 68%、55%和 35%;春夏连旱、夏秋连旱和三季连旱的平均发生频率分别为 55%,27%和 18%。干旱分布由春旱发展到春夏连旱和春夏秋三季连旱,农业受灾范围广,成灾面积大,旱灾损失惨重。

　　试验在半干旱区宁夏南部山区彭阳县旱地进行, 种植作物为春小麦和玉米,分别在 3~7 月中旬和 5~7 月份作物苗期或生长关键阶段,对两种旱地作物生长期在自然雨养生产的基础上，再实施人工补充不同等级降水量和抗旱棚遮雨干旱胁迫下，模拟不同等级降水量在干旱季节对作物生长速度和生产影响，以及干旱期缓解或解除旱灾胁迫能力，寻找作物在干旱关键期因农田水分生态环境对解除或缓解旱灾损失阈值，通过集成配套技术，形成适合西北干旱地区生产中可供示范和推广的抗旱避灾技术体系，提高当地降水资源转化效率，促进当地农业特色产业持续发展。

第一节　研究方案与试验设计

一、研究方案

作物干旱胁迫环境人工补充雨量（灌溉）解除旱情方案制定依据。降水距平百分率反映了某一时段降水与同期平均状态的偏离程度，降水距平百分率（P_a）指数是指某时段的降水量与常年同期平均状态的偏离程度。某时段降水距平百分率（P_a）按如下公式计算：

$$P_a = (P - \bar{P})/\bar{P} \times 100\%$$

根据彭阳县1998—2015年4~7月份多年同期降雨平均距平值，以连续三个月，P_a值为$-25\% < P_a < 25\%$为正常，$-50\% < P_a \leqslant -25\%$为偏旱，$P_a \leqslant -5\%$为大旱。初步确定半干旱区（彭阳县）大秋作物主要生长期降雨年型（表2-9-1）。据统计，多年半干旱区（彭阳县）春小麦生育期（3月~7

表2-9-1　1998—2015年彭阳县主要作物生长期降水年型统计

年型	4~7月主要生育阶段							
	降水量	平均	MR	累计降水量	MR	累计降水量	MR	累计降水量
干旱年	130~170	140	30	170	60	230	90	330
正常年	171~220	190	30	220	60	280	90	370
丰水年	≥230	220	30	250	60	310	90	400

注：MR为预期人工模拟雨量值。（补充灌溉）

月 10 日）降水量在 120~250 mm 之间（1988—2015 年），平均值为 188.3 mm。因而,此阶段降水量可分别确定为干旱年 130~170 mm、正常年 171~220 mm 和丰水年 ≥230。

在 2015 年人工补充雨量模拟试验的基础上,2016—2018 年对旱地春小麦和玉米作物设置控制 6 个等级田间土壤湿度,主要定位研究不同等级土壤水分生态循环机制下,干旱期作物不同降水量与干旱胁迫期主要抗旱指标、水分循环趋势、经济产量、光合生产能力及产量构成抗旱指标、水分生产效率等。研究农田生态系统模拟降水解除旱灾的应对能力。

考虑到玉米生长苗期遇到自然旱灾危害影响的可能，确定在玉米主要生长期(4~7 月)以每个处理补充降水量总量设 6 个等级,田间模拟雨量以"MR"表示，即每 667 m^2 人工补充雨量为 MR30 mm、MR60 mm、MR90 mm、MR120 mm、MR150 mm，以不实施人工补充降水接纳自然降水的 MR0 mm（CK_1）和 KWR（CK_2）抗旱遮雨棚（生育期不接纳自然降水和人工补充降水）;自然降水量以"R"表示。模拟补充降水量共分3次进行，每次分别为 10 mm/次,20 mm/次、30 mm/次、40 mm/次和 50 mm/次，以 MR0 为 CK_1 和 KWR 为 CK_2。玉米和春小麦出苗后每隔 20 天人工补充降水 1 次。

依试验小区面积计算每次补充降水量并称量,采用人工降水,方法用铁皮制作的密孔洒壶距垄面高度 100 cm 进行人工降水。对 10 mm/次、20 mm/次、30 mm/次、40 mm/次和 50 mm/次的试验小区,采取分次分量循环降水法,每次人工补充降水当天完成。

二、试验材料与方法

试验围绕旱地玉米和春小麦两种典型作物展开研究，每种作物分别设六个等级土壤湿度处理:①MR30(生育期人工补充降水量 30 mm/667m^2,下同）、② MR60 mm、③MR90 mm、④MR120 mm、⑤MR150 mm、⑥MR0 mm（CK_1,生育期接受自然降水，人工补充雨量 0 mm）、⑧KWR（CK_2,抗旱棚遮雨,生育期控制自然降雨量为 0 mm）。人工补充降水处理

半干旱区农田生态系统
水循环与有机碳对干旱的响应 ‖ Responses of Water Cycle and Organic Carbon in
Farmland Ecosystem to Drought in Semiarid Area

区生育期分 3 次进行,每次补充量占全部补充降水量的 1/3。随即排列,
重复 2 次。

每种作物抗旱遮雨棚,其棚高 2.5 m,长 4 m,宽 4 m,面积 16 ㎡。为
防止自然降水干扰,对抗旱棚顶部用透明塑料棚膜进行长期遮雨棚遮盖,
棚内设置干旱胁迫处理(生育期内不补充降水,也不接收自然降水)。

(一)旱地玉米试验

小区采用垄沟集雨抗旱节水种植模式,即沟:垄集雨带为 50 cm:60 cm
抗旱节水种植带型,每个种植带宽为 110 cm(垄面宽度为 60 cm,沟宽为
50 cm)采用人工起垄,垄高 15 cm,垄上覆厚度为 0.008 微膜,沟内不覆
膜,沟两侧种植玉米。供试品种为西蒙 3 358,密度为 67 500 株/hm²,小区
面积 6.0 m×4.4 m=26.4 ㎡,平均行距 50 cm、株距 27 cm,每小区 178 株/区,
每行种植 22 株。为防止人工补充降水量等级试验小区水分互渗,在小区间
四周挖槽形沟,宽 50 cm,深 60 cm,并用双层塑料薄膜装入沟内埋入土壤,
每个小区之间再间隔 3 个沟垄(330 cm)的缓冲带,以防止水分横向流动。

整地前结合机耕作业基施有机肥 60 000 kg/hm²、磷酸二铵 450 kg/hm²,
大喇叭口期结合补充雨量或者遇到自然降水时再追施磷酸二铵 150 kg/hm²
和尿素化肥 150 kg/hm²。试验于 4 月 19~25 日播种。

(二)旱地春小麦试验

采用平播种植,小区间培土埂以阻隔控制小区人工补充降水,土埂用
塑料地膜切膜以防互渗。小区面积为长×宽=8 m×3 m=24 ㎡。供试品种
为定西 40 号,播种量控制在 270 kg/hm²,试验于 3 月 25 日左右播种。播
种前基施有机肥 45 000 kg/hm²、种肥磷酸二铵 75 kg/hm²,结合补充雨量
或者自然降水在抽穗期追施尿素 225 kg/hm²。

试验测定内容:模拟补充不同降水量等级在干旱胁迫环境下,其土壤
特征指标包括土壤水分及水分物理常数、农田蒸散、土壤温度、土壤理化
性质等;植物生理生态指标包括叶片含水量、失水速率、叶片和植株含水
量、缺水系数、抗旱指数、净光合速率、呼吸速率、蒸腾速率、气孔导度、细

胞间隙 CO_2 浓度、叶室空气温度、气孔限制值、光合有效辐射、叶面积指数、植株高度、干鲜生长量及产量(农作物产量构成)、叶绿素等;气象条件指标包括大气温度、降水量、湿度。增产效应及水分利用效率情况等。

重点研究了干旱致灾过程中作物抗旱性指标评价,干旱胁迫对作物生理抗旱特征值的影响,干旱胁迫环境光合效率变化的影响,干旱胁迫期作物相关性状抗旱指数综合评价,干旱胁迫下作物抗旱指标相对值与生长量相关性及灰色关联分析,垄沟集雨种植人工模拟降水量的产流效应,以及干旱胁迫下土壤水分时空变化及与作物叶片和植株含水量关系等。

三、人工模拟降水量方法

2015—2018 年,两种作物人工模拟补充降水量均分 3 次完成,旱地春

农田气象干旱胁迫致灾过程特征与干旱解除技术研究——旱地玉米和春小麦
人工模拟补充降水试验——抗旱遮雨棚作物水分循环靶向控制试验

半干旱区农田生态系统
水循环与有机碳对干旱的响应 | Responses of Water Cycle and Organic Carbon in
Farmland Ecosystem to Drought in Semiarid Area

小麦分别于 5 月上旬(三叶期)、5 月下旬(拔节期)和 6 月中旬(灌浆期)进行;玉米作物分别于 5 月下旬或 6 月上旬(拔节期)、6 月下旬(喇叭口期)7 月上中旬(抽雄期)进行人工模拟补充雨量。生长期设置模拟雨量 30 mm、60 mm、90 mm、120 mm、150 mm 和 MR0 为补充雨量为 0.0 mm(CK₁)和 WMR(抗旱遮雨棚 CK₂),每个处理补充降水量分三次进行,每次人工补充雨量占总量的 1/3,方法同前。

四、作物抗旱生理指标测定

土壤水分含量的测定每 10 天定位测定一次土壤水分,测定土层深度为 0~200 cm 和 0~60 cm,每 20 cm 取 1 个土样,生长关键期测定土壤含水量;每次补充降水前后测定土壤含水量,降水后待地表层水分完全入渗后,间隔 5~8 小时及时测定土壤含水量,并观测水分入渗状况。遇自然降水时加测垄沟径流效率等参数;干旱胁迫期测定土壤凋萎湿度、田间持水量、作物阶段耗水量、水分平衡特征及偏离差异。

玉米和春小麦生长期测定地上部株高、干物质生长量,叶面积,及苗期抗旱指标叶片保水力,叶片失水速率,干旱胁迫抗旱指标有叶片相对含水量(RWC)、叶片吸水率(RW)、叶片自然饱和亏(RSD)、叶片含水量(YS)、植株含水量(ZS)、作物干旱期缺水系数等,每个小区选代表样株 5 株进行标记定期测定,每次取样选代表性植株 3 株测定,样株测定用恒温箱在 75℃烘 10 小时为干重。同时测定生长进程及经济性状等指标,收获全部小区春小麦和玉米脱粒实际产量。

对植物生理抗旱指标进行测定,对采集不同田间补充模拟降水量处理的植物叶片分别在实验室环境温度和湿度相对稳定的条件下进行处理,包括叶片饱和鲜重(Saturated fresh weight)、自然鲜重(Natural fresh weight)、干重(Dry weight),从而测定出不同处理区植物生理抗旱指标的叶片自然饱和亏 RSD、相对含水量 RWC 和缺水系数 CWS 值。公式为:

$$RWC = \frac{NW - DW}{SW - DW} \times 100\% \qquad (1)$$

$$RSD = \frac{SW - NW}{SW - DW} \times 100\% \tag{2}$$

$$CWS = \frac{RSD}{RWS} \tag{3}$$

式中,RWC 为叶片相对含水量%,RSD 为叶片自然饱和亏,CWS 为缺水系数,SW 为叶片饱和鲜重(g),NW 为叶片自然鲜重(g),DW 为叶片干重(g)。

第二节　干旱胁迫下作物抗旱性生理指标特征值及其评价

一、干旱胁迫下作物抗旱性相关指标特征值评价

离体叶片失水速率(RWL)与叶片保水力(HAW)。离体叶片失水速率(RWL),指单位时间内作物叶片散失的水量,即 $RWL[g/(100\ g\cdot h)] = (W_t - W_i)/(W_t - W_d) \times 100\%$,式中:$W_t$ 为 T_o 时初始叶重(g),W_i 为 T_i 时叶重(g),T_o 和 T_i 分别为称取 W_t 和 W_i 所间隔的时间(h),各时段叶片失水期间隔时间以($T_i - T_o$)计算。

作物苗期干旱胁迫下(表 2-9-2、图 2-9-1),旱地玉米(6 月 12 日)和春小麦(5 月 20 日)各取等量功能叶片,连续吸水 12 小时后,再每间隔 2 小时测定一次叶片失去水分的重量,连续 12 小时叶片失水速率。结果表明,KWR(抗旱棚遮雨棚)和 MR0(自然降水量区)处理较 MR150(相对充分灌溉)呈现失水速率相对值低的趋势。玉米 MR150 和 MR0 处理区叶片 12 小时内, 叶片失水速率每小时普遍较 KWR 区减少 0.13~0.83 g/(100 g·h),MR150 和 MR0 分别较 KWR 处理每小时减少 0.29 g/(100 g·h)和 0.50 g/(100 g·h)。同样,小麦同处理区干旱胁迫下叶片失水速率每小时减少 0.11~0.55 g/(100 g·h)。这充分说明,尤其在春季干旱发生期,干旱胁迫对作物生长往往造成严重旱灾,如果及时降水或者补充灌溉水分,能够有效地改善作物根域水分生理生态环境,减少或缓解

半干旱区农田生态系统
水循环与有机碳对干旱的响应 | Responses of Water Cycle and Organic Carbon in
Farmland Ecosystem to Drought in Semiarid Area

表 2-9-2　旱地作物苗期干旱胁迫下叶片失水速率(RWL)和叶片保水力(HAW)
(2016)(彭阳县)

	处理	8:00	10:00	12:00	14:00	16:00	18:00	20:00	22:00	平均
旱地玉米	RWL(g/100 g·h)									
	MR150	6.69	4.85	4.45	2.3	2.24	2.18	1.75	1.52	3.25
	MR0	7.31	5.68	5.2	3.12	2.84	2.26	1.93	1.66	3.75
	KWR	7.29	5.12	5.23	2.73	2.57	2	1.73	1.65	3.54
	MR150 较 KWR 增减/%	−0.61	−0.28	−0.79	−0.43	−0.33	0.17	0.02	−0.13	−0.29
	MR150 较 MR0 增减/%	−0.63	−0.83	−0.75	−0.82	−0.60	−0.09	−0.18	−0.14	−0.50
	HAW(%)									
	MR150	90.8	80.64	71.32	66.5	61.09	56.53	52.86	48.87	66.08
	MR0	86.53	75.02	64.48	58.16	51.54	46.95	43.04	38.83	58.07
	KWR	90.13	79.32	68.27	62.51	56.29	52.06	48.41	44.07	62.63
	MR150 较 KWR 差值	0.67	1.32	3.05	3.98	4.81	4.47	4.45	4.81	3.44
	MR150 较 MR0 差值	4.27	5.62	6.83	8.33	9.55	9.57	9.82	10.05	8.01
旱地春小麦	RWL(g/100 g·h)									
	MR150	5.12	4.35	4.35	3.88	3.11	2.95	2.64	2.02	3.55
	MR0	5.31	4.45	4.79	3.94	3.08	3.08	2.4	1.71	3.6
	KWR	5.23	4.74	4.9	4.25	3.1	3.1	2.29	2.12	3.72
	MR150 较 KWR 增减(%)	−0.1	−0.39	−0.55	−0.37	0.00	−0.15	0.35	−0.11	−0.17
	MR150 较 MR0 增减(%)	−0.18	−0.10	−0.45	−0.06	0.02	−0.13	0.24	0.31	−0.04
	HAW(%)									
	MR150	85.71	77.02	68.32	60.56	54.35	48.45	43.17	39.13	59.59
	MR0	84.59	75.68	66.1	58.22	52.05	45.89	41.1	37.67	57.66
	KWR	84.64	75.16	65.36	56.86	50.65	44.44	39.87	35.62	56.58
	MR150 较 KWR 差值	1.07	1.86	2.96	3.7	3.69	4.00	3.30	3.51	3.01
	MR150 较 MR0 差值	1.13	1.33	2.23	2.34	2.29	2.56	2.07	1.46	1.93

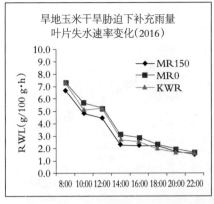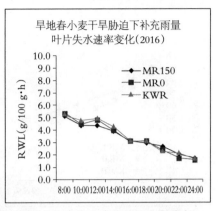

图 2-9-1　干旱胁迫下人工模拟补充降水对玉米和春小麦作物叶片失水速率

干旱胁迫对作物的致灾发生的概率。

保水力指作物离体叶片在某时间内保持水分量占总水分量的百分比，保水力用 HAW 表示，即 $HAW=1-[W_t-(W_t-W_i)]/(W_t-W_d)\times 100\%$。

作物叶片保水力（HAW）与叶片失水速率（RWL）均是判断作物抗旱性的主要指标，在一定干旱胁迫条件下能够反映处理区作物抵御旱灾的抗旱能力，二者互为关系。如一定时间内由于增加降水量，其土壤水分条件得到改善，根域水分条件得以改善，一定程度缓解了干旱胁迫对作物造成的威胁，其此时叶片失水速率 RWL 值将会降低，则同期叶片保水力（HAW）值就高，相反则出现低值的趋势。

可以看出（表 2-9-2、图 2-9-2），旱地玉米垄沟集雨种植模式，在干旱胁迫期实施人工模拟充分雨量 MR150 处理，分别较 KWR 和 MR0 处理区叶片保水力 HAW 值增加 0.67%~4.81% 和 4.27%~10.05%，平均增加 3.44% 和 8.01%；旱地春小麦同处理区叶片保水力 HAW 值分别增加 1.07%~4.00% 和 1.13%~2.56%，平均增加 3.01% 和 1.93%。此次监测这两项抗旱指标说明，模拟水分胁迫条件测定离体叶片失水速率和叶片保水力，该项指标可作为苗期抗旱性评价指标之一。假如在出现中度或重度干旱胁迫时，如果出现自然降水量或补充灌溉，相当程度对缓解和解除当即旱情，对降低旱情致灾损失具有十分重要意义。

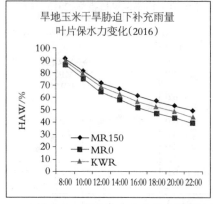 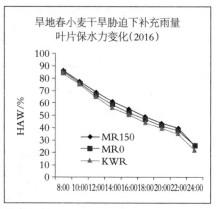

图 2-9-2　干旱胁迫下人工模拟补充雨量玉米和春小麦作物叶片保水力（HAW）变化

二、干旱胁迫期作物离体叶片失水速率

干旱胁迫期作物主要生理抗旱特征值影响。在干旱胁迫条件下，不同处理间作物的生理指标表现出一定差异，这些差异能反映出不同土壤水分生态循环在干旱胁迫下处理间作物抗旱能力的强弱。为此，主要在旱地玉米和小麦苗期及生长关键阶段测定叶片相对含水量（RWC）、自然饱和亏（RSD）、叶片吸水率（RW）、缺水系数（CWS）以及作物叶片含水量和植株含水量等抗旱指标（见表 2-9-3）。

叶片相对含水量体现植株在胁迫状态下的水势，反映植株对水分的利用状况，与水分代谢密切相关（表 2-9-3）。5 月上旬—8 月中旬玉米生长期，不同水分胁迫条件下，其供试作物的叶片相对含水量变化表现出一定的差异。随着干旱胁迫的加剧，土壤水分逐渐减少，叶片相对含水量呈递减趋势。干旱胁迫下，旱地玉米生长遇到干旱期时，叶片相对含水量（RWC）随干旱时态的加剧其相对值逐渐降低，但叶片自然饱和亏（RSD）和叶片吸水率（RW）随着叶片相对含水量降低而逐渐增加，此时，作物缺（需）水系数（CWS）随之增大，其作物抗旱能力明显降低的趋势。

（1）5~8 月份遇到一般干旱年份气候干旱胁迫下（2015），不同供水试验处理玉米叶片相对含水量（RWC）在 93.16%~98.66% 之间，KWR（抗旱遮雨棚）处理区为 77.50% 左右，均值相差 17.9%。缺（需）水系数（CWS）

表 2-9-3　旱地作物人工模拟补充降水与干旱胁迫下作物抗旱性指标（2015—2017）
（彭阳县）

处理		叶片相对含水量（RWC）			叶片自然饱和亏（RSD）			叶片缺(需)水系数（CWS）		
		轻度干旱	重度干旱	特大干旱	轻度干旱	重度干旱	特大干旱	轻度干旱	重度干旱	特大干旱
玉米	KWR	77.50	71.94	53.82	22.50	28.06	45.2	0.290	0.390	0.834
	MR0	98.66	76.83	56.94	1.34	23.17	40.3	0.014	0.302	0.688
	MR30	91.83	77.05	57.65	8.17	22.95	43.4	0.089	0.298	0.776
	MR60	91.34	78.27	58.35	8.66	21.73	41.7	0.095	0.278	0.722
	MR90	93.16	79.96	60.24	6.84	20.04	39.8	0.073	0.251	0.664
	MR120	94.50	80.67	60.35	5.87	18.23	39.7	0.070	0.250	0.663
	MR150	95.40	80.49	60.56	4.60	19.51	39.5	0.048	0.242	0.655
小麦	KWR	76.55	70.89	54.55	23.45	29.11	38.89	0.306	0.411	0.456
	MR0	78.64	72.48	66.54	21.36	27.52	33.23	0.272	0.380	0.400
	MR30	79.47	75.38	69.84	20.53	24.62	31.50	0.258	0.327	0.379
	MR60	79.40	74.77	67.87	20.60	25.23	30.65	0.259	0.338	0.354
	MR90	85.51	75.56	67.49	14.49	24.44	28.96	0.169	0.323	0.346
	MR120	85.61	78.66	65.89	12.56	24.65	27.65	0.153	0.320	0.349
	MR150	90.15	75.42	62.09	9.85	22.58	26.45	0.109	0.326	0.339

　　注：2015 年为轻度干旱年型（夏秋作物生长期 307.1 mm）、2016 年为重度干旱年型（夏秋作物生长期降水量 260.1 mm）、2017 年为特大干旱年型（夏秋作物生长期降水量 230.0 mm）。

0.048~0.09，作物生长表现为轻度缺水；（2）重度干旱年份（2016）气候干旱胁迫下，不同供水试验处理玉米叶片相对含水量（RWC）为 76.83%~80.4%，KWR（抗旱遮雨棚）处理区为 71.94%，均值相差 9.13%。CWS 值为 0.242~0.302，作物生长表现重度缺水，叶片普遍表现凋萎现象。（3）特大干旱年型（2017）气候干旱胁迫下，不同供水试验处理玉米叶片相对含水量（RWC）为 56.94%~60.264% 和 53.82%，KWR（抗旱遮雨棚）处理区为

半干旱区农田生态系统
水循环与有机碳对干旱的响应　Responses of Water Cycle and Organic Carbon in
Farmland Ecosystem to Drought in Semiarid Area

71.94%,均值相差 4.53%。当作物叶片 *CWS* 值达到 0.655~0.776,作物生长表现出重度缺水现象,随着叶片凋萎持续时间的延长,叶片长时间处于严重凋萎甚至枯竭。

旱地春小麦生育期大部分时间均在干旱季节,尤其在苗期至抽穗期阶段降水量和气候干旱对作物正常生长和产量影响非常明显。遇到轻度干旱年份下(2015),4~6 月份不同供水处理区叶片相对含水量(*RWC*)为 76.55%~90.15%。重度干旱年份(2016)同期 *RWC* 值为 70.89%~78.66%,特大干旱年份(2017)同期 RWC 值则为 62.09%~69.84%。而 KWR(抗旱遮雨棚)处理区春小麦主要生长期由于处于严重缺水状态,*RWC* 值为 54.55%~76.55%。重度干旱年份和特大干旱年份下,干旱季节叶片自然饱和亏(*RSD*)为 24.44%~33.23%,缺(需)水系数(*CWS*)0.306~0.400,KWR(抗旱遮雨棚)处理区小麦生长严重缺水,小麦叶片长期表现为凋萎状态,缺水系数达 0.400 以上。

抗旱性研究证明,在同样的水分胁迫条件下,叶片相对含水量(*RWC*)值越大,叶片自然饱和亏(*RSD*)值降低,此期,作物缺(需)水系数(*CWS*)相对较低,能够增强作物综合抗旱能力,但处理间作物叶片相对含水量下降幅差异不明显。由此说明叶片相对含水量为作物苗期鉴定抗旱性的主要指标之一。

三、干旱胁迫期作物叶片吸水率及缺水程度

作物组织的水分状况与其生理功能存在特定的关系,在特定干旱胁迫致灾过程中,在作物叶片复水和+失水条件下,测定不同时段叶片吸水率和相应的缺水系数来表示(表 2-9-4、图 2-9-3),以叶片吸水率和缺水系数的高低,评判作物生理缺水程度,可适度采取抗旱节水的农艺或工程抗旱措施,缓解旱灾对农业造成的损失。

表 2-9-4 说明,在保持室内相对恒温和湿度条件下,将干旱期的作物离体叶片进行第一次复水 8 h,第二次复水 4 h+失水 3h,第三次复水 4 h+失水 3 h,结果表明,旱地玉米和春小麦采取补充降水 60~150 mm 处理,

表 2-9-4　干旱胁迫致灾过程作物叶片复水失水对吸水率与缺水程度的影响（2018）

指标	处理	玉米 (6月24日小喇叭口)				春小麦(5月30日拔节期)			
		复水 8 h	失水 3 h +复水 4 h	失水 3 h +复水 4 h	增加	复水 8 h	失水 3 h +复水 4 h	失水 3 h +复水 4 h	增加
吸水率（%）	MR150	12.5	15.6	20.7	8.2	16.3	19.9	23.8	7.6
	MR120	11.7	18.2	21.7	10.0	13.4	18.9	25.2	11.8
	MR60	10.1	19.0	21.2	11.0	18.2	25.2	28.2	10.0
	平均	11.4	17.6	21.2	9.7	16.0	21.3	25.7	9.8
	MR0	13.7	26.6	27.6	13.9	22.5	28.8	30.4	8.0
	KWR	24.5	30.1	32.6	8.1	26.0	28.5	33.6	7.7
缺水系数	MR150	0.140	0.180	0.250	0.109	0.189	0.239	0.295	0.106
	MR120	0.131	0.215	0.265	0.134	0.151	0.224	0.315	0.164
	MR60	0.112	0.226	0.257	0.145	0.215	0.316	0.362	0.147
	平均	0.128	0.207	0.257	0.129	0.185	0.260	0.324	0.139
	MR0	0.156	0.337	0.353	0.196	0.275	0.371	0.381	0.106
	KWR	0.306	0.392	0.432	0.127	0.327	0.366	0.450	0.123

玉米和春小麦平均叶片吸水率为 11.4%~21.2%、16.0%~25.7%。MR0 玉米由 13.7% 上升到 27.6%，春小麦由 22.5% 上升至 30.4%；KWR（抗旱棚）玉米吸水率由 24.5% 上升至 32.6%，春小麦由 26.0% 上升至 33.6%；玉米叶片缺水系数由补充降水处理的 0.128 上升至 0.257，MR0 和 KMR 处理玉米分别为 0.156~0.353、0.306~0.432，春小麦分别为 0.275~0.381 和 0.327~0.450。试验说明，当玉米叶片吸水率达到 16% 以上，叶片出现凋萎现象，此时的叶片缺水系一般为 0.220 以上，春小麦叶片吸水率达到 20% 以上，其缺水系数一般为 0.250。如果此阶段能够及时采取补充灌溉，有利于改善根域的水分生态条件，即尽可能地解除或缓解旱灾对生产造成的损失。

半干旱区农田生态系统
水循环与有机碳对干旱的响应 | Responses of Water Cycle and Organic Carbon in
Farmland Ecosystem to Drought in Semiarid Area

四、干旱胁迫期补充降水对旱情缓解程度的评价

作物在生长发育过程中很大程度上是受干旱的影响,作物水分的亏缺主要是由于大气干旱和土壤干旱导致的。相同干旱条件下干旱胁迫的轻重主要决定于土壤含水量高低,进而影响到作物株高,单株生长量、植株及叶片含水量、叶片的保水能力以及相对含水量(RWC),这些指标都可以较好的反映作物水分状况变化的特征。在轻度干旱胁迫下作物形态不明显,随着干旱胁迫强度的加重,作物的形态变化逐渐加强。随着干旱胁迫强度的加重,作物形态变化逐渐加强,其表现为各种生理功能降低,出现叶片凋萎甚至干枯死亡现象。干旱胁迫期实施补充降水前后,其 0~60 cm 土壤含水量变化对作物缺水旱情缓解状况的影响(表 2-9-5、图 2-9-3)。

表 2-9-5　气候干旱胁迫过程旱地春小麦人工模拟补充降水前后土壤含水量及叶片缺水状况的影响(彭阳县)

处理		4 月 28 日	4 月 30 日	5 月 11 日	5 月 13 日	6 月 7 日	6 月 9 日
		补水前	补水后	补水前	补水后	补水前	补水后
土壤含水率(%)	MR150	13.0	19.2	14.5	18.5	13.7	17.3
	MR90	12.7	18.1	14.0	17.5	13.2	15.6
	平均	12.9	18.7	14.3	18.0	13.5	16.5
	MR0	12.1	12.1	11.1	11.6	11.0	12.3
	KWR	10.0	9.6	9.4	9.9	6.3	6.7
缺水系数	MR150	0.238	0.098	0.239	0.140	0.173	0.088
	MR90	0.245	0.125	0.262	0.164	0.279	0.090
	平均	0.242	0.112	0.251	0.152	0.226	0.089
	MR0	0.279	0.225	0.314	0.279	0.288	0.233
	KWR	0.245	0.262	0.345	0.302	0.388	0.318

注:KWR 为生育期抗旱遮雨棚。

表 2-9-5、图 2-9-3 说明,在气候干旱胁迫下,及时补充降水(补灌)

能够改善浅层土壤水分,利于作物及时补充水分,降低作物缺水系数,提高作物抵御旱灾的能力。当旱地春小麦 0~60 cm 土壤含水量达到 10%~13%,作物出现缺水现象,叶片缺水系数达到 0.250 左右,当土壤含水量达到 14%~16%,虽然作物叶片仍出现缺水现象,但不影响作物的正常生长发育生理进程;当同层土壤含水量处于 9% 以下,作物抵御抗旱能力大幅度降低,作物生理缺水现象逐渐加重。旱地春小麦作物缺水系数可达 0.300~0.400,此时植株普遍出现严重凋萎现象。

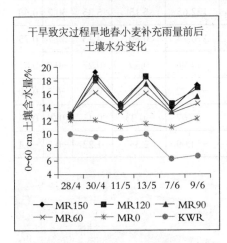
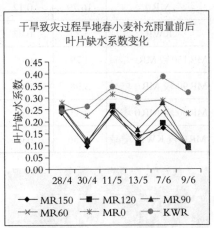

图 2-9-3　2018 干旱胁迫致灾过程春小麦模拟补充降水前后对土壤含水量和叶片缺水系数的影响

五、干旱胁迫下补充雨量对玉米光合效率的影响

(一)玉米作物光合效率日均值变化

干旱胁迫下测定玉米光合效率各指标值 8:00~18:00 时全天日平均值影响(表 2-9-6、图 2-9-4),其光合速率(Pn)、蒸腾速率(Tr)、气孔导度(Gs)和叶片水分利用效率(WUE)、细胞间 CO_2 浓度及气孔限 Ls 系数日变化。

结果表明,(1)随着干旱胁迫时间和危害程度的加剧,有效净光合效率也随之呈降低趋势;(2)由于降水量的增加或农田补充灌溉量增加,极大地改善了土壤湿度条件,使其作物水肥利用效率和光合生产效率不断

半干旱区农田生态系统
水循环与有机碳对干旱的响应
Responses of Water Cycle and Organic Carbon in
Farmland Ecosystem to Drought in Semiarid Area

表 2-9-6　干旱胁迫下旱地玉米人工模拟补充降水对光合效率日均值影响（2016）

处理	Pn	Gs	细胞间 CO_2 浓度	Tr	WUE	叶温	Ls
	$\mu mol\ CO_2(m^2s^{-1})$	$mol\ H_2O(m^2 \cdot s^{-1})$	$\mu mol\ CO_2(mal^{-1})$	$mmol\ H_2O^{-2}(s^{-1})$	$\mu mol\ (mmo^{-1})$	℃	
MR150	21.58	0.15	110.69	3.74	5.62	30.0	0.69
MR90	20.75	0.15	110.93	3.46	5.89	29.7	0.68
MR60	17.12	0.13	105.98	2.92	5.80	30.2	0.71
MR0	16.79	0.12	122.65	3.15	5.35	30.2	0.68
KWR	3.23	0.03	176.74	0.80	4.13	30.7	0.75
MR150 较 MR0 增减	4.79	0.03	−11.96	0.59	0.27	−0.2	0.01
MR90 较 MR0 增减	3.96	0.03	−11.72	0.31	0.54	−0.5	0.00
MR60 较 MR0 增减	0.33	0.01	−16.67	−0.23	0.45	0.0	0.03
MR0 较 KWR 增减	13.56	0.09	−54.09	2.35	1.22	−0.5	−0.1

农田气象干旱胁迫致灾过程特征与干旱解除技术研究——旱地玉米人工模拟
补充降水试验及作物光合效率测定

提升。如人工模拟补充雨量 MR150、MR60 处理区，其 Pn、Gs、Tr 和 WUE
值较自然降水 MR0 处理区分别增加 2.00%～28.53%（0.33～4.79）、8.08%～
25.00%（0.01～0.03）、9.8%～18.7%（0.31～0.59）和 5.05%～8.41%（0.27～0.54）。

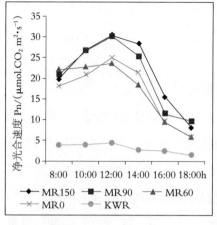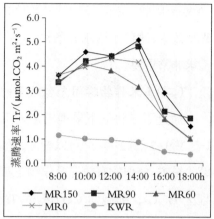

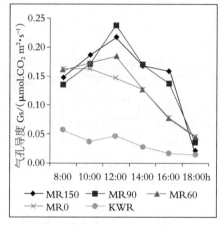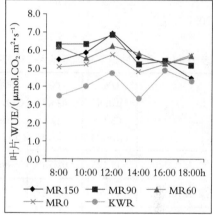

图 2-9-4　上下图为干旱胁迫下旱地玉米人工模拟补充降水对光合效率的影响

MR0 处理较 KWR（抗旱遮雨棚）分别增加 4.19 倍（13.56）、3.0 倍（0.09）、2.9 倍（2.35）和 29.54%（1.22）；（3）人工模拟降水处理区 MR150 和 MR60 叶片细胞间 CO_2 浓度较 MR0 处理区降低 9.6%~13.6%（-16.67~-11.72），较 KWR 处理区降低 30.6%（-54.09），叶片平均温度值降低 0.7%~16.6%（-0.5~-0.2）；由于自然降水量区和抗旱遮雨棚区的叶片和植株含水量下降，干胁迫导致光合效率快速下降，叶片温度上升、叶片细胞间 CO_2 浓度增加，气孔度限制值 $LS=1-(C_i/C_a)$ 增加，由于受干旱胁迫，此时，旱地玉米叶片气孔关闭 68%~71%，抗旱遮雨棚 KWR 的玉米叶片气孔关闭高达 75%。因而干旱胁迫处理区叶片气孔度限制值 LS 较补充降水区增加 1.5%

半干旱区农田生态系统
水循环与有机碳对干旱的响应 | Responses of Water Cycle and Organic Carbon in
Farmland Ecosystem to Drought in Semiarid Area

~9.3%。因此,在干旱胁迫期,及时降水或补充灌溉对缓解旱情,提升作物光合效率,改善土壤水分条件,满足作物正常生理对光合、热量、水、气的需求非常重要。

(二)玉米作物瞬间光合效率的影响

通过干旱胁迫下旱地玉米人工补充雨量处理对作物瞬间光合效率(表2-9-7、图2-9-5)可以看出,旱地玉米采取补充雨量能极大地缓解或解除旱灾,使作物有效提升作物正常光合效率。补充雨量较不补充雨量处理区 Pn、Gs、细胞间 CO_2 浓度、Tr 分别增加 0.08~6.71、0.03~0.13、26.7~52.05、0.13~1.61 和叶温降低 0.3~0.5℃,使干旱对叶片气孔限制值降低20%左右。

表2-9-7　干旱胁迫下旱地玉米人工模拟补充降水对作物瞬间光合效率影响(2017)

处理	Pn (μmol) CO_2 ($m^{-2}s^{-1}$)	Gs (μmol) H_2O ($m^{-2}s^{-1}$)	细胞间 CO_2 浓度 (μmol) $CO_2(mal^{-1})$	Tr (mmol) H_2O ($m^{-2}s^{-1}$)	WUE (μmol/ mmo^{-1})	叶温 (℃)	气孔限制值 $Ls=1-(C_i/C_a)$
MR150	49.12	0.373	86.1	7.82	6.32	29.4	0.742
MR120	48.76	0.378	96.4	8.01	6.09	29.3	0.712
MR90	42.95	0.360	55.8	6.61	6.51	29.8	0.835
MR60	43.98	0.307	78.4	6.95	6.36	29.4	0.770
MR0	42.41	0.243	34.0	6.22	6.83	29.7	0.901
KWR	14.27	0.128	128.4	3.56	4.62	29.9	0.660
补充雨量较 MR0 增减	6.71	0.13	52.05	1.61	−0.50	−0.33	−0.16
MR30 较 MR0 增减	0.08	0.03	26.7	0.13	−0.1	−0.5	−0.08
补充雨量较 KWR 增减	34.85	0.24	−42.30	4.26	1.70	−0.52	0.08

注:光合效率瞬间测定时间为2017年6月20日上午10:00—11:00期间(天气晴朗)。

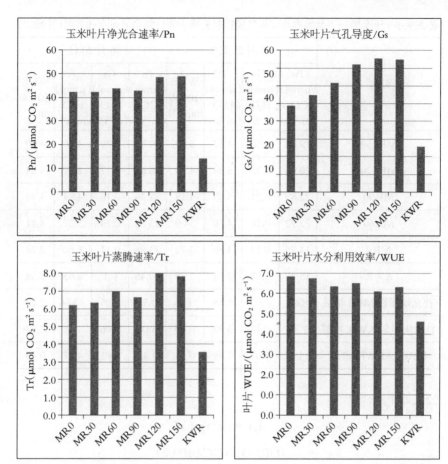

图 2-9-5　上下图干旱胁迫下旱地玉米人工模拟补充降水对作物瞬间光合效率的影响

由旱地春小麦实施人工补充雨量作物瞬间光合效率（表 2-9-8、图 2-9-6）可知，干旱胁迫下作物人工补充雨量处理，使 Pn、Gs、Tr、叶片光合，WUE 分别增加 0.58~8.63、0.05~0.14、1.31~0.34 和 0.41~2.63 单位，使干旱对叶片气孔限制值降低 30% 左右。

六、干旱胁迫期作物抗旱指数判断及综合评价

对不同补充降水量模拟和抗旱遮雨棚干旱胁迫下的经济产量构成要素相关指标相对值的抗旱性进行测定，旨在探讨各时期不同处理间作物抗旱性的关系，评价抗旱性鉴定指标，建立作物抗旱性评价体系，为作物抗旱节水栽培提供理论上的依据。其评价方法引入抗旱系数和抗旱指数，

半干旱区农田生态系统
水循环与有机碳对干旱的响应 | Responses of Water Cycle and Organic Carbon in
Farmland Ecosystem to Drought in Semiarid Area

表 2-9-8　干旱胁迫下旱地春小麦人工模拟补充降水对作物瞬间光合效率影响（2017）

处理	5 月 23 日				6 月 20 日			
	Pn （μmol） CO_2 （$m^{-2}s^{-1}$）	Gs （μmol） H_2O （$m^{-2}s^{-1}$）	Tr （μmol） H_2O （$m^{-2}s^{-1}$）	WUE （μmol/ mmo^{-1}）	Pn （μmol） CO_2 （$m^{-2}s^{-1}$）	Gs （μmol） H_2O （$m^{-2}s^{-1}$）	Tr （μmol） H_2O （$m^{-2}s^{-1}$）	WUE （μmol/ mmo^{-1}）
MR150	19.86	0.18	4.57	5.00	30.50	0.29	4.46	4.80
MR120	20.93	0.23	5.84	4.34	26.61	0.17	3.97	5.24
MR90	22.89	0.21	5.49	4.18	24.46	0.16	4.94	4.96
MR60	22.72	0.16	4.50	5.09	23.23	0.14	5.27	4.41
MR0	14.26	0.14	3.80	3.72	23.88	0.11	8.60	2.78
KWR	15.49	0.07	2.11	3.58	19.46	0.1	3.63	2.33
补充雨量较 MR0 增减	8.63	0.07	1.68	0.46	0.58	0.05	−3.66	2.18
补充雨量较 KWR 增减	7.40	0.14	3.37	0.60	5.00	0.06	1.31	2.63
MR0 较 KWR 增减	−1.22	0.07	1.69	0.14	4.42	0.01	4.97	0.45

公式如下：

$$DC=Yd/Yp \quad (1)$$

$$DRI=Yd \times DC/AP \quad (2)$$

式中：DC——抗旱系数

　　　DRI——抗旱指数

　　　Yd——干旱胁迫期对某处理区被测性状指标值

　　　Yp——旱地人工模拟补充降水量（MR150）区被测性状指标值

　　　AP——全部试验处理区被测性状指标值的均值

（一）干旱胁迫下作物生长量对抗旱性的影响

干旱胁迫条件下对旱地作物生长量相对值的抗旱指数（DRI）进行了测定（表 2-9-9、图 2-9-7）。干旱胁迫下旱地玉米采取半膜沟垄集雨种植和旱地春小麦露地平播种植（CK），两种作物在田间生长关键期分别进行模拟补充总降水量每 667 m^2 为 MR150、MR120、MR90、MR60、MR30、

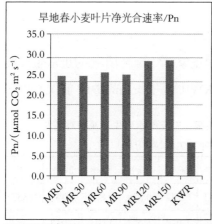

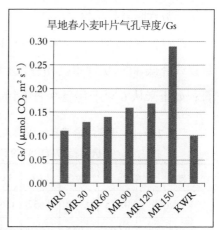

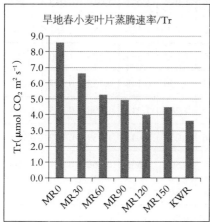

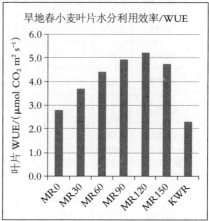

图 2-9-6　上下图为干旱胁迫下旱地春小麦人工模拟补充降水对作物瞬间光合效率的影响

MR0 和 KWR(抗旱遮雨棚生育期既不接受自然降水,也不补充降水量)
处理;同时,另设置一组旱地玉米和旱地春小麦不同覆盖种植方式试验,
即旱地玉米采用不同覆膜方式种植,QMGR(全膜双垄沟覆盖)和 BMGR
(半膜平覆盖)及 CK(露地平播种)。旱地春小麦采取不同覆盖方式种植,
即 FRP(垄膜+沟内种植 4 行)和 HSP(覆膜穴播种植)及 LDP CK(露地
平播种植 CK)处理。对上述作物各处理在生长期进行了抗旱指数(DRI)
测定。

　　表 2-9-9,图 2-9-7、图 2-9-8 结果表明,旱地玉米和小麦主要生长
期处于不同土壤水分生态环境,其生长量差别明显。作物生长期生长量的

半干旱区农田生态系统
水循环与有机碳对干旱的响应 | Responses of Water Cycle and Organic Carbon in
Farmland Ecosystem to Drought in Semiarid Area

抗旱指数判断其抗旱性：

DRI 值≤0.5 时，玉米和小麦的 KWR(抗旱遮雨棚)区的土壤水分含量直线降低，此时出现重度和特大干旱现象，严重影响作物的正常生长发育；如玉米从 6 月上旬至 9 月中旬，KWR 区生长期的 DRI 值仅 0.103~

表 2-9-9　干旱胁迫下旱地作物人工模拟补充降水对生长量相对值的
抗旱指数(DRI)的影响（2018）(彭阳县)

	处理	25/5	10/6	23/6	11/7	30/7	10/8	30/8	20/9	平均
玉米	MR0	0.928	0.782	0.652	0.603	0.772	0.839	0.859	0.947	0.837
	MR60	0.999	0.911	0.968	1.036	1.059	1.071	1.055	0.953	1.017
	MR90	1.025	0.976	1.133	1.162	1.209	1.168	1.190	1.231	1.190
	MR150	1.074	1.319	1.319	1.300	1.253	1.254	1.255	1.100	1.212
	KWR	0.655	0.143	0.121	0.103	0.136	0.148	0.152	0.167	0.149
	QMGR	1.140	1.261	1.336	1.369	1.266	1.213	1.196	0.865	1.104
	BMGR	0.990	0.942	0.981	0.976	1.052	1.015	1.059	0.772	0.935
	LDP(CK)	0.617	0.422	0.392	0.409	0.507	0.535	0.566	0.381	0.465
		20/4	4/5	21/5	11/6	23/6	11/7	平均		
春小麦	MR0	1.061	1.108	0.793	0.499	0.561	0.651	0.779		
	MR60	1.061	1.246	0.932	0.761	0.725	0.775	0.917		
	MR90	1.061	1.363	1.149	0.976	0.976	1.107	1.105		
	MR150	1.061	1.477	1.484	1.501	1.411	1.331	1.377		
	KWR	0.541	0.515	0.219	0.084	0.186	0.195	0.290		
	FRP	1.000	1.088	1.072	1.256	1.119	1.080	1.102		
	HSP	1.000	0.872	0.958	1.008	0.928	0.941	0.951		
	LDP(CK)	1.000	0.804	0.779	0.704	0.664	0.769	0.720		

注:①表中第一组试验,玉米和春小麦模拟补充降水量处理同前。②第二组试验,旱地玉米 QMGR(全膜双垄沟覆盖)、BMGR(半膜平覆盖)、LDP(CK)(露地平播种植CK),旱地春小麦为 FRP(垄膜+沟内种植4行)、HSP(覆膜穴播种植)和 LDP(CK)(露地平播种植CK)。

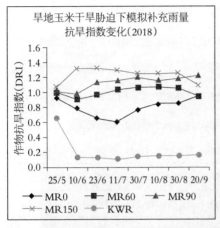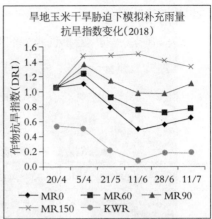

图 2-9-7　干旱胁迫下旱地人工模拟补充降水玉米和春小麦作物生长量的抗旱指数

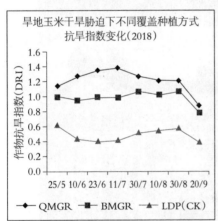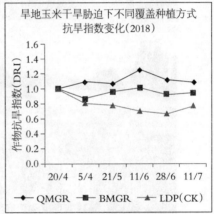

图 2-9-8　干旱胁迫下旱地玉米和春小麦作物不同覆盖种植方式生长量的抗旱指数

0.167,KWR 区的春小麦 5 月上旬至 7 月中旬,*DRI* 值也由 0.541 下降至 0.195。

　　当 0.5≤*DRI* 值≥0.8,土壤水分含量低,植株生长缺水比较严重,(春小麦在 4 月 20 日至 5 月上旬),此时土壤水分不能满足作物对土壤水分适宜下线基本条件,出现中度干旱现象,旱情可对作物生长构成威胁。

　　当 0.9≤*DRI* 值≤1.0,气候干旱不受影响,如 MR60、MR90 和 MR150 处理区,*DRI* 值在玉米生长期一直在 0.911~1.319 之间;土壤水分为适宜下线条件,出现轻度干旱现象,土壤湿度基本能够满足作物正常生长发育。

半干旱区农田生态系统
水循环与有机碳对干旱的响应 | Responses of Water Cycle and Organic Carbon in
Farmland Ecosystem to Drought in Semiarid Area

农田气象干旱胁迫致灾过程特征与干旱解除技术研究
——旱地春小麦人工模拟补充降水及覆盖种植模式田区试验

当 DRI 均值≥1.00 时，则此时土壤水分条件较好,如旱地玉米和旱
地春小麦以 MR150 和 MR90 处理区几乎不受旱灾威胁影响。结果表明,
无论旱地玉米还是春小麦在干旱胁迫过程中采取不同模拟降水量、不同
覆膜种植方式其抗旱指数差异明显。旱地玉米和旱地春小麦作物人工模

拟补充降水量(mm)各处理其作物生长期生长量的 *DRI* 值以 MR150 处理区>MR90>MR60>MR0>KWR，旱地玉米不同覆膜方式生长期生长量的 *DRI* 值以 QMGR>BMGR>LDP(CK)，旱地春小麦覆膜种植方式生长期生长量的 *DRI* 值以 FRP>HSP>LDP(CK)。

(二)主要经济性状指标抗旱指数

主要选择作物生长期间指标相对值与抗旱系数和抗旱指数的相关性的 10 个性状指标，即株高、叶面积、单株干重、果穗长、穗粒数、单株粒重、果穗重、百粒重及经济产量，抗旱系数和抗旱指数作为综合评价抗旱能力的最终指标(表 2-9-10)。旱地玉米和春小麦作物生长期进行不同人工模拟降水量、作物生长期全区依赖自然降水量(不进行补充雨量)和生长期用抗旱遮雨棚(不进行人工补充雨量，遮盖自然雨量)三种类型，作物生长关键期一直处于干旱阶段，系统测定生长期株高、干物质生长量、叶面积指数以及作物产量构成要素指标值。

研究发现：①旱地玉米集雨种植区的 MR150、MR90 和 MR60 处理区综合判定抗旱指数均大于 1.00，即 MR150(1.152)≥MR90(1.135)≥MR60(1.057)；则旱地春小麦 MR150 和 MR90 综合判定抗旱指数>1.00，即 MR150(1.333)≥MR90(1.132)；而 MR0 和 KWR 处理区综合抗旱指数值 0.8<*DRI*(MR0 为 0.817，KWR 为 0.234)。②旱地春小麦除 MR150 和 MR90 综合看指数 *DRI* 值>1.0 外，MR60 处理区 *DRI* 值为 0.848(受到中度干旱胁迫)，MR3 和 MR0 分别为 0.710 和 0.531(受到重度干旱胁迫)，而 KWR 处理区综合看指数 *DRI* 为 0.196(重度干旱胁迫)。③两种作物抗旱指数值的最大值与最小值的相差 0.918~1.137(表 2-9-10)。充分说明，在干旱半干旱地区，春夏经常出现干旱胁迫，此阶段正值作物需水关键期，降水量少导致气候干旱，往往造成不同程度的旱灾，导致减产。④作物苗期和生长关键期实施补充灌溉或增加 30~90 mm 降水量，可提升作物抗旱指数 *DRI* 值 0.3~0.5，能够极大地增强作物的抗旱能力，对缓解和解除旱灾起到极为重要作用。

表2-9-10　旱地作物干胁迫条件下主要经济性状指标抗旱指数（DRI）（2015—2016）

处理		株高(cm)	叶面积(cm²)	单株干重(g)	果穗长(cm)	穗粒数(个)	单株粒重(g)	果穗重(g)	百粒重(g)	经济产量(kg)	综合判定
玉米	MR0	0.924	0.778	0.754	0.873	0.951	0.685	0.688	0.881	0.722	0.817
	MR30	0.948	0.881	0.899	1.069	1.061	0.902	0.899	0.956	0.951	0.952
	MR60	1.084	1.015	0.999	1.084	1.122	1.054	1.086	1.013	1.036	1.057
	MR90	1.055	1.133	1.229	1.077	1.124	1.183	1.191	1.091	1.178	1.135
	MR150	1.18	1.163	1.2	1.053	1.102	1.236	1.222	1.056	1.231	1.152
	KWR	0.153	0.216	0.12	0.402	0.127	0.083	0.083	0.684	0.068	0.234

处理		株高(cm)	穗长(cm)	小穗数(个)	穗粒数(粒)	穗粒重(g)	单株粒重(g)	千粒重(g)	经济产量(g)	综合判定	
春小麦	MR0	0.612	0.678	0.694	0.471	0.356	0.259	0.87	0.306	0.531	
	MR30	0.767	0.773	0.918	0.77	0.664	0.365	0.911	0.511	0.710	
	MR60	0.901	0.858	0.93	0.977	0.896	0.506	0.934	0.779	0.848	
	MR90	0.982	1.261	1.243	1.445	1.09	0.928	1.015	1.089	1.132	
	MR150	1.295	1.24	1.229	1.335	1.55	1.238	1.133	1.643	1.333	
	KWR	0.288	0.275	0.198	0.076	0.032	0.03	0.626	0.042	0.196	

第三节　干旱胁迫下模拟降水与作物抗旱
相关性分析

以作物抗旱性指标相对值的叶片相对含水量（RWC）X1、吸水率（RW）X2、叶片自然饱和亏（RSD）X3、叶片含水量（YS）X4、植株含水量（ZS）X5、缺水系数（CWS）X6及0~60 cm土壤水分（TS）X7与干物质生长量（DM）y值，进行相关和灰色关联分析（表2-9-11）。

一、作物抗旱生理指标值的相关分析

对旱地玉米采取人工模拟补充雨量与干旱胁迫下7个抗旱指标性状值进行相关性分析（表2-9-11、表2-9-12）。结果表明，叶片相对含水量

表 2-9-11　干旱胁迫下旱地玉米人工模拟补充降水与抗旱指标（彭阳县）

处理	叶片相对含水量（RWC）	叶片吸水率（RW）	叶片自然饱和亏（RSD）	叶片含水量（YS）	植株含水量（ZS）	0~60 cm 土壤水分（TS）	干物质生长量(DM)（g/株）
	X1	X2	X3	X4	X5	X6	Y
KWR	74.38	34.59	25.62	59.30	74.80	7.22	152.09
MR0	83.93	20.31	16.07	71.11	79.83	9.85	371.40
MR30	82.69	21.52	17.31	71.42	80.20	10.10	372.80
MR60	83.39	20.35	16.61	71.15	80.69	11.87	382.56
MR90	85.68	17.21	14.32	72.83	80.28	13.80	423.47
MR120	85.61	16.26	13.89	72.87	81.29	14.56	428.65
MR150	88.57	13.31	11.43	72.47	82.83	14.90	400.19

表 2-9-12　旱地玉米干旱胁迫下作物抗旱性指标相对值相关性分析

相关系数	X1	X2	X3	X4	X5	X6	Y	P 值
X1	1	-1.00^{**}	-1.00^{**}	0.94^{**}	0.97^{**}	0.89^{**}	0.93^{**}	0.002 1
X2		1	1.00^{**}	-0.95^{**}	-0.98^{**}	-0.91^{**}	-0.95^{**}	0.001 0
X3			1	-0.94^{**}	-0.97^{**}	-0.90^{**}	-0.94^{**}	0.001 8
X4				1	0.94^{**}	0.79^{*}	0.99^{**}	0.000 1
X5					1	0.86^{**}	0.92^{**}	0.002 9
X6						1	0.83^{*}	0.021 2
Y								0.000 1

　★ $P<0.05$，★★ $P<0.01$

（RWC）X1、叶片含水量（YS）X4、植株含水量（ZS）X5、0~60 cm 土壤水分（TS）X6 与生长期干物质生长量（DM）Y 值呈正相关，且相关显著；而吸水率（RW）X2 和叶片自然饱和亏（RSD）X3 与生长期干物质生长量（DM）Y 值呈负相关，且相关显著。因此 0~60 cm 土壤水分直接影响着各项抗旱性指标，进而决定了作物生长期生长量高低。

半干旱区农田生态系统
水循环与有机碳对干旱的响应 | Responses of Water Cycle and Organic Carbon in
Farmland Ecosystem to Drought in Semiarid Area

二、抗旱指标性状值的灰色关联分析

对 6 个抗旱性状指标值进行关联度分析(表 2-9-13),结果表明,关联矩阵因子的关联序以 X4(0.556 3)≥X6(0.540 3)≥X1(0.526 7)≥X5(0.510 7)≥X3(0.396 1)≥X6(0.375 5)。因此,干旱胁迫下决定作物生长量直接关联因素依然为 0~60 cm 土壤水分和叶片含水量。

表 2-9-13　旱地玉米干旱胁迫抗旱性指标关联度分析(彭阳县)

项目	RWC	RW	RSD	YS	ZS	TS
关联矩阵	X1	X2	X3	X4	X5	X6
关联系数	0.526 7	0.375 5	0.396 1	0.556 3	0.510 7	0.540 3
关联序	③	⑥	⑤	①	④	②

三、垄沟集雨种植模拟降水的产流蓄水效应

旱地玉米垄沟集雨种植模式下,实施田间人工模拟降水量集雨蓄水及产流效率测定(表 2-9-14)。结果表明,沟垄比 50 cm:60 cm 种植模式,在人工补充降水量条件下,其产流效率明显,不同降水量及降水强度下,土壤蓄水量存在一定差异。如每次降水量 MR10 mm/次、MR20 mm/次和 MR30 mm/次,其沟内产流蓄水量增加 16.8~52.9 mm,使产流效率达到 72.3%~81%。因此,在干旱期实施人工补充降水量,为玉米苗期根域生

表 2-9-14　田间人工模拟补充降水量对土壤蓄水量及产流效率的影响(彭阳县)

处理	补充雨量(mm)	土壤含水量(%) 补充雨量前	补充雨量后	贮水量(mm) 补充雨量前	补充雨量后	蓄水量(mm)	增加蓄水量(%)	产流效率(%)
		5 月 30 日(第一次人工补充雨量)						
MR30	10	16.6	18.9	128.7	146.8	18.1	10.3	81.0
MR60	20	16.6	21.1	128.7	164.1	35.4	27.6	77.0
MR90	30	17.6	23.9	136.4	186.0	49.6	49.5	65.3
MR0(CK)	0	17.6	17.6	136.5	136.5			

续表

处 理	补充雨量(mm)	土壤含水量(%)		贮水量(mm)		蓄水量(mm)	增加蓄水量(%)	产流效率(%)
		补充雨量前	补充雨量后	补充雨量前	补充雨量后			
6 月 25 日(第二次人工补充雨量)								
MR30	10	16.4	18.5	127	143.8	16.8	36.4	68.0
MR60	20	17.2	21.8	133.5	168.8	35.3	61.4	76.5
MR90	30	20	26.6	154.8	206.5	51.7	99.1	72.3
MR0（CK）	0	13.6	13.8	105.7	107.4			
7 月 15 日(第三次人工补充雨量)								
MR30	10	13.07	15.24	101.5	118.3	16.8	27.8	68.0
MR60	20	13.98	18.65	108.5	144.8	36.3	54.3	81.5
MR90	30	15.04	21.85	116.7	169.6	52.9	79.1	76.3
MR0（CK）	0	11.67	11.67	90.5	90.5			

注:降水量前后土壤水分测定深度均为 0~60 cm,平均土壤容重为 1.30 g/cm³;每次人工降水后间隔 8 小时测定,产流效率=垄沟产流增加水量△a(mm)-本次人工降水量(MR)/(MR)×100%。

长创造良好的土壤水分生理生态循环条件，在相当程度上缓解或解除了干旱季节旱灾对农业生产的威胁。

四、干旱胁迫与模拟降水作物生长期土壤湿度及干旱等级判断

"水"是农作物获得生命延续和完成生长进程,进而获取经济产品的重要资源要素。植物体生长发育需要从根系吸收水分传导到各器官,蒸腾和光合作用需要水分,体内运输各种营养元素需要水分,因此水是植物生理的基础。"没有水就没有生命""有收无收在于水,收多收少在于肥"。作物生长期保证比较充足的水分供给是决定产量高低的重要基础条件。土壤墒情是抗旱减灾的重要因素，是农业生产抗旱和合理配置水资源的重要依据,土壤水分与作物生理干旱程度存在一定的相关性。判断农田生态系统干旱胁迫程度的方法很多且过程复杂，旱灾发生是一个循序渐进的

半干旱区农田生态系统
水循环与有机碳对干旱的响应 | Responses of Water Cycle and Organic Carbon in
Farmland Ecosystem to Drought in Semiarid Area

过程,气候干旱→土壤持续干旱→作物生理干旱→旱灾减产。因此,研究农田生态系统干旱与作物生理干旱之间定量关系,以及干旱胁迫对生长影响各指标参数,揭示农田生态系统与作物群体生理各指标特征值之间的相关程度,并通过各种有效技术达到解除或缓解旱灾危害是人们一致追求的目标。

土壤相对湿度也是作为判断农田生态系统干旱与作物生理干旱的有效方法之一。土壤相对湿度是指同期土层土壤含水量与田间最大持水量的百分比,或相对于自然饱和水量的百分比。公式:

$$R=Wc/Wo×100\%$$

式中:Wc——当前测定的土壤含水量%

Wo——与 Wc 相同单位的田间持水量%

由于农田耕作层或 0~100 cm 土层土壤水分供给对作物生长影响最大,因此,作物播种期土层按 0~20 cm、生育关键期 0~60 cm 较为合适。经测定,宁夏南部半干旱区土壤田间持水量 0~60 cm 平均为 22.0%,0~100 cm 土壤凋萎湿度为 7.5%,土壤容重为 1.28 g/cm³。

土壤相对湿度直接或间接关系着农作物生长进程和产量水平变化,在一定程度上反映了当年干旱程度。根据国家《干旱评估标准》对黄土高原塬台中壤区农田生态系统农业干旱等级标准(表 2-9-15),确定土壤相对湿度 55~60 为轻度干旱、40~51 为中度干旱、30~41 为重度干旱、<35 为特大干旱作为农业干旱评价标准对宁南山区不同干年份土壤湿度进行评价。

表 2-9-15 黄土高原丘陵黄土区土壤相对湿度与农业干旱等级标准

干旱等级	轻度干旱	中度干旱	重度干旱	特大干旱
沙壤和轻壤土	45~55	35~46	25~36	<25
中壤和重壤土	55~60	40~51	30~41	<35
轻黏到重黏土	55~65	45~56	35~46	<35

宁南半干旱区旱地干旱胁迫期人工模拟降水量对作物生长期土壤相对湿度（R）与干旱等级评价（表2-9-15、图2-9-9）。2016年为严重干旱年份，旱地作物采取模拟降水与干旱胁迫下，农田生态系统形成不同等级降水量和不同土壤湿度等级，使土壤水分生态循环与作物生理干旱类型差异明显。尽管遇到严重的干旱胁迫，但在玉米主要生长关键期采取人工模拟降水处理区，均能够不同程度地缓解干旱或解除旱灾损失。

旱地玉米MR90和MR60处理区，5月中旬至8月上旬期间0~60 cm土壤相对湿度保持在62.7%~76.4%，几乎不受干旱威胁。8月下旬至9月中旬0~60 cm土壤相对湿度为37.6%~49.3%，受中度到重度干旱威胁。MR0处理区7月中旬开始至9月中旬的60天时间内，受到中度到重度干旱的威胁，同层土壤相对含水量由7月下旬的55.5%，经由8月上旬的44.8%、9月上旬的39.0%。抗旱棚KWR处理区从苗期到成熟期一直处于重度干旱威胁期，土壤相对湿度由67.2%下降至32.7%。

2017年又遇到了与历史上1973年类似特大干旱年份，夏秋作物生育期持续干旱，大面积粮食作物遭遇非常严重的旱灾袭击，由于旱情惨重致使80%以上旱地玉米大面积严重减产或绝产，旱地玉米从7月上旬（小喇叭口期）至8月下旬（抽穗、开花和灌浆阶段）连续50天出现大旱现象。7月降水量仅3次，共41.3 mm，仅占2016年123.3 mm的1/3，田间仅50%的植株勉强抽雄，但出现严重的大面积花期不遇。截至8月20日仍然干旱严重，玉米普遍叶片凋萎，减产或绝产造成严重生产损失。7月20日前尽管对不同土壤供水处理分别采取3次人工补充雨量，极大地缓解了干旱持续过程造成的损失，使MR30到MR150处理区玉米植株抽雄、开花灌浆基本正常，由于天气干旱持续时间长，温度高降雨量少，仍然干旱严重，田间叶片凋萎现象严重（表2-9-16、图2-9-9）。

玉米7月下旬开始，0~60 cm土壤相对含水量由重度干旱值（30%~41%）趋向特大干旱（<35%）标准，且持续时间长，旱情严重（表2-9-16）。KWR

(抗旱遮雨棚)处理生长期受制于人为干旱环境的影响,同层土壤相对含水量一直保持在凋萎湿度水平,作物尚不能正常生长发育而导致绝产。

旱地春小麦表现同样干旱威胁趋势(表 2-9-17、图 2-9-10、图 2-9-11 和图 2-9-12)。作物生长关键期实施人工模拟降水量 MR150、

表 2-9-16　干旱胁迫旱地玉米生育期人工模拟补充降水田间土壤相对湿度(R)
与干旱等级评价(2016)(彭阳县)

处理	5月22日	6月24日	7月12日	7月30日	8月10日	9月1日	10月7日	平均
MR90	76.4	73.5	96.8	68.2	62.7	38.4	49.3	66.5
MR60	71.0	64.8	88.4	66.0	54.0	40.8	37.6	60.4
MR0	66.4	61.3	67.3	55.5	44.8	39.0	42.5	53.8
KWR	67.2	49.1	49.2	37.4	32.8	33.6	32.7	43.1
MR90 较 MR0 增减	10.0	12.2	29.5	12.7	18.0	-0.6	6.9	12.7
MR60 较 KWR 增减	-0.8	12.2	18.1	18.1	12.0	5.4	9.8	17.2

续表 2-9-16　2017 特大干旱年型

处理	四叶	拔节补降水 1/3	小喇叭补降水 1/3	抽雄补降水 1/3	灌浆始	灌浆期	灌浆期	乳熟期
	5月23日	6月20日	7月2日	7月19日	8月1日	8月15日	8月25日	9月1日
MR150	70.7	82.9	50.3	95.0	35.4	31.4	43.2	92.1
MR120	72.3	87.9	58.2	92.3	34.3	34.0	40.5	96.8
MR90	73.7	84.2	46.0	89.3	31.5	30.9	40.5	96.7
MR60	73.8	79.6	50.1	85.5	32.5	31.5	39.5	92.3
MR30	75.3	82.0	52.5	75.0	34.6	28.1	35.9	95.5
MR0	68.4	75.4	43.7	44.5	29.7	30.9	34.5	96.8
KWR	47.7	41.9	35.5	34.8	23.8	26.3	27.3	27.6

续表 2-9-16　　2018 丰水年型

处理	5月30日补降水	6月10日补降水	6月24日补降水	7月14日	7月22日	8月5日	8月25日	9月15日
MR150	86.8	89.9	63.4	101.8	93.0	89.4	98.8	100.4
MR120	85.6	88.9	71.2	101.2	90.8	88.0	94.8	83.2
MR60	82.7	88.9	57.0	100.7	89.3	87.6	92.5	87.5
MR0	76.0	82.5	57.1	95.8	87.1	80.5	95.5	94.6
KWR	46.4	47.1	46.7	38.8	40.8	43.5	34.8	36.0

注：表中土壤相对湿度测定土层深度为 0~60 cm 平均值。

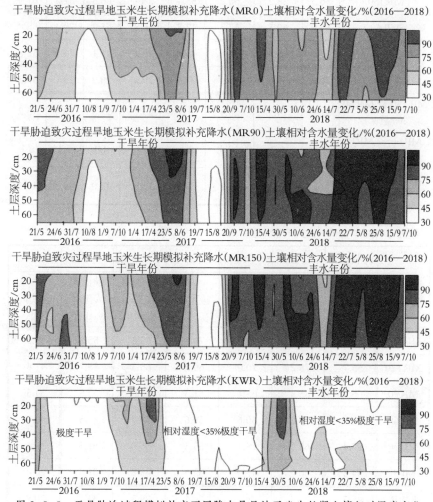

图 2-9-9　干旱胁迫过程模拟补充不同降水量旱地玉米生长期土壤相对湿度变化

半干旱区农田生态系统
水循环与有机碳对干旱的响应 | Responses of Water Cycle and Organic Carbon in
Farmland Ecosystem to Drought in Semiarid Area

MR90、MR60 和 MR30 处理区中,①其中 MR150 区生长期 0~60 cm 平均土壤相对湿度 53.3%~78.2%,受轻度和中度干旱胁迫。②MR60 处理区 6 月中旬至 7 月中旬土壤相对湿度为 42.5%~56.8%,受重度干旱胁

表 2-9-17　干旱胁迫期旱地春小麦生育期人工模拟补充降水土壤相对湿度(R)与农业干旱等级评价(2016 干旱年型)(彭阳县)

处理	7月20日	5月4日人工补充雨量	5月21日人工补充雨量	6月11日	6月23日人工补充雨量	7月11日	7月20日	平均
MR150	56.3	78.2	65.2	53.4	68.4	66.5	87.8	67.9
MR60	55.9	69.5	57.3	47.7	56.8	45.2	79.4	58.8
MR0	55.9	63.3	44.8	44.6	45.2	41.1	74.4	52.8
KWR	46.4	39.0	40.6	37.4	29.5	29.2	25.1	35.3
MR150 较 MR60 增减(%)	0.4	14.9	20.4	8.8	23.1	25.3	13.4	15.2
MR60 较 MR0 增减(%)	0.0	6.2	12.5	3.1	11.6	4.0	5.1	6.1
MR0 较 KWR 增减(%)	9.5	24.3	4.2	7.2	15.8	12.0	49.3	17.5

续表 2-9-17　2017 特大干旱年型

处理	4月28日 三叶一心	5月3日 拔节始	5月11日 拔节期人工补充雨量	5月23日 拔节期	6月7日 孕穗期人工补充雨量	6月20日 抽穗末人工补充雨量	7月20日 收获期
MR150	59.1	90.0	70.5	70.5	62.3	55.8	39.5
MR120	56.7	78.2	70.0	66.5	65.3	58.7	41.4
MR90	66.9	85.5	68.1	61.3	60.0	52.8	34.5
MR60	58.6	70.5	60.6	59.6	59.7	47.5	40.9
MR30	57.4	65.9	58.1	55.3	55.0	57.3	36.4
MR0	54.8	60.0	45.9	52.5	49.8	51.3	40.4
KWR	45.5	44.4	44.0	46.1	29.3	31.2	29.8

续表 2-9-17   2018 丰水年型

处理	4 月 25 日	5 月 12 补降水 1/3	5 月 30 日	6 月 10 补降水 1/3	6 月 24 补降水 1/3	7 月 14 日	7 月 22 日
MR150	82.5	75.6	76.4	62.0	58.8	56.8	94.1
MR120	82.6	75.7	73.8	61.3	53.3	54.5	91.5
MR60	80.8	71.8	74.8	58.9	50.2	50.9	90.6
MR0	72.4	70.1	59.5	51.0	37.0	45.5	83.1
KWR	41.8	54.0	35.1	28.2	29.2	30.9	39.9

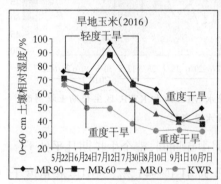
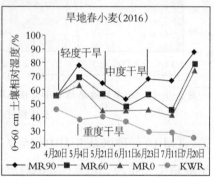

图 2-9-10   干旱胁迫期旱地玉米和春小麦作物生长期土壤相对湿度与干旱等级变化

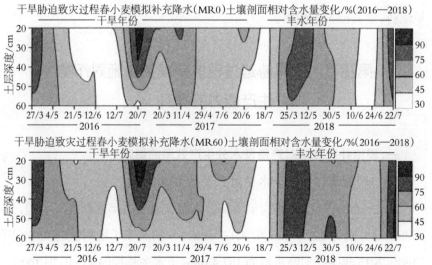

图 2-9-11   干旱胁迫旱地春小麦模拟降水 MR0 和 MR60 区生长期土壤剖面
土壤相对含水量变化

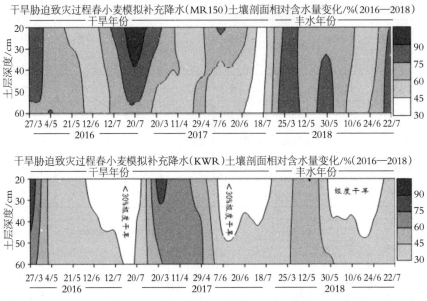

图 2-9-12　干旱胁迫旱地春小麦模拟降水 MR150 和 KWR 区生长期土壤剖面
土壤相对含水量变化

迫。③MR0 处理区从 5 月中旬至 7 月中旬期间,整个生长期几乎处于干旱威胁生长阶段,同层土壤相对湿度为 41.1%~45.2%,为中度和重度干旱等级。④抗旱遮雨棚 KWR 区小麦生长期完全处于中度干旱到重度干旱威胁,旱灾损失最严重。

第四节　干旱胁迫过程抗旱减灾措施对作物生产能力的提升

一、模拟补充降水对产量及水分生产效率的影响

(一)人工模拟补充降水量对产量的影响

2015—2016 年连续遇到干旱年份, 而且遇到两年夏秋连旱年型,全年降水量分别为 397.6 mm 和 331.7 mm, 分别占多年平均值的 88.0%和73.9%。2015 年 4~7 月降水量为 187.4 mm,玉米生长期(4 月~10 月 10 日)降水量为 307.1 mm,2016 年玉米生长期 4~9 月降水量为 293.1 mm,春小

麦生长期 3 月下旬至 7 月中旬降水量仅 196 mm,占多年生育期降水量的 80%左右。2017 年又遇到近半个世纪以来罕见的特大干旱年份,6 月降水量为 35.2 mm,不及 2015 和 2016 年同期 74.2 mm 和 71.5 mm 的半数,7 月降水量为 41.3 mm,仅占 2016 年(干旱年)123.3 mm 的 1/3。

2015—2018 年旱地玉米采用沟垄集水抗旱节水种植技术,并在玉米苗期—拔节期、拔节期—喇叭口期和喇叭口期—灌浆中期分别进行 3 次人工模拟补充降水量和抗旱遮雨棚干旱胁迫,其处理 MR150、MR120、MR90、MR60、MR30、MR0 和 KWR 区各阶段耗水量、产量和水分生产效率(表 2–28)。

研究表明,2015—2018 年,MR150、MR120、MR90、MR60、MR30、MR0 和 KWR 处理,生产年度耗水量分别为 407.0~596.9 mm、409.1 mm、376.7~562.9 mm、337.6~547.6 mm、312.8~533.1 mm、257.1~514.2 mm 和 121.4~248.7 mm(表 2–9–18)。

2015—2018 年采用人工模拟降水量 4 个处理区中,旱地玉米经济产量最高的处理区为 MR90,产量为 10 212.5~13 107.3 kg/hm²,其次为 MR150 区产量为 12 968.0 kg/hm²(2016),MR60、MR30 区产量分别为 9 498.0~12 381.0 kg/hm²、9 097.5~10 866.5 kg/hm²,分别较 MR0 的 8 382.0~9 825.0 kg/hm² 增产 13.3%~26.2%和 8.5%~21.0%。而 KWR 区产量仅为 3 049.5 kg/hm²。2017 年遇到特大干旱年份,人工补充雨量 MR150 和 MR120 处理区产量较 2015—2017 年同处理减产近 1/3,其他处理减产 40%~50%,MR0 减产 1/4 以上,KWR(抗旱遮雨棚)处理区出现绝产现象。2018 年在出现丰水年型情况下,作物产量水平较前 3 年出现了最高值,玉米和春小麦生长期普遍降水适宜,未出现干旱现象。

因此,旱地玉米生长期进行人工模拟补充降水量 30~150 mm,干旱年份较生长期完全自然降水量(MR0)区增产 8.5%~33.6%,较 MR0 区增产效果最好的处理区为 MR90(21.8%~33.6%)>MR150 区(32.2%)>MR60 区(13.3%~26.2%)>MR30 区,MR0 区较 KWR 区增产 221.7%。而遇到特

表 2-9-18　旱地玉米在干旱胁迫下模拟人工模拟补充降水作物增产及水分
生产效率比较（彭阳县）

| 作物 | 处理 | 耗水量（mm） | | 产量（kg/hm²） | 较MR0增产（%） | 较KWR增产（%） | WUE（kg/mm·hm²） | | 较MR0增加（%） | 较KWR增加（%） |
		生产年度	生育期				生产年度	生育期		
2015	MR90	562.9	500.4	10 212.0	21.8		18.15	20.40	10.6	
	MR60	547.6	480.2	9 498.0	13.3		17.40	19.80	7.2	
	MR30	533.1	467.9	9 097.5	8.5		17.10	19.50	5.4	
	MR0	514.2	454.7	8 382.0			16.35	18.45		
2016	MR150	596.9	524.7	12 967.5	32.2	325.3	21.75	24.75	−13.3	43.3
	MR90	488.7	416.5	13 107.0	33.6	329.9	26.85	31.50	10.4	82.4
	MR60	476.8	404.6	12 381.0	26.2	306.0	25.95	30.60	7.4	77.4
	MR30	446.7	374.5	11 866.5	21.0	289.2	26.55	31.65	11.2	83.7
	MR0	417.1	344.9	9 810.0		221.7	23.55	28.50		64.9
	KWR	248.7	176.5	3 049.5			12.30	17.25		
2017	MR150	407.1	402.7	10 032.0	502.5		24.60	24.90	71.7	
	MR120	409.1	396.6	9 624.0	478.0		23.55	24.30	70.9	
	MR90	376.7	347.9	8 854.5	431.8		23.55	25.50	72.3	
	MR60	337.6	320.2	7 158.0	329.9		21.15	22.35	68.5	
	MR30	312.8	281.6	4 150.5	149.3		13.20	14.70	52.2	
	MR0	257.1	234.8	1 665.0			6.45	7.05		
	KWR	121.4	93.5	干旱绝产			0.00	0.00		
2018	MR150	590.9	559.5	16 282.5	58.7	609.5	27.60	29.10	11.5	92.1
	MR120	540.0	532.1	15 537.0	51.4	577.0	28.80	29.25	12.1	93.1
	MR90	524.3	502.5	14 571.0	42.0	534.9	27.75	28.95	10.9	91.1
	MR60	497.8	468.0	12 864.0	25.4	460.5	25.80	27.45	5.2	81.2
	MR30	457.1	435.4	11 263.5	9.8	390.8	24.15	25.35	0	67.3
	MR0	424.3	393.6	10 263.0		347.2	24.15	26.10		72.3
	KWR	158.5	151.8	2 295.0			14.55	15.15		

注：生产度耗水量是根据前茬作物收获期至本次作物收获期间的耗水量。生育期
耗水量为作物播种至收获期间的耗水量。

大干旱年份（2017）时补充雨量可使产量翻番，甚至增产数倍。

2016—2018 年旱地春小麦生长期采用人工模拟补充降水量 30~
150 mm，即 MR30、MR60、MR90、MR120 和 MR150 处理区生产年度耗
水量为 350~470 mm，而 MR0 和 KWR 区生产年度耗水量分别为 300~
330 mm 和 150~300 mm。增产效果（表 2-9-19）依次为 MR150（90.2%~
133.9%）>MR120（74.7%~100.8%）、MR90 区（58.2%~63.9%）>MR60 区
（47.7%~59.5%）>MR30（29.%1~32.0%）。2016—2018 年 KWR 处理由于生
长期采用抗旱棚遮雨的影响，产量仅 384.0~729.0 kg/hm²，较 MR0 减产
170.9%~367.8%。

（二）人工模拟补充降水量对水分生产效率的影响

旱地玉米人工模拟补充降水量区中（表 2-9-18），除 MR150 区产量
和水分生产效率 WUE 呈现降低趋势外，其余均为增产，其生产年度水分
生产效率（WUE）为 17.10~26.55 kg/mm，MR0 区和 KWR 区分别为
16.35~23.55 kg/(mm·hm²)和 12.30 kg/(mm·hm²)，提升 WUE 5.4%~11.2%。

旱地春小麦人工模拟补充降水量区中（表 2-9-19），其生产年度
WUE 值为 7.65~11.70 kg/(mm·hm²)，MR0 区为 5.85 kg/(mm·hm²)，而
KWR 区仅为 3.30 kg/(mm·hm²)，这意味着干旱胁迫期能够增加降水量

农田气象干旱胁迫致灾过程特征与干旱解除技术研究——旱地作物田区试验

半干旱区农田生态系统
水循环与有机碳对干旱的响应 | Responses of Water Cycle and Organic Carbon in
Farmland Ecosystem to Drought in Semiarid Area

表 2-9-19　旱地春小麦干旱胁迫下模拟人工模拟补充降水作物增产及水分
生产效率比较(彭阳县)

| 作物 | 处理 | 耗水量(mm) | | 产量
(kg/hm²) | 较
MR0
增产
(%) | 较
KWR
增产
(%) | WUE
(kg/mm·hm²) | | 较
MR0
增加
(%) | 较
KWR
增加
(%) |
		生产 年度	生育期				生产 年度	生育期		
2016 (干旱 年)	MR150	390.7	351.5	4 575.0	131.6	527.6	11.70	13.05	92.8	221.4
	MR90	361.8	322.6	3 724.5	88.6	411.0	10.35	11.55	71.1	185.1
	MR60	359.5	320.3	3 150.0	59.5	332.1	8.70	9.90	45.7	142.8
	MR30	335.8	296.6	2 550.0	29.1	249.8	7.65	8.55	27.4	112.3
	MR0	334.9	295.7	1 975.5		170.9	5.85	6.75		64.9
	KWR	220.1	180.9	729.0			3.30	4.05		
2017 (特大 干旱 年)	MR150	482.4	358.1	2 602.5	133.9	577.9	5.40	7.20	15.4	38.5
	MR120	405.7	279.5	2 235.0	100.8	482.1	5.55	7.95	23.1	52.3
	MR90	382.6	262.2	1 824.0	63.9	374.9	4.80	6.90	11.6	32.5
	MR60	370.8	233.2	1 644.0	47.7	328.2	4.50	7.05	12.8	34.3
	MR30	346.7	221.6	1 470.0	32.0	282.6	4.20	6.60	7.2	26.3
	MR0	320.2	179.9	1 113.0		189.8	3.45	6.15		17.8
	KWR	144.2	72.5	384.0			2.70	5.25		
2018 (丰水 年)	MR150	450.9	393.5	4 924.5	91.2	794.6	10.95	12.45	17.5	247.6
	MR120	467.8	369.2	4 500.0	74.7	717.4	9.60	12.15	14.4	238.6
	MR90	421.0	320.2	4 075.5	58.2	640.2	9.75	12.75	19.5	253.5
	MR60	372.0	285.7	3 850.5	49.5	599.4	10.35	13.50	26.5	274.3
	MR30	339.2	272.2	3 325.5	29.1	504.0	9.75	12.15	14.7	239.3
	MR0	302.4	242.3	2 575.5		367.8	8.55	10.65		195.2
	KWR	299.2	152.1	550.5			1.80	3.60		

注:生产年度耗水量是根据前茬作物收获期至本作收获期间的耗水量。生育期耗
水量为作物播种至收获期间的耗水量。

30~150 mm，WUE 值可提升 27.4%~92.8%。

因此，在半干旱旱作区，5~7 月经常容易发生春旱威胁现象，生产中集成示范和推广旱作农田垄沟集雨抗旱节水种植技术，千方百计增加土壤有效蓄水量（包括补充灌溉），能够极大地缓解旱灾造成的损失。从而大幅度提升作物水分利用效率。

二、作物生育期各阶段耗水比例及时段耗水对产量的贡献

作物田间耗水量采用农田水分平衡法，根据本试验地自然条件，地势比较平坦，可视地表径流为零；由于常年为旱田，可视为地下水补给量为零；由于降水季节宁南半干旱区 1 m 土层以下土壤含水量不能达到田间持水量，因此，降水量降水入渗深度不超过 2 m，水分渗漏现象不存在，可视深层渗漏为零。

因此，水分平衡方程式可简化为：

$$ET_{ai}=SW_i+ER_i+SI_i-SA_i$$

式中：ET_{ai}——作物生长阶段耗水量（mm）

SW_i——生长初期土壤蓄水量（mm）

ER_i——生长阶段有效降水量（mm）

SI_i——补充降水量（灌溉量）

SA_i——末期土壤蓄水量（mm）

根据土壤水量平衡原理，将旱地玉米和春小麦生长期划分为播种—出苗、出苗—拔节、拔节—抽雄（穗）、抽雄（穗）—成熟四个阶段。得出各阶段耗水量及耗水比例（表 2-9-20）。

2015—2017 年，干旱胁迫过程其在干旱季节生长关键期采用人工模拟雨量（补充灌溉）和依靠自然降水及抗旱棚干旱胁迫处理中，玉米不同处理耗水特征变化差异明显（表 2-9-20）。玉米播种—拔节、拔节—喇叭口、喇叭口—抽雄、抽雄—成熟阶段耗水量分别占总耗水量（Eta）的 10.3%~27.0%、21.7%~30.0%、17.7%~43.6%和 20.2%~47.9%，其中拔节—抽雄期为耗水量高峰值，耗水量大约占总耗水量 60%左右。

半干旱区农田生态系统
水循环与有机碳对干旱的响应 ┃ Responses of Water Cycle and Organic Carbon in
Farmland Ecosystem to Drought in Semiarid Area

表 2-9-20　旱地玉米干旱胁迫过程人工模拟补充降水作物生育期耗水特征
（mm、%）（彭阳县）

年份	处理	播种—拔节		拔节—喇叭口		喇叭口—抽雄		抽雄—成熟		合计
		Eta	/%	Eta	/%	Eta	/%	Eta	/%	Eta
2016 干旱年	MR150	131.8	24.2	124.7	22.9	219.5	40.4	67.8	12.5	543.8
	MR90	111.8	25.7	132.6	30.4	174.0	39.9	17.2	3.9	435.6
	MR60	105.9	25.0	124.4	29.4	168.7	39.8	24.7	5.8	423.7
	MR30	111.2	28.3	126.7	32.2	140.2	35.6	15.5	3.9	393.6
	MR0	116.6	32.0	126.9	34.9	113.5	31.2	7.0	1.9	364.0
	平均	115.5	27.0	127.1	30.0	163.2	37.4	26.4	5.6	432.2
	KWR	120.2	70.6	40.1	23.6	9.9	5.8	0.0	0.0	170.2
2017 特大 干旱年	MR150	81.7	20.3	97.4	24.2	166.4	41.3	57.2	14.2	402.7
	MR120	77.9	19.6	79.1	19.9	180.0	45.4	59.6	15.0	396.6
	MR90	62.0	17.8	82.3	23.7	141.4	40.6	62.2	17.9	347.9
	MR60	36.6	11.4	72.8	22.7	140.7	43.9	70.1	21.9	320.2
	MR30	17.8	6.3	39.4	14.0	148.7	52.8	75.7	26.9	281.6
	MR0	31.1	11.7	67.8	25.6	99.0	37.4	66.9	25.3	264.8
	平均	51.2	14.5	73.1	21.7	146.0	43.6	65.3	20.2	335.6
	KWR	21.0	22.5	3.0	3.2	62.5	66.8	7.0	7.5	93.5
2018 丰水年	MR150	73.1	13.1	129.2	23.1	141.7	25.3	215.6	38.5	559.6
	MR120	62.0	11.6	127.7	24.0	109.2	20.5	233.2	43.8	532.1
	MR90	54.7	10.9	119.0	23.7	90.9	18.1	237.9	47.3	502.5
	MR60	48.3	10.3	124.1	26.5	52.4	11.2	243.2	52.0	468.0
	MR30	41.6	9.5	108.9	25.0	61.1	14.0	223.8	51.4	435.4
	MR0	26.0	6.6	85.3	21.7	68.1	17.3	214.2	54.4	393.6
	平均	50.9	10.3	115.7	24.0	87.2	17.7	228.0	47.9	481.8
	KWR	111.0	73.1	15.7	10.3	21.9	14.4	3.2	2.1	151.8

干旱胁迫过程旱地春小麦的耗水特征变化趋势明显（表 2-9-21）。出苗—拔节、拔节—孕穗、孕穗—抽穗、抽穗—成熟阶段的耗水量占生育期

表 2-9-21　旱地春小麦干旱胁迫过程人工模拟补充降水作物生育期耗水特征
（mm、%）（彭阳县）

年份	处理	出苗—拔节		拔节—孕穗		孕穗—抽穗		抽穗—成熟		合计
		Eta	/%	Eta	/%	Eta	/%	Eta	/%	Eta
2016 干旱年	MR150	119.0	32.0	71.4	19.2	90.8	24.4	90.3	24.3	371.5
	MR90	101.9	30.6	51.2	15.4	93.6	28.1	85.9	25.8	332.6
	MR60	96.5	30.1	49.9	15.6	73.9	23.1	100.0	31.2	320.3
	MR30	90.4	29.5	53.8	17.5	89.7	29.3	72.7	23.7	306.6
	MR0	83.9	28.4	57.7	19.5	30.5	10.3	123.6	41.8	295.7
	平均	98.3	30.1	56.8	17.5	75.7	23.0	94.5	29.4	325.3
	KWR	107.1	55.5	20.2	10.5	20.1	10.4	45.5	23.6	192.9
2017 特大 干旱年	MR150	69.8	19.5	127.5	35.6	84.8	23.7	76.0	21.2	358.1
	MR120	56.7	20.3	119.2	42.6	81.7	29.2	21.9	7.8	279.5
	MR90	34.1	13.0	127.2	48.5	44.3	16.9	56.6	21.6	262.2
	MR60	28.2	12.1	105.4	45.2	39.1	16.8	60.5	25.9	233.2
	MR30	28.1	12.7	86.6	39.1	29.5	13.3	77.4	34.9	221.6
	MR0	21.4	11.9	70.8	39.4	12.9	7.2	74.8	41.6	179.1
	平均	39.7	14.9	106.1	41.7	48.7	17.8	61.2	25.5	255.7
	KWR	28.2	38.9	17.6	24.3	19.8	27.3	6.9	9.5	72.5
2018 丰水年	MR150	106.5	27.1	130.3	33.1	77.6	19.7	79.1	20.1	393.5
	MR120	103.3	28.0	117.7	31.9	92.5	25.1	55.7	15.1	369.2
	MR90	84.2	26.3	97.0	30.3	83.1	26.0	55.9	17.5	320.2
	MR60	80.5	28.2	80.9	28.3	67.0	23.5	57.3	20.1	285.7
	MR30	71.5	26.3	89.0	32.7	65.8	24.2	45.9	16.9	272.2
	MR0	59.0	24.3	89.1	36.8	73.0	30.1	21.2	8.7	242.3
	平均	84.2	26.7	100.7	32.2	76.5	24.7	52.5	16.4	313.9
	KWR	65.3	42.9	81.3	53.5	5.1	3.4	0.4	0.3	152.1

半干旱区农田生态系统
水循环与有机碳对干旱的响应 | Responses of Water Cycle and Organic Carbon in
Farmland Ecosystem to Drought in Semiarid Area

总量的 14.9%~30.1%、17.5%~41.7%、17.8%~24.7%和 16.4%~29.4%。其中需
水量高峰期为拔节期—抽穗期(5 月上旬至 6 月中旬),此时正值春季干
旱胁迫的主要阶段,降水量少往往引起出现卡脖子干旱,严重影响抽穗、
穗粒数和穗粒重产量构成因素而导致大幅度减产损失。因此,旱地春小麦
拔节-孕穗阶段采用人工补充雨量,极大地降低了干旱胁迫过程对作物
造成旱灾损失起到了很大作用。

三、生育时段降水量与土壤供水量对作物生产能力的贡献

依据作物耗水量,水分平衡特征及组成,在干旱和半干旱区的旱作农
田水分生理生态循环系统中,探索不同作物在不同干旱年份类型区耗水
组成比例占总耗水量权重系数,以及各耗水组成比例对产量的贡献(表
2-9-22、表 2-9-23)。作物生长期各阶段耗水量的组成,对旱作农田而
言,作物生长期能够满足其耗水量的唯一给源就是自然降水量、当降水量
完全不能够满足基本生产需求时,作物动用深层土壤水分的规律。因此,
生长阶段的降水量、补充降水量和土壤供水量均为组成作物耗水量的重
要部分。

试验表明,2015—2018 年旱地作物生长期人工补充雨量各处理区
中,在旱地玉米拔节期至灌浆期干旱胁迫过程为作物需水关键期进行 3
次人工补充雨量 30~150 mm 各处理区,最大可能地解除了干旱胁迫对作
物造成减产损失,其耗水量和降水量(包括人工补充雨量)对生产能力提
升起到极大地促进作用。如玉米出苗—拔节期、拔节期—小喇叭口期、小
喇叭口期—灌浆期降水量对生产能力的贡献率分别为 6.3%~20.3%、14.0%
~24.2%、29.4%~52.8%。另外,旱地玉米生育期降水量(包括补充降水量)对
生产能力提升的贡献率为 65.5%~88.1%,生育期土壤供水对产量的贡献
率为 11.9%~34.2%。

四、模拟补充降水量占总耗水比重及对作物生产能力的贡献份额

旱地作物生长期模拟补充降水量的 MR150、MR90、MR060、MR30
处理区中,旱地玉米作物生长期降水量(包括补充降水量)和土壤供水对

表2-9-22 宁南半旱区干旱胁迫过程旱地玉米人工模拟补充降水作物生长段耗水、供水对生产能力贡献评价（彭阳县）

年份	处理	出苗—拔节			拔节—小喇叭			小喇叭—灌浆初			灌浆初—成熟			生育期	
		Eta (mm)	其中 SD (mm)	WPC /%	Eta (mm)	其中 SD (mm)	WPC /%	Eta (mm)	其中 SD (mm)	WPC /%	Eta (mm)	其中 SD (mm)	WPC /%	RPC /%	SPC /%
2015 干旱年	MR90	68.0	58.0	13.6	39.3	45.7	7.9	203.7	69.5	40.7	189.4	50.5	37.8	73.6	26.4
	MR60	72.0	62.0	15.0	66.8	8.2	13.9	166.7	52.5	34.7	174.7	35.8	36.4	70.4	29.6
	MR30	73.0	63.0	15.6	94.5	29.5	20.2	137.7	43.5	29.4	162.7	23.8	34.8	65.8	34.2
	MR0	74.0	64.0	16.3	122.2	67.2	26.9	108.7	34.5	23.9	149.8	10.9	32.9	61.2	38.8
2016 干旱年	MR150	33.6	32.1	6.4	62.7	25.3	11.9	203.9	48.6	38.9	224.5	175.5	42.8	74.5	25.5
	MR90	34.6	33.1	8.3	41.7	26.3	10.0	191.8	20.7	46.1	148.4	99.4	35.6	79.5	20.5
	MR60	28.6	27.1	7.1	41.8	16.2	10.3	173.6	18.9	42.9	160.6	111.6	39.7	74.4	25.6
	MR30	27.6	26.1	7.4	48.1	0.1	12.8	165.9	6.6	44.3	132.9	83.9	35.5	72.4	27.6
	MR0	32.6	31.1	9.5	48.5	10.5	14.1	156.1	3.6	45.3	107.7	58.7	31.2	69.9	30.1
	KWR	35.5	34.0	20.1	86.2	64.5	48.8	40.1	40.1	22.7	14.7	14.7	8.3	13.1	86.9
2017 特大 干旱年	MR150	81.7	37.9	20.3	97.4	34.4	24.2	166.4	75.1	41.3	57.2	23.6	14.2	88.1	11.9
	MR120	77.9	31.7	19.6	79.1	26.1	19.9	180.0	98.7	45.4	59.6	0.1	15.0	76.6	23.4
	MR90	62.0	37.6	17.8	82.3	39.3	23.7	141.4	70.1	40.6	62.2	13.8	17.9	83.3	16.7

续表

年份	处理	出苗—拔节			拔节—小喇叭			小喇叭—灌浆初			灌浆初—成熟			生育期	
		Eta (mm)	其中SD (mm)	WPC /%	Eta (mm)	其中SD (mm)	WPC /%	Eta (mm)	其中SD (mm)	WPC /%	Eta (mm)	其中SD (mm)	WPC /%	RPC /%	SPC /%
2017 特大 干旱年	MR60	36.6	(53.0)	11.4	72.8	39.8	22.7	140.7	79.4	43.9	70.1	(2.9)	21.9	80.2	19.8
	MR30	17.8	(61.8)	6.3	39.4	16.4	14.0	148.7	97.4	52.8	75.7	2.7	26.9	80.6	19.4
	MR0	31.1	(38.5)	13.2	67.8	54.8	28.9	99.0	57.7	42.2	36.9	(30.1)	15.7	81.3	18.7
	KWR	21.0	1.6	0.0	3.0	3.0	0.0	62.5	62.5	0.0	7.0	(0.2)	0.0	绝产	0
2018 丰水年	MR150	73.1	(49.4)	13.1	129.2	49.2	23.1	141.7	(78.3)	25.3	215.6	40.3	38.5	100	0
	MR120	62.0	(50.5)	11.6	127.7	57.7	24.0	109.2	(100.8)	20.5	233.2	52.4	43.8	100	0
	MR90	54.7	(47.8)	10.9	119.0	59.0	23.7	90.9	(109.1)	18.1	237.9	48.8	47.3	100	0
	MR60	48.3	(44.2)	10.3	124.1	74.1	26.5	52.4	(137.6)	11.2	243.2	48.7	52.0	100	0
	MR30	41.6	(40.9)	9.5	108.9	68.9	25.0	61.1	(118.9)	14.0	223.8	27.4	51.4	100	0
	MR0	26.0	(46.5)	6.6	85.3	55.3	21.7	68.1	(101.9)	17.3	214.2	29.0	54.4	100	0
	KWR	111.0	58.5	73.1	15.7	15.7	10.3	21.9	21.9	14.4	3.2	2.8	2.1	100	0

注：①表中作物生长阶段，SD=Eta−R；SD括号值表示土壤水分平衡盈余量（−），"+"为土壤水分平衡亏缺量（−），未标注；②WPC%=（ETa×WUE(kg/mm)/ya（经济产量）×100%；③表中Eta表示生育阶段耗水量，SD土壤供水量，WPC耗水量对产量的贡献份额，RPC降水量对生产能力的贡献，SPC土壤供水量对生产能力产能力的贡献。

表2-9-23　宁南半干旱区干旱胁迫过程旱地春小麦人工模拟补充降水作物生长阶段耗水、供水对生产能力贡献评价(彭阳县)

年份	处理	播种—拔节期			拔节期—抽穗期			抽穗期—灌浆期			灌浆期—成熟			生育期	
		Eta(mm)	其中SD(mm)	WPC/%	Eta(mm)	其中SD(mm)	WPC/%	Eta(mm)	其中SD(mm)	WPC/%	Eta(mm)	其中SD(mm)	WPC/%	RPC/%	SPC/%
2016干旱年	MR150	119.0	5.8	31.2	71.4	1.2	18.7	90.8	18.8	23.8	100.3	8.8	26.3	90.9	9.1
	MR90	101.9	8.7	30.6	51.2	1.0	15.4	83.6	31.6	25.1	95.9	4.4	28.8	86.3	13.7
	MR60	96.5	13.3	30.1	49.9	9.7	15.6	73.9	31.9	23.1	100.0	8.5	31.2	80.2	19.8
	MR30	90.4	17.2	29.5	53.8	23.6	17.5	59.7	27.7	19.5	102.7	11.2	33.5	74.0	26.0
	MR0	83.9	20.7	28.4	57.7	37.5	19.5	30.5	8.5	10.3	123.6	32.1	41.8	66.6	33.4
	KWR	107.1	71.1	55.5	20.2	20.2	10.5	20.1	20.1	10.4	45.5	45.5	23.6	18.7	81.3
2017特大干旱年	MR150	69.8	9.4	19.5	127.5	7.9	35.6	84.8	21.8	23.7	76.0	43.9	21.2	76.8	23.2
	MR120	56.7	6.3	17.7	119.2	9.6	37.3	81.7	28.7	25.6	61.9	29.8	19.4	76.7	23.3
	MR90	44.1	3.7	15.6	117.2	17.6	41.5	64.3	21.3	22.8	56.6	24.5	20.1	76.2	23.8
	MR60	33.2	2.8	14.2	100.4	10.8	43.1	39.1	6.1	16.8	60.5	28.4	25.9	79.4	20.6
	MR30	28.1	7.7	12.7	86.6	7.0	39.1	29.5	6.5	13.3	77.4	45.3	34.9	70.0	30.0
	MR0	21.4	11.0	11.9	70.8	1.2	39.4	22.9	9.9	12.7	64.8	32.7	36.0	69.5	30.5
	KWR	28.2	17.8	38.9	17.6	17.6	24.3	19.8	19.8	27.3	6.9	6.9	9.5	14.3	85.7

半干旱区农田生态系统
水循环与有机碳对干旱的响应 | Responses of Water Cycle and Organic Carbon in
Farmland Ecosystem to Drought in Semiarid Area

续表

年份	处理	播种—拔节期			拔节期—抽穗期			抽穗期—灌浆期			灌浆期—成熟			生育期	
		Eta (mm)	其中SD (mm)	WPC /%	Eta (mm)	其中SD (mm)	WPC /%	Eta (mm)	其中SD (mm)	WPC /%	Eta (mm)	其中SD (mm)	WPC /%	RPC /%	SPC /%
2018 丰水年	MR150	106.5	5.0	27.1	130.3	32.3	33.1	77.6	12.6	19.7	79.1	(100.9)	20.1	100	0
	MR120	103.3	11.8	28.0	117.7	29.7	31.9	92.5	37.5	25.1	55.7	(124.3)	15.1	100	0
	MR90	84.2	2.7	26.3	97.0	19.0	30.3	83.1	38.1	26.0	55.9	(124.1)	17.5	100	0
	MR60	80.5	9.0	28.2	80.9	12.9	28.3	67.0	32.0	23.5	57.3	(122.7)	20.1	100	0
	MR30	71.5	10.0	26.3	89.0	31.0	32.7	65.8	40.8	24.2	45.9	(134.1)	16.9	100	0
	MR0	59.0	7.5	24.3	89.1	41.1	36.8	73.0	58.0	30.1	21.2	(158.8)	8.7	100	0
	KWR	65.3	25.3	42.9	81.3	81.3	53.5	5.1	5.1	3.4	0.4	0.4	0.3	100	0

注：①表中作物生长阶段，SD=Eta-R；SD 括号值表示土壤水分平衡盈余量（-)，"+"为土壤水分平衡亏缺量，未标注。②WPC%=(ETa×WUE(kg/mm)/ya(经济产量)×100%。③表中 Eta 表示生育阶段耗水量，SD 土壤供水量，WPC 耗水量对产量的贡献份额，RPC 降水量对生产能力的贡献，SPC 土壤供水量对生产能力的贡献。

178

产量的贡献率分别为 65.5%~72.9%、34.5%~27.1%。旱地春小麦降水量和土壤供水量对产量的贡献率平均分别为 66.4% 和 33.6%。干旱胁迫期人工补充降水量 30~150 mm 情况下，旱地玉米可增产 904.5~3 577.5 kg/hm²，增产 7.6%~27.6%，春小麦可增产 258.0~1 953.0 kg/hm²，增产 10.1%~42.7%。

旱地春小麦（表 2-9-23）干旱胁迫过程中，拔节期至抽穗期和灌浆初期是作物需水关键期，在宁南山区此阶段往往由于降水量少干旱胁迫持续的过程长，严重影响作物正常生长发育而造成减产，遇到特大干旱年甚至造成绝产。此阶段采用人工补充雨量 30~150 mm（共 3 次，每次 1/3 量），可实现因降水量少引起干旱胁迫过程中达到缓解或解除干旱胁迫，维系作物正常生长发育提升生产能力。旱地春小麦播种－拔节期、拔节期－抽穗期、抽穗期－灌浆期、灌浆期－成熟期，人工补充雨量各处理降水量对生产能力提升的贡献率分别为 12.1%~20.3%、25.2%~48.5%、13.3%~47.2%、11.3%~22.0%。春小麦生育期降水量总量和土壤供水量对产量的贡献率平均分别为 70.0%~98.0% 和 10.0%~30.0%。

四年研究表明，KWR（抗旱遮雨棚）区，由于人为控制供水来源，作物生长阶段一直处于持续干旱胁迫过程，维持作物缓慢生长的水分主要依赖于作物收获以后，拆除抗旱遮雨棚地膜后，让其休闲期接纳自然降水进

农田气象干旱胁迫致灾过程特征与干旱解除技术研究——旱灾致灾评价

2017 年出现春夏秋三季连旱的大旱年份，干旱致灾强度之大为历史年少遇，宁南山区中北部山区部分区域作物出现绝产情景。

半干旱区农田生态系统
水循环与有机碳对干旱的响应 | Responses of Water Cycle and Organic Carbon in
Farmland Ecosystem to Drought in Semiarid Area

行墒情恢复。由于作物生育期一直处于遮雨状态,作物耗水量主要依赖土壤深层供水。如抗旱棚内的玉米和春小麦生育期降水量对生产能力提升的贡献率分别为 10.0%~13.0% 和 14.0%~20.0%,而深层土壤供水量对生产能力提升的贡献率为 80.0%~87.0% 和 80%~86%。

五、模拟降水对缓解或解除旱灾成效评价

旱地作物生长期干旱胁迫下进行人工模拟补充等级降水量,能够极大地改善作物根际土壤水分条件,缓解旱灾对产量造成的损失。因此,研究不同人工模拟降水量的抗旱机制,评价缓解或解除旱灾十分重要。作物生长期人工补充雨量对解除旱灾的评估。

作物生长关键期进行人工模拟降水量,玉米和春小麦作物在苗期—抽雄(穗)和抽穗(雄)—灌浆期分别进行补充雨量 20~100 mm,其增产效应明显(表 2-9-24、2-9-25)。

表 2-9-24、2-9-25 可看出,(1)旱地作物苗期–抽雄(穗)和抽穗(雄)–灌浆分别进行人工补充雨量,随着补充雨量的增加,其解除干旱胁迫的能力逐步增强,增产效益随之上升。如旱地玉米生育期人工补充雨量期间, 即 MR150、MR120、MR90、MR60 和 MR30 分别增产 25.4%~37.2%、22.2%~30.3%、17.2%~25.9%、12.1%~18.7% 和 6.6%~10.7%。依靠自然降水可生产 62%~90%。(2)旱地春小麦同期进行人工补充雨量处理 MR150、MR120、MR90、MR60 和 MR30 分别增产 38.1%~42.7%、32.5%~42.9%、27.9%~34.3%、18.7%~25.7%、10.1%~13.5%。因此,依靠自然降水可生产作物籽粒产量 57.1%~89.9%,采用人工补充降水或补充灌溉措施可生产作物籽粒产量 10.1%~42.9%。(3)特大干旱年份实施人工补充雨量对缓解或解除干旱胁迫能力>干旱年份>正常年份。

初步结论,干胁迫下作物生长关键期,每增加 10 mm 降水量或土壤蓄水量, 可分别增加玉米产量 150.0~316.5 kg/hm² 和春小麦产量 150.0 kg/hm² 左右。因此,生产中应大量集成示范和推广抗旱节水,集雨保水增墒减灾的新技术成果, 通过各种有效措施增加有效降水量入渗率

表2-9-24　旱地玉米作物干旱胁迫其期人工模拟补充降水和自然降水对提升生产能力的影响(2016—2018)(彭阳县)

年份	处理	人工补充降水生产能力								自然降水量生产能力		产量合计(kg/hm²)	WUE(kg/mm·hm²)
		苗期—抽穗(雄)			抽穗(雄)—灌浆			小计					
		补充水量(mm)	生产能力(kg/hm²)	%	补充水量(mm)	生产能力(kg/hm²)	%	生产能力(kg/hm²)	%	生产能力(kg/hm²)	%		
2015	MR90	60	1 224.0	12.0	30	612.0	6.0	1 837.5	18.0	8 376.0	82.0	10 212.0	0.87
	MR60	40	790.5	8.3	20	396.0	4.2	1 186.5	12.5	8 310.0	87.5	9 498.0	0.77
	MR30	20	388.5	4.3	10	195.0	2.1	583.5	6.4	8 514.0	93.6	9 097.5	0.66
2016干旱年份	MR150	100	2 470.5	19.0	50	1 234.5	9.5	3 705.0	28.6	9 262.5	71.4	12 967.5	0.57
	MR90	60	1 888.5	14.4	30	943.5	7.2	2 832.0	21.6	10 275.0	78.4	13 107.0	0.45
	MR60	40	1 224.0	9.9	20	612.0	4.9	1 836.0	14.8	10 545.0	85.2	12 381.0	0.27
	MR30	20	633.5	5.3	10	316.5	2.7	951.0	8.0	10 915.5	92.0	11 866.5	0.48
2017特大干旱年份	MR150	100	2 491.5	24.8	50	1 245.0	12.4	3 736.5	37.2	6 295.5	62.8	10 032.0	0.53
	MR120	80	1 941.0	20.2	40	970.5	10.1	2 911.5	30.3	6 712.5	69.7	9 624.0	0.46
	MR90	60	1 527.0	17.2	30	763.5	8.6	2 290.5	25.9	6 564.0	74.1	8 854.5	0.47
	MR60	40	894.0	12.5	20	447.0	6.2	1 341.0	18.7	5 817.0	81.3	7 158.0	0.44
	MR30	20	295.5	7.1	10	147.0	3.6	442.5	10.7	3 708.0	89.3	4 150.5	0.41

半干旱区农田生态系统
水循环与有机碳对干旱的响应 | Responses of Water Cycle and Organic Carbon in
Farmland Ecosystem to Drought in Semiarid Area

续表

年份	处理	人工补充降水量生产能力								自然降水量生产能力		产量合计 (kg/hm²)	WUE (kg/mm·hm²)
		苗期—抽穗(雄)			抽穗(雄)—灌浆			小计		生产能力 (kg/hm²)	%		
		补充水量 (mm)	生产能力 (kg/hm²)	%	补充水量 (mm)	生产能力 (kg/hm²)	%	生产能力 (kg/hm²)	%				
2018 丰水年份	MR150	100	2 755.5	16.9	50	1 378.5	8.5	4 134.0	25.4	12 150.0	74.6	16 282.5	0.35
	MR120	80	2 212.5	14.8	40	1 107.0	7.4	3 319.5	22.2	11 617.5	77.8	15 537.0	0.83
	MR90	60	1 581.0	11.4	30	790.5	5.7	2 373.0	17.2	11 448.0	82.8	14 571.0	0.81
	MR60	40	1 050.0	8.0	20	525.0	4.0	1 573.5	12.1	11 485.5	87.9	12 864.0	0.85
	MR30	20	532.5	4.4	10	265.5	2.2	798.0	6.6	11 364.0	93.4	11 263.5	0.90

注:表中人工模拟补充降水量作物阶段生产能力(kg/hm²)=阶段生长期人工补充降水量(mm/hm²)×作物水分生产效率 WUE(kg/mm·hm²),自然降水量作物阶段生长期生产能力(kg/hm²)=作物总生产能力(kg/hm²)−生长期人工模拟补充降水生产能力(kg/hm²)。下表相同。

表2-9-25 旱地春小麦作物干旱胁迫期人工模拟补充降水和自然降水对提升生产能力的影响（2016—2018）（彭阳县）

| 年份 | 处理 | 人工补充降水量生产能力 | | | | | | | | 自然降水生产能力 | | 产量合计 (kg/hm²) | WUE (kg/mm·hm²) |
| | | 苗期—抽穗（雄） | | | 抽穗（雄）—灌浆 | | | 小计 | | 生产能力 (kg/hm²) | % | | |
		补充雨量 /mm	生产能力 (kg/hm²)	%	补充雨量 /mm	生产能力 (kg/hm²)	/%	生产能力 (kg/hm²)	%				
2016 平旱 年份	MR150	100	1 302.0	28.4	50	651.0	14.2	1 953.0	42.7	2 622.0	57.3	4 575.0	13.05
	MR90	60	693.0	18.6	30	346.5	9.3	1 039.5	27.9	2 686.5	72.1	3 724.5	11.55
	MR60	40	393.0	12.5	20	196.5	6.2	589.5	18.7	2 560.5	81.3	3 150.0	9.90
	MR30	20	172.5	6.7	10	85.5	3.4	258.0	10.1	2 292.0	89.9	2 550.0	8.55
2017 特大 干旱 年份	MR150	100	727.5	27.9	50	363.0	14.0	1 090.5	41.9	1 512.0	58.1	2 602.5	7.20
	MR120	80	640.5	28.6	40	319.5	14.3	960.0	42.9	1 275.0	57.1	2 235.0	7.95
	MR90	60	417.0	22.9	30	208.5	11.4	625.5	34.3	1 198.5	65.7	1 824.0	6.90
	MR60	40	282.0	17.2	20	141.0	8.6	423.0	25.7	1 221.0	74.3	1 644.0	7.05
	MR30	20	132.0	9.0	10	66.0	4.5	199.5	13.5	1 270.5	86.5	1 470.0	6.60
2018 丰水 年份	MR150	100	1251.0	25.4	50	625.5	12.7	1 876.5	38.1	3 048.0	61.9	4 924.5	12.45
	MR120	80	975.0	21.7	40	487.5	10.8	1 462.5	32.5	3 037.5	67.5	4 500.0	12.15
	MR90	60	763.5	18.7	30	382.5	9.4	1 146.0	28.1	2 929.5	71.9	4 075.5	12.75
	MR60	40	538.5	14.0	20	270.0	7.0	808.5	21.0	3 042.0	79.0	3 850.5	13.50
	MR30	20	244.5	7.3	10	121.5	3.7	366.0	11.0	2 958.0	89.0	3 325.5	12.15

半干旱区农田生态系统
水循环与有机碳对干旱的响应 | Responses of Water Cycle and Organic Carbon in
Farmland Ecosystem to Drought in Semiarid Area

和保水率,为缓解或解除旱灾提供强力的科技支撑作用。

第五节 干旱胁迫过程模拟降水对作物生长量的影响

一、对作物生长量的影响

旱地玉米和春小麦干胁迫下生长期干质生长曲线及进程分析(表2-9-26、图2-9-13)。结果表明,2015—2017年为干旱年份情况下,旱地玉米在人工模拟补充雨量和依靠自然降水量及抗旱遮雨棚处理,在干旱胁迫下的作物生长关键期,定期测定作物干质积累量,旱地玉米和春小麦干物质生长量均以处理MR150>MR120>MR90>MR60>MR30>MR0>KWR。

玉米在干旱胁迫的主要生育关键阶段单株生长量表现为MR150较MR0处理、MR60较MR0处理的生长量差异值以特大干旱年份(2017)>干旱年份(2016)。在干旱年份(2016)生长期人工补充雨量MR150和MR60与MR0的差值分别为0.4~44.6 g/株和0.2~25.9 g/株;特大干旱年份(2017)生长期人工补充雨量MR150和MR60与MR0的差值分别为0.3~214.4 g/株和0.3~204.4 g/株,补充雨量处理区较KWR(抗旱遮雨棚)生长量高达1~2倍之多。

干旱胁迫过程旱地春小麦人工补充雨量对作物生长量的影响(表2-9-27),2016—2017年在旱地春小麦从出苗到灌浆生长关键期分别遇到干旱年份和特大干旱年份,2017年春夏干旱胁迫过程持续时间长,4月中旬至7月上旬自然降水量仅87.8 mm,较2016年同期降水量减少仅100 mm,主要生育期旱情非常严重,耕作层土壤含水量经常维系在10%以下及降至凋萎含水量水平。研究表明,干旱胁迫过程其作物生长量以特大干旱年型(2017)<干旱年型(2016)<丰水年型(2018),补充雨量MR0-MR150处理生长量较MR0处理增加0.2~23.2 g/10株。因而,在生产中有条件的地区尽可能利用窖窖进行集雨补充灌溉,完全能够避免和降低

表2-9-26　干旱胁迫过程旱地玉米人工模拟补充降水对作物生长量的影响(g/株)(彭阳县)

处理		5月25日	6月10日	6月23日	7月11日	7月30日	8月10日	8月30日	9月20日	平均
2016 干旱 年份	MR150	5.7	31.0	56.8	113.7	188.1	245.1	349.4	400.2	173.7
	MR90	5.5	26.7	52.7	107.5	184.8	236.5	340.2	423.5	172.2
	MR60	5.5	25.8	48.7	101.5	172.9	226.4	320.3	372.6	159.2
	MR0	5.3	23.9	40.0	77.5	147.7	200.5	289.0	371.4	144.4
	KWR	4.4	10.2	17.2	32.0	62.0	84.2	121.1	156.0	60.9
	MR150较MR0增加	0.4	7.1	16.9	36.3	40.4	44.6	60.4	28.8	29.4
	MR60较MR0增加	0.2	1.9	8.7	24.0	25.2	25.9	31.3	1.2	14.8
处理		5月23日	6月8日	6月20日	7月12日	7月30日	8月15日	8月30日	9月20日	平均
2017 特大 干旱 年份	MR150	0.7	4.8	18.6	61.2	157.8	258.1	371.6	389.6	157.8
	MR120	0.7	4.3	15.9	55.6	142.8	233.5	305.0	333.0	136.4
	MR90	0.6	4.0	11.0	52.4	129.6	196.8	288.3	321.7	125.6
	MR60	0.7	3.8	14.8	45.1	113.7	165.1	208.0	292.2	105.4
	MR0	0.4	3.4	6.1	44.0	69.4	140.3	157.2	185.1	75.7
	KWR	0.2	0.6	6.2	24.1	23.0	62.8	69.0	104.9	36.3
	MR150较MR0增加	0.3	1.4	12.5	17.2	88.4	117.8	214.4	204.4	82.1
	MR60较MR0增加	0.3	0.4	8.7	1.2	44.3	24.8	50.8	107.1	29.7
处理		5月25日	6月10日	6月25日	7月10日	7月30日	8月15日	8月30日	9月20日	平均
2018 丰水 年份	MR150	4.9	28.5	70.6	98.2	206.1	296.9	348.8	595.1	206.1
	MR120	4.2	15.2	69.9	93.8	201.5	256.9	310.8	519.2	183.9
	MR90	4.4	14.6	65.2	85.9	185.9	244.2	314.8	433.3	168.5
	MR60	4.3	14.9	65.2	80.2	202.0	235.0	304.9	416.0	165.3
	MR0	3.4	7.3	60.1	70.8	178.3	223.3	290.4	362.2	149.5
	KWR	1.0	3.3	12.7	18.8	37.1	54.5	140.7	213.7	60.2
	MR150较MR0增加	1.5	21.1	10.5	27.5	27.7	73.6	58.4	232.9	56.7
	MR60较MR0增加	0.9	7.5	5.0	9.5	23.6	11.7	14.5	53.9	15.8

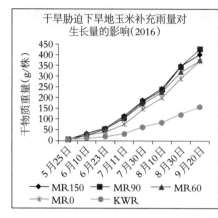
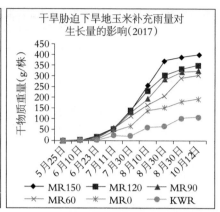

图 2-9-13   干旱胁迫过程玉米作物人工模拟补充降水对生长量的影响

干旱胁迫过程对生产造成的致灾损失程度。

二、作物生长曲线特征分析

用 DPS 软件分析干旱胁迫下人工补充雨量干物质积累及其动态变化的特征进行分析和显著性检验,针对生长曲线特征,用 Logistic 生长曲线方程:

$$Y=K/[1+ae^{-bx}],玉米[X\in(0,130)],春小麦[X\in(0,105)]$$

X 为生长天数,Y 为干物质积累量,K 为感物质积累量极限参数,a 为初始重量参数,b 为生长速度参数,$Xt=1/b.[Ln(1/a)]$ 为达到生长曲线拐点(即增重最快)时的天数,$t_1=-1/b.\ln[(k1/2-1)a]$ 为达到第 1 个曲率最大的生长天数,$t_2=-2/b.\ln(1/b)+1/b.\ln[(k1/2-1/a]$ 为达到第 2 个曲率的最大生长天数。根据玉米生长速度曲线特征分析(表 2-9-28)。

分析结果表明,玉米和春小麦处理间在苗期生长量差异不明显,当进入快速生长期后,则处理间生长量差距明显,人工补充雨量各处理玉米生长极限 K 值范围为 429.4~521.8 g/株,KWR(抗旱遮雨了)玉米生长极限 K 值范围为 195 g/株左右;人工补充雨量各处理旱地春小麦生长极限 K 值范围为 35.6~47.6 g/株,KWR(抗旱遮雨棚)玉米生长极限 K 值为 21.5g/株左右;处理间生长速度 b 值变化比较平稳,初始增重参数 a 值差别不明显,进入快速生长期生长量差距明显。

玉米生长量积累增重最快的拐点天数(Xt)为出苗后 90~101 d 之间,

表 2-9-27　干旱胁迫过程旱地春小麦人工补充降水对作物生长量的影响
（干重量 g/10 株）（彭阳县）

	处理	4 月 20 日	5 月 4 日	5 月 21 日	6 月 11 日	6 月 23 日	7 月 11 日	平均
	降水量	49.7	1.5	20.2	22.0	22.0	69.3	184.7
	MR150	0.4	3.8	10.6	35.5	42.5	47.0	23.3
	MR90	0.4	3.7	9.3	28.7	35.4	42.9	20.0
	MR60	0.4	3.5	8.4	25.3	30.5	35.9	17.3
	MR0	0.4	3.3	7.8	20.5	26.8	32.9	15.3
2016 干旱 年份	KWR	0.3	2.3	4.1	8.4	15.5	18.0	8.1
	MR150 较 MR0 增加	0.0	0.5	2.9	15.1	15.7	14.1	8.0
	MR60 较 MR0 增加	0.0	0.2	0.7	4.8	3.7	3.0	2.1
	MR150 较 KWR 增加	0.1	1.6	6.5	27.2	27.1	29.0	15.2
	MR60 较 KWR 增加	0.1	1.3	4.3	16.9	15.0	17.9	9.2
		4 月 28 日	5 月 11 日	5 月 23 日	6 月 7 日	6 月 20 日	7 月 10 日	平均
	降水量	5.2	19.4	16.5	33.7	13.0	0.0	87.8
	MR150	0.4	8.6	13.7	20.6	35.2	38.3	19.4
	MR120	0.4	8.1	12.9	18.8	31.7	35.3	17.9
	MR90	0.5	5.5	9.1	16.2	28.1	32.0	15.2
	MR60	0.4	5.4	8.5	14.7	26.3	28.7	14.0
2017 特大 干旱 年份	MR0	0.3	5.3	6.4	8.9	13.0	15.1	8.2
	KWR	0.3	5.0	5.9	6.3	10.0	10.0	6.3
	MR150 较 MR0 增加	0.0	3.3	7.3	11.6	22.2	23.2	11.3
	MR60 较 MR0 增加	0.1	0.2	2.1	5.7	13.3	13.6	5.8
	MR150 较 KWR 增加	0.0	3.6	7.8	14.3	25.2	28.3	13.2
	MR60 较 KWR 增加	0.1	0.4	2.6	8.4	16.3	18.7	7.7

半干旱区农田生态系统
水循环与有机碳对干旱的响应 | Responses of Water Cycle and Organic Carbon in
Farmland Ecosystem to Drought in Semiarid Area

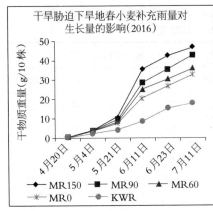

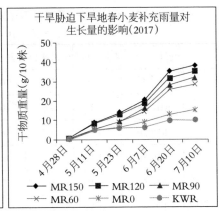

图2-9-14　干旱胁迫过程旱地春小麦作物人工模拟补充降水对生长量的影响

表2-9-28　模拟补充降水作物干物质积累量(y)与生长天数(X)Logistic生长曲线
方程及其特征值

处理		生长曲线回归模型	R^2	K (g/株)	b (g/株·d)	Xt (d)	Yt (g/株·d)
玉米	KWR	y=194.1284/(1+95.412e−0.0451X)	0.994 8	194.13	0.045	101.1	2.19
	MR0	y=462.2137/(1+95.412e−0.0451X)	0.999 7	462.21	0.045	101.1	5.21
	MR60	y=429.4000/(1+89.837e−0.0480X)	0.999 5	429.40	0.048	93.7	5.15
	MR90	y=521.8081/(1+71.115e−0.0433X)	0.999 8	521.81	0.043	98.5	5.65
	MR150	y=464.2128/(1+73.500e−0.0471X)	0.998 9	464.21	0.047	91.5	5.47
春小麦	KWR	X2=21.453/(1+117.448e−0.066X)	0.989 6	21.453	0.066	72.4	0.35
	MR0	X2=35.577/(1+122.119e−0.073X)	0.999 5	35.577	0.073	66.1	0.65
	MR60	X2=36.913/(1+206.644e−0.086X)	0.998 8	36.913	0.086	62.0	0.79
	MR90	X2=44.606/(1+201.148e−0.083X)	0.998 9	44.606	0.083	64.0	0.93
	MR150	X2=47.565/(1+514.399e−0.104X)	0.999 3	47.565	0.104	60.0	1.24

注:表中作物干物质生长量分别以玉米单株量、春小麦10株量计算。

干物质生长量最大值时可达 5~6 g/(株·d)，KWR 则为 2.2 g/(株·d)左右；旱地春小麦快速生长期的拐点天数(Xt)为出苗后 60~72 d 之间，干物质生长量达到最大值为 0.65~1.24 g/(株·d)，KWR 则仅 0.35 g/(株·d)左右。

三、干旱胁迫下玉米叶面积动态指数(LAI)变化

干旱胁迫下对旱地玉米生长受到一定的影响，进而使叶面积指数（LAI）表现差别明显（表 2-9-29、图 2-9-15）。结果表明，由于 MR150 和 MR60 处理区，在主要生长发育关键期进行人工模拟降水量 150 mm 和 60 mm，土壤水分条件较好，植株生长量和叶面积指数也明显高于接收自然降水 MR0 区和抗旱遮雨棚 KWR 区。如生长期 MR150 的 LAI 较 MR0 区增加 0.23~2.41，MR0 区则较 KWR 区的 LAI 增加 0.13~2.43，叶面积最大时期分别增加 0.69 和 2.43。田间不同覆盖方式在玉米生长期以 QMGR（全膜双垄沟覆盖）较 BMGR（半膜平覆盖）的 LAI 值增加 0.44~0.93，BMGR 较 LDPd 的 LAI 增加 0.40~0.69，LDP（CK）（露地种植 CK）较 KWR（抗旱遮雨棚）增加 0.1~1.92。

因此，植株在生长关键期千方百计地改善土壤水分条件，对提高植株生长速度，增加叶面积群体对光合生产效率尤为重要。

四、干旱胁迫下对作物主要经济性状指标的影响

旱地玉米产量高低一定程度决定于生长期降水量多少，作物生长期增加降水量，能够改善土壤水分供需条件起到重要作用，从而提升主要经济性状值。

以作物株高(X_1)、穗长(X_2)、单株干重(X_3)、穗粒数(X_4)、单株粒重(X_5)、果穗重(X_6)和百粒重(X_7)与产量(y)进行相关及关联度分析。结果说明，玉米主要经济性状 X_5、X_6 和 X_1，小麦的 X_6、X_3 和 X_2，与产量(y)之间存在相关性，5~7 月生长期的降雨量与产量达到相关极显著，R=0.966-0.999。

以主要经济性状进行灰色关联度分析（表 2-9-30），旱地玉米 X_6 关联系数为 0.728 7>X_5 的 0.707 9>X_1 的 0.497 8>X_3 的 0.467 7>X_4 的 0.453 6>X_2 的 0.368 2>X_7 的 0.3067；旱地小麦 X_6 的 0.330 0>X_3 的 0.309 5>X_2

表 2-9-29　干旱胁迫下人工模拟补充降水及不同覆盖方式对玉米叶面积指数
（LAI）变化（2016）（彭阳县）

处　理		6 月 12 日	6 月 24 日	7 月 13 日	7 月 30 日	8 月 10 日	8 月 26 日
田间模拟补充雨量	MR150	0.68	2.45	4.52	5.10	5.48	3.65
	MR60	0.64	2.48	4.51	5.20	5.26	3.62
	MR0	0.45	1.73	3.95	4.72	4.79	3.13
	KWR	0.32	1.32	2.12	2.41	2.36	1.71
	MR150 较 KR0 增加	0.23	0.72	0.57	0.38	0.68	0.52
	KR0 较 KWR 增加	0.13	0.41	1.83	2.30	2.43	1.42
田间覆膜方式	QMGR	0.90	3.04	4.87	5.56	5.43	3.96
	BMGR	0.45	1.73	3.95	4.72	4.79	3.13
	LDP(CK)	0.41	1.33	3.25	4.26	4.28	2.71
	QMGR 较 BMGR 增加	0.44	1.31	0.93	0.84	0.64	0.83
	BMGR 较 LDP 增加	0.04	0.40	0.69	0.45	0.51	0.42
	LDP 较 KWR 增加	0.09	0.01	1.14	1.85	1.92	1.00

　　注：表中 QMGR 表示全膜双垄沟覆盖，BMGR 表示半膜平覆盖和 LDP（CK）表示露地种植 CK。

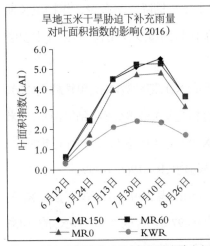

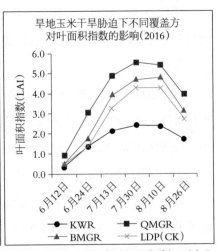

图 2-9-15　干旱胁迫下人工模拟补充降水与不同覆盖方式玉米生长期叶面积指数(LAI)变化

的 0.290 2>X_1 的 0.285 8>X_4 的 0.254 9>X_5 的 0.246 0>X_7 的 0.239 6。

表2-40 干旱胁迫下人工模拟补充降水旱地作物主要经济性状灰色关联度分析（2015—2016）

作物		株高/cm	果穗长/cm	单株干重/g	穗粒数	单株粒重/g	果穗重/g	百粒重/g
玉米	关联矩阵	X_1	X_2	X_3	X_4	X_5	X6	X_7
	关联系数	0.497 8	0.368 2	0.467 7	0.453 6	0.707 9	0.728 7	0.306 7
	关联序	3	6	4	5	2	1	7
小麦		株高/cm	穗长/cm	小穗数	穗粒数	单株粒重/g	穗粒重/g	千粒重/g
	关联矩阵	X_1	X_2	X_3	X_4	X_5	X6	X_7
	关联系数	0.285 8	0.290 2	0.309 5	0.254 9	0.246 0	0.330 0	0.239 6
	关联序	4	3	2	5	6	1	7

2015—2018 年，干旱胁迫下主要生育期各处理区采取 3 次人工补充雨量 MR0~MR150 处理，主要选择旱地玉米株高、穗长、穗重、穗粒数和穗粒重经济性状构成（表2-9-30）。结果表明，①在遇到干旱年份和是特大干旱年份气候情况下，玉米生育期实施人工补充雨量，改善作物根际土壤湿度生态环境，能够大幅度改善各性状指标特征值，极大地缓解或解除了干旱胁迫过程对生产造成的旱灾损失；②特大干旱年份（2017）采取人工补充雨量 30~150 mm 处理区，其主要经济性状参数增加值与 MR0 处理比较明显高于干旱年份（2016），说明大旱之年在干旱胁迫过程中，有条件的地区实施补充灌溉或采取抗旱保水措施，千方百计增加土壤蓄水量，可显著提升作物水分利用效率；③2015 年、2016 年（一般干年）和 2018 年（丰水年）各性状均值与 2017 年（特大干年）比较，其 MR30~MR150 处理区经济性状值与 MR0 处理比较，正常年或丰水年其株高、穗长、果穗重、穗粒数和穗粒重分别较特大干旱年份增加 73.3 cm、4.1 cm、88.9 g、149.4 粒和 76.6 g（表2-9-31）。依次株高增加 2.0%~61.2%，穗长增加 4.7%~35.6%，果穗重增加 9.4%~109.9%，穗粒数和穗粒重增加 4.3%~113.5%和 10.3%~121.0%。其中特大干旱年份（2017）补充雨量 MR90、MR120 和

半干旱区农田生态系统
水循环与有机碳对干旱的响应 | Responses of Water Cycle and Organic Carbon in
Farmland Ecosystem to Drought in Semiarid Area

表 2-9-31　干旱胁迫下人工模拟补充降水对旱地玉米主要经济性状构成影响(彭阳县)

处理		株高/cm	较MR0增加/%	穗长/cm	较MR0增加/%	果穗重/g	较MR0增加/%	穗粒数/粒	较MR0增加/%	穗粒重/g	较MR0增加/%
2015 干旱 年份	MR90	323	6.3	19.7	15.9	245.4	27.3	597.8	8.3	215.2	28.1
	MR60	330	8.6	19.0	11.8	228.6	18.6	584.0	5.8	200.4	19.3
	MR30	310	2.0	19.2	12.9	211.0	9.4	576.0	4.3	185.3	10.3
	均值	321	5.6	19.3	13.5	228.3	18.4	585.9	6.1	200.3	19.2
	MR0	304		17.0		192.8		552.0		168.0	
2016 干旱 年份	MR150	333	11.7	17.8	4.7	233.8	33.5	617.6	4.0	201.2	34.0
	MR90	320	7.4	18.2	7.1	237.7	35.8	648.0	9.2	202.1	34.6
	MR60	322	8.1	18.9	11.2	231.9	32.4	659.3	11.1	192.9	28.5
	MR30	300	0.7	18.5	8.8	208.5	19.1	633.6	6.7	178.5	18.9
	均值	318.8	7.0	18.4	8.0	228.0	30.2	639.6	7.8	193.7	29.0
	MR0	298		17.0		175.1		593.6		150.1	
	KWR	120		11.0		61.0		210.0		52.0	
2017 特大 干旱 年份	MR150	266	61.2	16.1	36.4	167.1	109.9	529.5	113.5	144.8	121.0
	MR120	240	45.5	15.3	29.7	161.6	103.1	512.0	106.5	138.6	111.6
	MR90	255	54.5	16.0	35.6	152.2	91.2	516.4	108.2	130.8	99.7
	MR60	230	39.4	15.0	27.1	139.3	75.0	490.6	97.8	122.0	86.2
	MR30	220	33.3	13.4	13.6	122.0	53.2	441.6	78.1	105.4	60.9
	均值	242.2	46.8	15.2	28.5	148.4	86.5	498.0	100.8	128.0	95.9
	MR0	165		11.8		79.6		248.0		65.5	
2018 丰水 年份	MR150	324	13.7	20.4	10.3	281.9	29.4	783.4	28.6	243.2	58.4
	MR120	310	8.8	20.3	9.7	260.5	19.6	728.5	19.6	222.7	33.4
	MR90	300	5.3	20.2	9.2	250.5	15.0	699.3	14.8	221.1	22.2
	MR60	300	5.3	20.1	8.6	251.9	15.7	712.5	17.0	215.9	21.3
	MR30	300	5.3	19.7	6.5	233.5	7.2	660.5	8.5	200.9	18.4
	均值	306.8	7.7	20.1	8.9	255.7	17.4	716.8	17.7	220.8	30.7
	MR0	285		18.5		217.8		609.0		182.3	10.2
	KWR	180		11.4		58.4		169.4		48.1	

续表

年份	株高/cm	穗长/cm	果穗重/g	穗粒数/粒	穗粒重/g
2015	321	19.3	228.3	585.9	200.3
2016	318.8	18.4	228.0	639.6	193.7
2018	306.8	20.1	255.7	716.8	220.8
均值	315.5	19.3	237.3	647.5	204.9
2017	242.2	15.2	148.4	498.0	128.3
较2017增加	73.3	4.1	88.9	149.4	76.6

MR150 处理的穗重、穗粒数和穗粒重参数值均超越 1 倍以上。

旱地春小麦采用人工补充雨量 MR30~MR150（30~150 mm/667m²）处理与 MR0 处理主要经济性状参数比较（表 2-9-32）。正常年（2016 年）和丰水年（2018 年）MR30~MR150 处理各经济现状均值较特大干旱年（2017 年）其株高、穗长、单株粒重、穗粒数和穗粒重分别平均增加 22.4 cm、3.7 cm、1.0 g、20.5 个和 1.1 g（表 2-9-32），依次分别株高增加 4.71%~36.36%、穗长增加 5.66%~62.26%、单株粒重增加 44.41%~200.40%、穗粒数增加 2.60%~100.7%和穗粒重增加 0.14%~1.53%。其中特大干旱年份（2017）的 MR60、MR90、MR120 和 MR150 处理区单株粒重较 MR0 增加 112.28%~200.40%，穗粒数增加 50%以上。

表 2-42 干旱胁迫下人工模拟补充降水对旱地春小麦主要经济现状构成影响（彭阳县）

处理		株高/cm	较MR0增加/%	穗长/cm	较MR0增加/%	单株粒重/g	较MR0增加/%	穗粒数/个	较MR0增加/%	穗粒重/g	较MR0增加/%
2016干旱年份	MR150	119.9	45.51	11.9	35.23	2.71	103.76	47.0	68.5	2.17	1.08
	MR90	104.4	26.70	12.0	36.36	2.22	66.92	48.9	75.3	1.82	0.74
	MR60	100.0	21.36	9.9	12.50	1.86	39.85	40.2	44.1	1.65	0.58
	MR30	92.3	12.01	9.4	6.82	1.58	18.80	35.7	28.0	1.42	0.36
	均值	104.2	26.4	10.8	22.7	2.1	57.3	43.0	54.0	1.8	0.7
	MR0	82.4		8.8		1.33		27.9		1.04	
	KWR	56.5		5.6		0.45		11.2		0.31	

续表

处理		株高/cm	较MR0增加/%	穗长/cm	较MR0增加/%	单株粒重/g	较MR0增加/%	穗粒数/个	较MR0增加/%	穗粒重/g	较MR0增加/%
2017特大干旱年份	MR150	91.9	48.71	8.6	62.26	1.38	200.40	30.5	100.7	1.04	1.53
	MR120	88.0	42.39	8.0	50.94	1.36	195.17	30.0	97.4	1.04	1.54
	MR90	79.4	28.48	6.6	24.53	1.16	152.87	25.7	69.1	0.78	0.89
	MR60	77.5	25.40	6.1	15.85	0.98	112.28	20.9	37.5	0.65	0.58
	MR30	67.2	8.76	5.6	5.66	0.66	44.41	15.6	2.6	0.47	0.14
	均值	80.8	30.7	7.0	31.8	1.1	141.0	24.5	61.5	0.8	0.9
	MR0	61.8		5.3		0.46		15.2		0.41	
	KWR	47.8		4.7		0.26		9.5		0.26	
2018丰水年份	MR150	104.7	26.0	11.7	46.3	2.47	40.3	60.7	75.9	2.29	67.2
	MR120	104.8	26.1	10.2	27.5	2.20	25.0	45.1	30.7	2.11	54.0
	MR90	100.5	20.9	10.2	27.5	2.15	22.2	44.7	29.6	1.98	44.5
	MR60	101.3	21.9	10.2	27.5	2.11	19.9	43.9	27.2	1.80	31.4
	MR30	99.5	19.7	10.4	30.0	1.98	12.5	41.4	20.0	1.59	16.1
	均值	102.2	22.9	10.5	31.8	2.2	24.0	47.2	36.7	2.0	42.6
	MR0	83.1		8.0		1.76		34.5		1.37	
	KWR	55.6		5.2		0.45		15.0		0.45	

续表

年份	株高/cm	穗长/cm	单株粒重/g	穗粒数/粒	穗粒重/g
2016	102.2	10.5	2.2	47.2	2.0
2018	104.2	10.8	2.1	43.0	1.8
均值	103.2	10.7	2.1	45.1	1.9
2017	80.8	7.0	1.1	24.5	0.8
较2017增加	22.4	3.7	1.0	20.5	1.1

参考文献

［1］ Allen RG,Pereira LS,Raes D,Smith M. Crop Evapotranspiration:Guidelines for Computing Crop Water Requirements. Rome:FAO,1998:21−21.

［2］ Arrouays,Pelissier.Changes in carbon storage in temperate humic loamy soils after forest clearing and continuous corn cropping in France.Plant and Soil,1994,160 (6):215−223.

［3］ BEGG JE,TURNER NC. Crop water deficits ［M］. Advances in Agronomy. Elsevier. 1976:161−217.

［4］ CARMINATI A,JAVAUX M. Soil hydraulic constraints on transpiration ［C］. Geophysical Research Abstracts. 2019,21.

［5］ Chanasyk DS,Naeth MA. Field measurement of soil moisture using neutron probes. Canadian Journal of Soil Science,1996,76(3):317−323.

［6］ Dobriyal P,Qureshi A,Badola R,Hussain SA. A review of the mcthods available for estimating soil moisture and its implications for water resource management. Journal of Hydrology,2012,458:110−117.

［7］ Franks PJ,Drake PL,Froend RH. Anisohydric but isohydrodynamic:Seasonally constant plant water potential gradient explained by a stomatal control mechanism incorporating variable plant hydraulic conductance. Plant,Cell and Environment, 2007,30:19−30.

［8］ HAYAT F,AHMED MA,ZAREBANADKOUKI M,CARMINATI A. Response of leaf xylem waterpotential to varying transpiration rates and soil drying in maize (Zea mays L) ［C］. Geophysical Research Abstracts,2019,21.

［9］ HE J,WANG QJ,LI HW,TULLBERG JN,MCHUGH AD,BAI YH,ZHANG XM,MCLAUGHLIN N & GAO HW. Soil physical properties and infiltration after

半干旱区农田生态系统
水循环与有机碳对干旱的响应 | Responses of Water Cycle and Organic Carbon in
Farmland Ecosystem to Drought in Semiarid Area

long-term no-tillage and ploughing on the Chinese Loess Plateau[J].New Zealand Journal of Crop and Horticultural Science,2009,Vol. 37:157-166.

[10] Hemmat A,EskandarI I. Conservation tillage practices for winter wheat -fallow farming on a clay loam soil (Calcisols) under temperate continental climate of northwestern Iran[J].Field Crops Research,2004,89(1):123-133.

[11] HSIAO TC,XU LK. Sensitivity of growth of roots versus leaves to water stress: biophysical analysis and relation to water transport [J]. Journal of Experimental Botany,2000,51(350):1595-1616.

[12] Hu Z,Tan M,Zhang K. Quantifying seasonal transpiration of winter wheat with different root length distributions [C]. Proceedings of the IOP Conference Series: Earth and Environmental Science,IOP Publishing,2019,371(5):052050.

[13] Joseph JL,Kristian JS. Water infiltration and storage affected by subsoiling and s ubsequent tillage[J]. Soil Science Society of America Journal,2003,67(3):859-866.

[14] KULKARNI M,SOOLANAYAKANAHALLY R,OGAWA S,Uga Y,Selvaraj M,Kagale S. Drought response in wheat:key genes and regulatory mechanisms controlling root system architecture and transpiration efficiency [J]. Frontiers in Chemistry,2017,5:106.

[15] Liu S,Li SG,Yu GR,Asanuma J,Sugita M,Zhang LM,Hu ZM,Wei YF. Seasonal and interannual variations in water vapor exchange and surface water balance over a grazed steppe in central Mongolia. Agricultural Water Management,2010,97(6): 857-864.

[16] Liu WZ,Zhang XC,Dang TH,Ouyang Z,Li Z,Wang J,Wang R,Gao CQ. Soil water dynamics and deep soil recharge in a record wet year in the southern Loess Plateau of China. Agricultural Water Management,2010,97(8):1133-1138.

[17] Massonnet C,Costes E,Rambal S,Dreyer E,Regnard JL. Stomatal regulation of photosynthesis in apple leaves:Evidence fordifferent water -use strategies between two cultivars. Annals of Botany,2007,100:1347-1356.

[18] MeyleS E,Andrew Williams,Les Ternan,John Dowd.Runoff generation in relation to soil moisture patterns in a small Dartmoor catchment,Southwest England. Hydrological Processes,2003,17(2):251-264.

[19] MORET D,ARR EJ,L PEZ M,GRACIA R. Influence of fallowing practices on

soil water and precipitation storage efficiency in semiarid Aragon （NE Spain）[J]. Agricultural Water Management,2006,82(1-2):161-176.

[20] Naor A,Klein I,Doron I. Stem water potential and apple size. Journal of the American Society for Horticultural Science,1995,120:577-582.

[21] Philip JR.Plant water relations:Some physical aspects.Annual Review of Plant Physiology,1966,17:245-268.

[22] PUANGBUT D,JOGLOY S,VORASOOT N,Akkasaeng C,Kesmala T,Rachaputi Rao CN,Wright GC,Patanothai A. Association of root dry weight and transpiration efficiency of peanut genotypes under early season drought [J]. Agricultural Water Management,2009,96(10):1460-1466.

[23] Rana G,Katerji N. Measurement and estimation of actual evapotranspiration in the field under Mediterranean climate:a review.European Journal of Agronomy, 2000,13(2/3):125-153.

[24] RASSE DP,SMUCKER AJ. Root recolonization of previous root channels in corn and alfalfa rotations[J]. Plant and Soil,1998,204(2):203-212.

[25] RODR GUEZ-GARC A R,DE RODR GUEZ DJ,GIL-MAR NJ,ANGULO-SANCHEZ JL,LIRA -SALDIVAR RH. Growth,stomatal resistance,and transpiration of Aloe vera under different soil water potentials [J]. Industrial Crops and Products,2007,25(2):123-128.

[26] Stafford JV. Remote.non-contact and in·situ measurement of soil moisture content: a review.Journal ofAgricultural Engineering Research,1988,41(3):151-172.

[27] Su ZY,Zhang JS,Wu WL,Cai D,Lv JJ,Jiang GH,Huang J,Gao J,Hartmann R, Gabriels D. Effects of conservation tillage practices on winter wheat water-use efficiency and crop yield on the Loess Plateau,China [J]. Agricultural Water Management,2007,87(3):307-314.

[28] TANAKA D,ANDERSON R. Soil water storage and precipitation storage efficiency of conservation tillage systems [J]. Journal of Soil and Water Conservation,1997,52 (5):363-367.

[29] Tarantino A,Ridley AM,T0ll DG. Field Measurement of Suction,Water Content, and Water Permeability.Revista De Neurologia,2008,26(6):751-782.

[30] Williams LE,Araujo FJ. Correlations among predawn leaf,midday leaf,and midday

stem water potential and their correlations with other measures of soil and plant water status in Vitis vinifera. Journal of the American Society for Horticultural Science,2002,127:448-454.

[31] 邓维斌,周玉敏,刘进,等. SPSS 23 统计分析实用教程(第二版)[M]. 北京:电子工业出版社,2018.1.

[32] 唐启义,冯明光. DPS 数据统计系统[M]. 北京:科学出版社,2007.

[33] 贾志宽,任小龙,李永平. 农田集雨保水关键技术研究[M]. 北京:科学出版社, 2011.1.

[34] 王立祥,李永平,廖允成. 宁南旱区种植结构优化与市场内能力提升[M]. 西安: 西北农林科技大学出版社,2009,10.

[35] 王立祥, 李永平, 许强. 中国粮食问题——宁夏粮食生产能力提升及战略储备 [M]. 银川:阳光出版社,2016,8.

[36] 肖国举,张强. 气候变化地球会改变什么[M]. 北京:气象出版社,2012,12.

[37] 包含,侯立柱,刘江涛,等. 室内模拟降雨条件下土壤水分入渗及再分布试验[J]. 农业工程学报,2011,27(7):70-75.

[38] 蔡立群,罗珠珠,张仁陟,等. 不同耕作措施对旱地农田土壤水分保持及入渗性能的影响研究[J]. 中国沙漠,2012,32(5):1362-1368.

[39] 蔡立群,齐鹏,张仁陟. 保护性耕作对麦—豆轮作条件下土壤团聚体组成及有机碳含量的影响[J]. 水土保持学报,2008,22(02):141-145.

[40] 陈洪松,邵明安,王克林. 黄土区深层土壤干燥化与土壤水分循环特征[J]. 生态学报,2005,25(10):2491-2498.

[41] 陈洪松,邵明安,王克林. 黄土区深层土壤干燥化与土壤水分循环特征[J]. 生态学报,2005,25(10):2491-2498.

[42] 陈新芳,居为民,陈镜明,等. 陆地生态系统碳水循环的相互作用及其模拟[J].生态学杂志,2009,28(8):1630-1639.

[43] 程科,李军,毛红玲. 不同轮耕模式对黄土高原旱作麦田土壤物理性状的影响 [J]. 中国农业科学,2013,46(18):3800-3808.

[44] 程立平,刘文兆,李志. 黄土塬区不同土地利用方式下深层土壤水分变化特征 [J].生态学报,2014,34(8):1975-1983.

[45] 樊廷录,李永平,李尚中,等. 旱作地膜玉米密植增产用水效应及土壤水分时空变化[J]. 中国农业科学,2016,49(19):3721-3732.

[46] 党宏忠,却晓娥,冯金超,等.土壤水分对黄土区苹果园土壤—植物—大气连续体(SPAC)中水势梯度的影响.应用生态学报,2020,31(3):829-836.

[47] 邓振镛,王强,张强,等.中国北方气候暖干化对粮食作物的影响及应对措施.生态学报,2010,30(22):6278-6288.

[48] 邓振镛,王强,张强,等.甘肃黄土高原旱作区土壤贮水量对春小麦水分生产力的影响[J].冰川冻土,2011,33(2):425-430.

[49] 邓振镛,张强,王强,等.黄土高原旱作区土壤贮水力和农田耗水量对冬小麦水分利用率的影响[J].生态学报,2010,30(14):3672-3678.

[50] 邓振镛,张强,王强,等.黄土高原旱塬区土壤贮水量对冬小麦产量的影响[J].生态学报,2011,31(18):5281-5290.

[51] 丁晋利,武继承,杨永辉,等.耕作方式转变对土壤蓄水保墒影响的RZWQM模型模拟[J].农业机械学报,2016,47(4):136-145.

[52] 付雯琪,翟家齐,赵勇,等.河套灌区种植结构变化对农田系统水量平衡的影响.灌溉排水学报,2017,36(1):1-8.

[53] 郭晓霞,刘景辉,张星杰,等.不同耕作方式对土壤水热变化的影响[J].中国土壤与肥料,2010(5):11-15,70;

[54] 韩晓阳,刘文兆,程立平.黄土塬区深剖面土壤水分垂直分布特征及其时间稳定性.应用生态学报,2017,28(2):430-438.

[55] 侯贤清,李荣,韩清芳,等.夏闲期不同耕作模式对土壤蓄水保墒效果及作物水分利用效率的影响[J].农业工程学报,2012,28(3):94-100.

[56] 黄昌勇.2000.土壤学[M].北京:中国农业出版社.

[57] 黄高宝,郭清毅,张仁陟,等.保护性耕作条件下旱地农田麦-豆双处理轮作体系的水分动态及产量效应[J].生态学报,2006,26(4):1176-1185.

[58] 贾建英,赵俊芳,万信,等.黄土高原不同降水区休闲期土壤贮水效率及其对冬小麦水分利用的影响.生态学报,2017,37(17):5704-5712.

[59] 路海东,贾志宽,杨宝平,等.宁南旱区坡地不同粮草间作模式下产量和土壤水分利用效应[J].草地学报,2010,18(2)242-246.

[60] 李永平,贾志宽,刘世新,等.旱作农田微集水种植产流蓄墒扩渗特征研究[J].干旱地区农业研究,2006,20(2).

[61] 姚玉璧,杨金虎,肖国举,等.气候变暖对西北雨养农业及农业生态影响研究进展[J].生态学杂志,2018(7):2170-2179.

半干旱区农田生态系统
水循环与有机碳对干旱的响应 ‖ Responses of Water Cycle and Organic Carbon in
Farmland Ecosystem to Drought in Semiarid Area

[62] 雷金银,吴发启,王健,等.保护性耕作对土壤物理特性及玉米产量的影响[J].
农业工程学报,2008,24(10):40-45.

[63] 李凤民,赵松岭,段舜山,等.黄土高原半干旱区春小麦农田有限灌溉对策初探.
应用生态学报,1995,6(3):259-264.

[64] 李国臣.植物水运移机理分析与温室作物水分亏缺诊断方法的研究[J].吉林大
学学报,2005.

[65] 李友军,黄明,吴金芝,等.不同耕作方式对豫西旱耕地水肥利用与流失的影响
[J].水土保持学报,2006,20(2):42-45.

[66] 李永平,刘世新,贾志宽,等.垄沟集水种植对土壤有效蓄水量及谷子生长、光合
特征的影响[J].西北农林科技大学学报,2007,35(1):163-167.

[67] 李玉山.苜蓿生产力动态及其水分生态环境效应.土壤学报,2002,39(3):404-411.

[68] 李永平,刘世新,贾志宽,等.宁夏半干旱偏旱区旱地引进苜蓿品种适应性及生
态耗水状况[J].西北农业学报,2009,18(1):128-132.

[69] 李中阳,吕谋超,樊向阳,等.不同类型保水剂对冬小麦水分利用效率和根系形
态的影响[J].应用生态学报,2015,26(12):3753-3758.

[70] 刘昌明,张喜英,胡春胜.SPAC界面水分通量调控理论及其在农业节水中的应
用[J].北京师范大学学报:自然科学版,2009,45(5-6):446-451.

[71] 刘二华,周广胜,周莉,等.夏玉米不同生育期叶片和冠层含水量的遥感反演[J].
应用气象学报,2020,31(1):52-62.

[72] 刘文兆.旱地作物雨水利用效率统一性表达式的构造及其意义[J].水土保持学
报,1997,3(2):62-66.

[73] 罗珠珠,黄高宝,张国盛.保护性耕作对黄土高原旱地表土容重和水分入渗的影
响[J].2005,23(4):7-11.

[74] 秦红灵,高旺盛,马月存,等.两年免耕后深松对土壤水分的影响[J].中国农业科
学,2008,41(1):78-85.

[75] 李永平,贾志宽,刘世新,等.起垄覆膜集水技术对苜蓿土壤水分状况的影响[J].
西北农业学报,2008,17(6):237-241.

[76] 山仑.植物水分利用效率和半干旱地区农业用水[J].植物生理学通讯,1994,30
(1):61-66.

[77] 刘沛松,贾志宽,李军,等.宁南旱区不同草粮轮作方式中前茬对春小麦产量和
土壤性状的影响[J].水土保持学报,2008,22(5).

[78] 尚金霞,李军,贾志宽,等. 渭北旱塬春玉米田保护性耕作蓄水保墒效果与增产增收效应[J]. 中国农业科学,2010,43(13):2668-2678.

[79] 刘沛松,贾志宽,李军,等. 宁南旱区草粮轮作系统中紫花苜蓿适宜利用年限研究[J]. 草业学报,2008,17(3):31-39.

[80] 邵明安,陈志雄. SPAC 中的水分运动[J]. 中国科学院水利部西北水土保持研究所集刊(SPAC 中水分运行与模拟研究专集),1991(1):3-12.

[81] 邵明安,杨文治,李玉山. 黄土区土壤水分有效性研究[J]. 水利学报,1987,32(8):38-44.

[82] 孙海龙. 浅地下水埋深条件下沙质人工草地 SPAC 水分运移与消耗研究[D]. 内蒙古农业大学,2008.

[83] 王军,傅伯杰,邱扬,等. 黄土丘陵小流域土壤水分的时空变异特征——半变异函数[J]. 地理学报,2000,4:428-438.

[84] 王云强,邵明安,刘志鹏. 黄土高原区域尺度土壤水分空间变异性. 水科学进展[J]. 2012,23(3):310-316.

[85] 谢贤群. 我国北方地区农业生态系统水分运行及区域分异规律研究的内涵和研究进展. 地球科学进展,2003,18(3):440-446.

[86] 张德奇,廖允成,贾志宽,等. 宁南旱区谷子地膜覆盖的土壤水温效应[J]. 中国农业科学,2005,38(10):2069-2075

[87] 谢贤群. 农田生态系统水分循环与作物水分关系研究 [J]. 中国生态农业学报,2001,9(1):9-12.

[88] 阳伏林,张强,王文玉,等. 黄土高原春小麦农田蒸散及其影响因素[J]. 生态学报,2014,34(9):2323-2328.

[89] 阳园燕,郭安红,安顺清,等. 土壤—植物—大气连续体(SPAC)系统中植物根系吸水模型研究进展[J]. 气象科技,2004,32(5):316-321.

[90] 杨大文,丛振涛,尚松浩,等. 从土壤水动力学到生态水文学的发展与展望[J]. 水利学报,2016,47(3):390-397.

[91] 杨启良,张富仓,刘小刚,等. 植物水分传输过程中的调控机制研究进展. 生态学报,2011,31(15):4427-4436.

[92] 余海英,彭文英,马秀,等. 免耕对北方旱作玉米土壤水分及物理性质的影响[J]. 应用生态学报,2011,22(1):99-104.

[93] 岳宏昌,王玉,李缠云,等. 黄土丘陵区土壤水分垂直分布研究[J]. 水土保持通

半干旱区农田生态系统
水循环与有机碳对干旱的响应 ▎Responses of Water Cycle and Organic Carbon in
Farmland Ecosystem to Drought in Semiarid Area

报,2009,29(1):66-82.

[94] 张海林,陈阜,秦耀东,等.覆盖免耕夏玉米耗水特性的研究[J].农业工程学报,
2002,18(2):36-40.

[95] 张金萍,裴源生,郭兵托,等.种植结构调整对区域水循环的影响分析[J].干旱
区地理,2011,34(1):26-33.

[96] 张敬晓,汪星,汪有科,等.黄土丘陵区林地干化土壤降雨入渗及水分迁移规律.
水土保持学报,2017,31(3):231-238.

[97] 张静,王力,韩雪,等.黄土塬区农田蒸散的变化特征及主控因素[J].土壤学报,
2016,53(6):1421-1432.

[98] 赵平.整树水力导度协同冠层气孔导度调节森林蒸腾.生态学报,2011,31(4):
1164-1173.

[99] 郑洪兵,刘武仁,罗洋,等.耕作方式对农田土壤水分变化特征及水分利用效率
的影响[J].水土保持学报,2018,32(3):264-270.

[100]庄季屏.土壤—植物—大气连续体系中的水分运转[J].干旱区研究,1986(3):
5-16.

[101]雷志栋,杨诗秀,谢森传.土壤水动力学[M].北京:清华大学出版社,1988.

[102]李军,陈兵,李小芳,等.黄土高原不同干旱类型区苜蓿草地深层土壤干燥化效应
[J].生态学报,2007,27(1):76-82.

[103]孙剑,李军,王美艳,等.黄土高原半干旱偏旱区苜蓿——粮食轮作土壤水分恢复
效应[J].农业工程学报,2009,25(6):33-37.

下篇

农田土壤——植物生态系统有机碳迁移规律与贮存潜力

半干旱区农田生态系统
水循环与有机碳对干旱的响应 | Responses of Water Cycle and Organic Carbon in
Farmland Ecosystem to Drought in Semiarid Area

摘要：农田生态系统作为陆地生态系统的重要组成部分,具有固碳周期短、蓄积量大的特点,是全球碳库中最活跃的部分,其含量的轻微变化可能引发大气 CO_2 的强烈变化。为明确半干旱区农田生态系统固碳潜力及其与增产的协同效应,本研究于 2017—2019 年在固原半干旱区彭阳县国家旱作农业试验区采用农田生态系统调查取样的研究方法,在地膜玉米和马铃薯成熟期进行整株取样,开展农田生态系统有机碳迁移及固碳潜力研究。(1)调查区域地膜玉米耕层土壤有机碳为 8.20 ± 4.77 g/kg,其中 14.29% 处于极度缺乏水平,80.00% 处于缺乏水平,5.71% 处于中等偏下水平。马铃薯土壤有机碳含量为 8.95 ± 4.02 g/kg,8.82% 属于极度缺乏水平,88.24% 属于缺乏水平,2.94% 属于中等偏下水平;(2)耕层土壤有机碳含量小于 13.00 g/kg 时,地膜玉米和马铃薯各个器官有机碳含量的增加与耕层土壤有机碳含量的增加呈正相关性。但超过这个阈值后,植株有机碳含量积累速度逐渐趋于平稳;(3)地膜玉米耕层土壤有机碳含量 3.00~13.00 g/kg,土壤有机碳含量每增加 1 g/kg,地膜玉米增产 0.27%~48.20%;马铃薯耕层土壤有机碳 4.00~13.00 g/kg,土壤有机碳含量每增加 1 g/kg,增产 2.53%~31.98%。但超出一定阈值,作物增产逐渐趋于平稳趋势;(4)地膜玉米(根、茎、叶)平均有机碳含量 250~500 g/kg 时,有机碳含量每增加 50 g/kg,实际产量增加 5.97%~211.26%。马铃薯(茎、叶)平均有机碳含量 250~400 g/kg 时,有机碳含量每增加 50 g/kg,每株薯块减少 0.28~1.56 块,每块薯重增加 19.89~28.20 g。植株有机碳含量超过 450.00 g/kg 后,每块薯重趋于减少趋势;(5)从农田生态系统有机碳含量对地膜玉米和马铃薯品质指标的影响来看,有机碳含量的增加与作物品质指标中有机碳、全氮、全磷、蛋白质、淀粉、脂肪、干物质、维生素C、可溶性糖等含量的增加呈显著正相关;(6)地膜玉米和马铃薯耕层土壤有机碳密度分别为 1.44、1.47 kg/m²。地膜玉米耕层土壤有机碳储量为 1.29×10^7 g,马铃薯耕层土壤有机碳储量为 1.06×10^7 g。因此半干旱地区农田生态系统固碳潜力巨大。

第十章　农田生态系统土壤与植物有机碳时空变化

第一节　研究区概况及试验方法

一、研究区概况

研究基地设在宁夏固原市彭阳县城阳乡长城塬村,草庙乡米塬村为试验区,位于宁夏回族自治区南部六盘山地区,地处东经 106°32′~105°19′和北纬 35°41′~36°17′ 之间,位于黄土高原西部,宁夏南部黄土丘陵区,海拔 1 700 m。

（一）气候特点

固原属于典型的温带大陆半干旱性季风气候,冬季寒冷漫长、春季气温多变、夏季短暂凉爽、秋季降温迅速,昼夜温差大,灾害性天气多,区域降水差异明显等特征。半个世纪以来,年均温在 6.30~10.20℃之间,多年平均气温 7.90℃,年降雨量在 282.10~765.70 mm 之间,多年平均降水量 450 mm,平均无霜期 125 天。

（二）土壤特点

固原半干旱区土壤为黄土高原黄绵土,土层深厚,耕性良好。受自然和人为因素影响,腐殖质含量较高,土壤分化不明显。在土壤全效养分中,有机碳、全氮、全磷含量分别介于 3.00~13.00 g/kg、0.60~1.60 g/kg、0.40~1.00 g/kg 之间。根据土壤有机质及大量元素养分含量分级,调查区域有机碳平均含量处于五级,属于缺乏水平;全氮平均含量处于四级,属于中下水平;全磷平均含量处于三级,属于中上水平。耕层土壤速效养分中,速效氮、速效磷、速效钾含量分别介于 24.54~55.44 g/kg、1.50~11.75 g/kg、101.80~262.95 g/kg 之间。pH 值、全盐分别介于 7.30~8.15、0.36%~0.37%之间。

(三)作物种植

固原半干旱区属于典型的半干旱雨养农业区,主要种植春小麦、地膜玉米、马铃薯等一熟制作物。固原半干旱区土壤环境、气候、生态环境与马铃薯原产地南美安第斯山较为相似,对马铃薯的生长发育较为有利,是中国四大马铃薯产地之一,马铃薯为当地传统农耕方式属不覆膜种植。当地典型作物地膜玉米是当地农民为了克服恶劣的自然环境,利用塑料薄膜,依赖自然降水创造的一种旱田保护性耕作方式。覆膜具有增温蓄热保墒效果,能够显著改善耕层土壤的水热条件,有效弥补当地露天耕作水分、积温不足,养分吸收利用率低下的缺点。尤其在出苗至拔节期和灌浆中后期,覆膜显著增加作物根系量,提高叶片光合速率和籽粒的灌浆速率,有效延长灌浆时间,增加光合同化物向籽粒的输入,提高干物质积累数量。为开发土地潜力,提高作物产量,在政府的大力支持下,地膜覆盖在当地得到普遍推广,是我国地膜玉米主要种植区域之一。

二、试验材料与方法

(一)试验样品采集

样点布设采用联合单元布点法,结合西北半干旱区固原地区地膜玉米和马铃薯的空间分布图和自然地理条件,依据综合性、均衡性、可对照性等农田生态系统调查的基本原则展开。考虑固原半干旱区土地利用类型、地形地貌、土壤类型等因素,本研究于 2017—2019 年作物收获期,采用农田生态系统调查取样的研究方法,在彭阳县白阳镇、城阳乡和草庙乡,用 GPS 按照梅花型网格确定采样点,每个采样点面积控制在 1 m×1 m 范围内,用内径 5 cm 的土钻人工采集耕层土壤(0~20 cm),各样方(1 m×1 m)选取 5 个点,去除土壤样品中的砾石、动植物残体等杂质,充分均匀混合为一个土样,并将采集好的土样依次放入铝盒(≥30 g)和自封袋(≥200 g)中,做好标记,分别用于土壤水分、有机碳、全氮等理化指标的测定。在每个土壤样品采集点,人工收获对应样点地膜玉米,马铃薯根、茎、叶等各器官。2017—2019 年,地膜玉米每年分别取样 37、33、35 个,3 年共105 个样品;马铃薯每年分别取样 35、31、34 个,3 年共 100 个样品。3 年取样采集点彼此是独立的,样品间观测值也独立的。

(二)供试品种及田间管理

本研究地膜玉米选择紧凑型耐密高产"先玉 335"为供试材料,采用机覆全膜双垄等距种植方式播种春玉米,覆膜宽为 1.10 m,玉米种植行距55.00 cm,密度 6.75 万株/hm²。2016 年起,调查区域 3 年连作地膜玉米,春季结合机耕犁地或旋耕整地,分别基施农家肥和磷酸二铵 52.50 t/hm²、200.00 kg/hm²。大喇叭口追施商品肥料、磷酸二铵各 225.00 kg/hm²。

马铃薯以晚熟品种"青薯 9 号"为供试材料,行距 40.00~45.00 cm,种植密度为 5.25 万株/hm²。2016 年起,调查区域 3 年连作马铃薯。春季结合机耕犁地或旋耕整地,基施农家肥 45.50 t/hm²,生育期只培土不施肥,旱地无灌溉(表 3-10-1)。

表 3-10-1　不同作物施肥及秸秆还田量(kg/hm²)

地膜玉米					马铃薯				
基施肥量		追施肥量		品种	基施肥量		追施肥量		品种
农家肥	磷酸二铵	磷酸二铵	尿素	先玉335	农家肥	磷酸二铵	磷酸二铵	尿素	青薯9号
52 500	300	225	225	/	45 500	0	0	0	/

注:总氮含量≥46.00%,磷酸二铵总氮含量≥18.40%。

(三)作物产量与样品理化指标测定

1. 作物产量测定

人工收获地膜玉米,在同一个采样点内重复选样 5 次,样方面积1.00 m²,统计样方内玉米棒数;每个样方内随机选取 5 株玉米用于穗粒

半干旱区农田生态系统
水循环与有机碳对干旱的响应 | Responses of Water Cycle and Organic Carbon in
Farmland Ecosystem to Drought in Semiarid Area

数的统计;最后将样方内所有玉米风干、脱粒,实打实收,统计产量组成以及实际产量,重复 5 次,取平均值。

马铃薯收获时,在同一个采样点内重复 5 次,统计样方内马铃薯的块数;每个样方内随机选取用 5 株马铃薯用于块数的统计;最后将样方内所有马铃薯风干,统计产量组成及实际产量,重复 5 次,取平均值。

2. 样品理化指标测定

用 pH 计实地检测土壤酸碱度。将当天采集的铝盒样品带回实验室,分别混合地膜玉米和马铃薯耕层土壤样品后,采用标准烘干法测定土壤容重和含水量,并做好记录。用自封袋将所采样品带回实验室,剔除杂草和砾石,自然风干后,取 10.00 g 土样,用 MS-3000 激光粒度仪-马尔文法测定土壤粒径组成。

作物根、茎、叶、果实检测有机碳、全氮、全磷等指标。有机碳采用重铬酸钾氧化-外加热法;全氮采用 H_2SO_4-H_2O_2 消煮,奈氏比色法;全磷采用 H_2SO_4-H_2O_2 消煮,钒钼黄比色法。

(四)数据分析

本研究采用经典统计学相关理论,数据处理与绘图在 Microsoft Excel 2010 中完成,数据显著性用 SPSS 22.0 分析。分析之前,采用 K-S test 进行正态分布检验, 表明调查数据均符合正态分布。采用 SPSS 19.0 选择 One-Way ANOVA 进行单因素方差分析, 采用 Pearson 法进行变量间相关性分析,采用最小显著性差异法 LSD(least significant difference test)进行多重比较。后续采用处理过的数据进行分析计算,图表中数据为平均值±标准误差。

第二节　农田生态系统有机碳的主要影响因素

一、自然因素

农田生态系统有机碳是多因素共同作用的结果。温度通过净初级生产力（NPP）、氮素矿化、微生物等影响有机碳储量。温度升高，作物的有效生育期延长，作物净初级生产力增加，提高了耕层土壤碳汇水平。另外，温度过高，加速微生物繁殖，有机碳的分解速率加快，土壤成为大气碳源。而超出一定的阈值，有机碳对温度的敏感性显著下降。

降水格局影响作物净初级生产水平和微生物的分解速率。降水量影响作物凋落物水平和潜在土壤碳含量水平。降水充足，厌氧环境下，原有腐殖质保存于土壤中，外源有机残体在水分作用下，易于腐烂分解并保存于土壤。一定阈值内，降水量和作物净初级生产水平呈正相关性。但是，一些研究表明，不同生态系统中有机碳的积累对降水的敏感性差异显著。降水较多的年份或者湿润的生态系统，水含量过多抑制土壤呼吸；而干旱地区或者降水较少的季节，降水强烈激发土壤呼吸，提高生态系统有机碳的分解速率，以 CO_2 的形式返回至大气，成为大气碳源。

大气温度和 CO_2 浓度升高，一定程度上刺激植物光合作用，施肥效应与抗蒸腾效应增强，促进植物净初级生产力的提高，改变植物残体和根系分泌物归还量，生态系统的潜在不稳定碳含量增加。同时，土壤环境的改变，加速微生物对木质素等碳组分的分解，影响有机碳的输入、分配、稳定等过程。

氮素是作物生长发育所必需的营养元素，碳氮比较高的土壤，在分解初期为了满足微生物对氮素的需求，从土壤中吸收矿质氮，与植物竞争养分，影响归还到土壤中作物凋落物数量。土壤 pH 值通过影响微生物活性而影响有机碳含量水平。速效养分是作物生长的直接营养来源，通过影响作物净初级生产水平而影响土壤碳含量的多少。另外，母质、地形、海拔等因素对耕层土壤有机碳也存在明显影响。

二、人为因素

人类活动在一定程度上超过了自然因素对生态环境的影响，生态环境的固碳潜力与耕作方式、作物类型等相关。增强农田土壤的碳汇功能可以从增加有机碳的输入和减少矿化两方面入手。有研究表明，单施氮肥一定程度上加速土壤有机碳的分解。合理配施化肥和有机肥,提高水稻生物量,增加稻茬和根系的自然还田量,降低有机碳分解速率。

自然状态下,土壤有机碳主要受作物影响。不同类型作物的根系分布、凋落物差异显著,灰分、蛋白质等碳水化合物比例构成不同,因而返还至土壤中植物残体的数量、分解速率、储存时间差异显著。研究表明,豆科作物与根瘤菌共生具有较强的固氮效果,而氮的增加有助于有机碳的积累,因而豆科作物根部有机碳含量显著高于其他作物类型。谷物根系细密,能够有效吸收耕层土壤水分,且分解较快,有效提高作物与土壤的碳循环。

DAYCENT 模型预测发现,在施用化肥的情况下,增加秸秆直接或者间接还田,可保护土壤细小颗粒不被风蚀,土壤中微生物和水溶性有机碳含量将持续增加,在未来气候变化情境下(RCP4.5),土壤有机碳含量先快速上升,后趋于平缓,且与秸秆还田量呈正相关。秸秆还田 50%~90%,土壤碳储量增加 0.83%~1.74%,作物生物量的 90%还田配施 50%以上的有机肥,将逆转东北有机碳下降的趋势,转为碳汇。长期厌氧环境下,甲烷菌等厌氧微生物活性加强,导致甲烷排放加剧。秸秆配合促腐剂处理的土壤微生物量碳、磷最高, 分别比单施化肥增加了 46.32%和94.09%。冬季种植绿肥、稻草和厩肥还田增加有机质的自然还田量,有效提高土壤固碳潜力。有研究表明,氧化铁提高稻田土壤碳含量,并且固碳量与氮素利用率存在明显的碳—氮耦合关系, 预计到 2050 年东北地区土壤有机碳将提高 11.88%~12.92%。持续增施有机肥 40 年后,西北地区耕层土壤有机碳含量比初始值提高了 90.29%~113.80%不等, 不施肥和仅施化肥土壤有机碳含量也有所增加,这可能是由于作物根茬归还所致。

耕作方式对农田土壤有机碳的影响更为明显。短时期内翻耕的固碳效果高于少耕和免耕,而长期翻耕增加土壤表面积,促使土壤不断处于干湿、冻融交替状态,破坏表土结构,进一步加速土壤团聚体间有机物的分解。长期保护性耕作，土壤保墒效果增强，团聚体间的碳趋于稳定，有效降低 CO_2 释放，显著提高耕层土壤碳含量。但也有研究表明，华北麦-玉两熟区广泛采用的旋耕技术，较免耕和少耕对土壤有机碳的积累较低，不利于土壤碳储量的长期积累。

农田生态系统巨大的碳储量是自然和人为因素长期以来共同作用的结果。有机碳迁移和固碳潜力的动态变化，一方面反映了农业可持续发展水平，另一方面对减缓温室气体排放，实现高效低耗低碳农业具有重要科学和现实意义。

第三节　农田生态系统有机碳对气候环境的影响

一、农田温室气体排放及有机碳储量

自工业革命以来，由人类活动引发的大气中 CO_2、O_3 等温室气体直接释放和再释放强度进一步在全球范围内上升，以致大气温室效应不断增强。国际社会越来越关注陆地生态系统碳库及其对全球气候变化的影响。2014 年，政府间气候变化专门委员会第五次评估报告研究指出：大气中 CO_2 浓度已升至过去 80 万年以来的最高水平。农田生态系统是陆地生态系统的重要组成部分，也是碳循环的重要环节。目前，大多数研究主要集中在森林和草地土壤碳储量及其影响因素方面。在全球气候变化背景下，系统分析农田碳迁移能力与作物生产水平之间的协同效应，不仅反映了土壤肥力状况和耕地的可持续利用性，而且为判断未来农田生态系统汇源效应、提高农田生态系统有机碳收集能力以及缓解温室气体排放提供科学依据。《巴黎协定》的签署反映了各国政府应对气候变化的信心和决心，我国政府自 2016 年加入《巴黎气候变化协定》以来，主动履行《巴黎协定》的承诺，积极减少温室气体排放，同时呼吁国际社会的积极参与。

固原半干旱区农田生态系统有机碳的研究表明，这一地区土壤有机碳储量较低，具有较强的固碳潜力。但相关研究主要集中在植被恢复状态

下的森林和草地土壤碳密度、碳储量、时空分布特征等方面。通过对宁南山区 5 种退耕模式研究发现,浅层土壤(0~20 cm)的固碳能力极显著高于其他分层,且随土层深度加深呈现递减趋势。研究表明,植被恢复工程对于增强土壤和作物有机碳含量具有积极的正效应,极大提高态系统有机碳含量。因此,近年来,利用农田生态系统固碳成为众多学者研究的热点,但对西北半干旱区农田生态系统有机碳储量、影响因素以及碳循环的研究相对较为欠缺,亟待解决。

碳是自然界中与人类生存发展最为密切的物质之一。据估算全球土壤有机碳介于 1 395 Gt 至 2 200 Gt 之间(1 Gt=10^{15}g),是陆地植被碳库(500~600 Gt)的 2~3 倍,是大气碳库(750 Gt)的 2 倍多。我国东北地区土壤有机碳密度为 2.5~73.3 kgc·m²,在 232 万 km² 中土壤有机碳总储量为 24.4 Gt,我国东南热带地区 94.3 万 km² 土壤中 0~100 cm 的有机碳储量为 9.35 Gt。全球超过 80%的碳存储于土壤,其极小幅度的变动都会对温室气体排放及地表生态系统碳平衡产生重大影响。农田生态系统是陆地生态系统的重要组成部分,也是碳循环的重要环节,具有固碳周期短、蓄积量大的特点,是较短时间内人类干扰最频繁,受人类活动影响最大、最活跃的有机碳库。农田耕作是人类对耕层土壤最大规模的生产活动,陆地表层超过 10%的土地用于农业耕种,这种巨大的干扰为减少人类向大气中的碳排放提供了潜在机制。农田生态系统有机碳储量和组成状况直接决定了耕层土壤有机碳水平和农田的可持续利用性,是发挥农田生态系统碳收集能力的有效途径。因此合理提高农田生态系统碳储量和固碳潜力对保证国家粮食安全,以及缓解全球气候变化具有重大战略意义。

量化分析农田生态系统有机碳储量及其对作物生产和固碳潜力的影响机理,对合理培肥、提高土壤养分利用以及生态系统固碳减排具有重要指导意义。为实现生态系统固碳和可持续发展,我们就必须对有机碳迁移及固碳潜力有一个清晰的认识,并进行客观评价。我国半干旱区是受全球变暖影响最大的地区之一,干旱少雨以及大气 CO_2 含量升高显著影响区域农业的可持续发展。农田生态系统碳储量的多少、时空分布状况对农业可持续发展及固碳能力的提升具有重要影响。碳储量增加,能够显著提高耕地可持续利用性,有效减少大气中 CO_2 含量,被认为是缓解温室效应最为经济有效且生态友好的途径,是世界各国政府和学者关注的焦点。

二、农田生态系统有机碳迁移规律及环境效应

半个世纪以来,我国农业发展一直面临保障粮食安全和减缓温室气体排放的双重任务。从生态系统有机碳的储量来说,中国的农田生态系统是一个较脆弱的生态系统。这主要是因为我国农业历史悠久且经营方式落后,高强度农业消耗导致耕层土壤碳库损失明显,人地矛盾尖锐,对环境产生了一定的负效应。这就要求我们必须合理施肥,在提高作物生产水平的同时,必须不断增加生态系统碳汇潜力。近年来,随着气候变化,以及人类耕作措施不断改进,作物生产水平和固碳潜力发生显著变化。农田生态系统作为一种特殊的固碳系统,是对气候变化的综合响应。

土壤碳氮是作物生长不可或缺的物质基础,合理增加土壤碳氮含量不仅可以补充土壤养分,培肥地力,改善土壤结构,而且对作物生产水平的提高有显著影响。近年来,人类工农业生产发展释放出大量 CO_2,对生态安全和全球环境产生严重威胁。农田生态系统有机碳库的变化受多种因素影响,其中人为因素影响最为显著。长期以来,关于半干旱区农田生态系统有机碳固定与作物生产方面的研究相对不足,尤其是作物有机碳含量与生产协同效应的研究较为欠缺。本文研究发现,在固原半干旱区农业生产中,凭借经验法施肥的居多,存在一定的盲目性,与精准农业的发展要求存在差距,一定程度上限制了作物生产水平和生态系统碳含量的提高。因此,研究农田生态系统有机碳迁移和固碳潜力,明确微量元素的需求规律可以为作物精准施肥提供理论依据,对实现西北地区作物的优质、高效生产,探索区域农田可持续利用性,增加农田生态系统碳汇潜力具有重要意义。

农田生态系统是人工建立的以作物为中心,由动植物和微生物等要

半干旱区农田生态系统
水循环与有机碳对干旱的响应 | Responses of Water Cycle and Organic Carbon in
Farmland Ecosystem to Drought in Semiarid Area

素构成，是生态系统中物质能量交换及其相互作用构成的一个主要亚系统。土壤有机碳主要来源于植物群落，通过分解植物根系和残枝落叶等将光合作用的碳归还至土壤。对农田生态系统碳循环的研究，多集中在农田土壤有机碳含量，及其影响因素的变化。研究表明，利用农田生态系统固碳是实现环境友好和经济增长的唯一双赢战略。对于农田生态系统有机碳的研究，国外开始于 20 世纪 50 年代，分别利用土壤坡面和土壤分布图，估算出全球土壤有机碳储量在 710~2 946 Pg 之间。国内关于土壤碳库的研究是从上世纪 80 年代开始的，多采用国外已经研发的数学模型模拟展开。根据不同的资源环境数据库和全国土壤普查资料，估算出中国土壤有机碳储量在 80~120 Pg 之间，农田土壤有机碳约为 5.1 Pg。研究表明，中国土壤有机碳密度分别低于欧洲国家的 50% 和世界平均水平的30%。

研究表明，植物固碳对减缓区域温室效应发挥着不可估量的作用，但是对农田生态系统碳循环的研究较为欠缺。国内外对农田生态系统有机碳的研究主要集中在土壤储碳量及影响因素方面，而关于有机碳迁移规律和固碳潜力的研究明显不足。研究表明，作物栽培是维持或提高土壤有机碳的基础，土壤固碳与作物根茬有机碳输入量之间呈显著线性关系。人类的频繁干扰，进一步加剧了农田生态系统研究的难度。大部分关于土壤有机碳与作物产量协同效应的研究均未能将环境因素剔除。因此，如何有效控制外界因素，独立分析不同土壤有机碳含量下作物产量的变化趋势，是研究土壤有机碳与作物产量协同效应的关键。基于此，本文对固原半干旱区农田生态系统有机碳迁移规律和固碳潜力进行系统分析，以期为半干旱区农田生态系统有机碳固碳潜力提供数据支持。

三、农田生态系统固碳潜力及利用

西北半干旱区是我国生态环境最为脆弱、受气候变化影响最为显著的地区之一，也是我国碳储量变化最敏感的地区之一。关于我国西北旱区农田生态系统有机碳储量及影响因素的研究多集中在新疆荒漠绿洲地区在研究新疆灰漠土时发现，长期不施肥或单施化肥，土壤碳含量显著下降，而合理配施化肥和有机肥有效提高土壤碳含量。王渊刚等研究表明，草地开垦为耕地，合理的水土开发有效提高新疆碳储量。免耕极大提升机械稳定性团聚体和水稳性团聚体。黄土高原地表土质疏松，修建梯田后有效减缓水土流失，作物生物量增加，秸秆还田有效增加土壤有机碳含量。荒漠、草原开垦为耕地之后，土壤有机碳含量呈逐年增加趋势。这主要是因为大陆内部，受有效降水限制，地表作物稀疏。荒漠开垦为耕地以后，净初级生产水平提高，生态系统有机碳含量明显增加。

农田生态系统受强烈人为干扰，不断影响生态系统碳平衡。长期观测资料显示，土壤对碳的固持不是无限度增加的，而是存在一个最大阈值，在一定气候、母质条件下，如果耕作方式不变，生态系统碳储量逐渐趋于饱和。原始有机碳含量越低，土壤有机碳积累速率越快，而距离饱和水平越近，土壤对碳的保持速率开始下降。

农田生态系统中有机碳主要存储于农作物和耕层土壤中。生态系统固碳潜力不仅影响作物生产，而且对区域乃至全球环境产生重要影响。作物碳同化是耕层土壤有机碳主要来源于，因此，合理增强作物碳输入是农田生态系统固碳潜力增加的主要来源。不同施氮量显著影响作物净初级生产力，从而影响进入农田生态系统有机碳的数量。作为全球碳循环的主要组成部分之一，农田生态系统碳含量的轻微变化都会对碳循环产生重要影响。

四、农田生态系统有机碳循环及展望

近年来，国内对农田生态系统碳的研究主要集中在耕层土壤碳储量及其影响因素方面，关于作物碳储量的研究相对较少。农田作物作为耕层土壤碳的主要来源，且最具有增长潜力的碳库，对作物碳储量应分时段和区域进行系统量化，清楚认识其汇源效应。

半个世纪以来，我国农田土壤碳含量呈整体增加趋势，但由于我国地域辽阔，气候类型多样，土地利用以及研究方法不同，有机碳含量空间差

异性显著等,通过模拟研究估算出,我国农田生态系统有机碳储量大约增加了 311~401 Tg,其中东部地区土壤碳和植物碳减少,凋落物碳增加,而西部地区,这三者都是增加的,区域上表现为华北、西北、华东显著增长,东北、西南和华南呈不明显增长趋势。西北半干旱区是我国生态环境最为脆弱、受全球气候变化最为明显的地区之一。农田生态恢复问题不仅影响农田的可持续利用性,储碳和固碳能力的变化影响温室气体排放量,是减缓全球气候变暖的重要途径之一。

第四节　农田生态系统土壤有机碳时空变化

固原是典型的气候变化敏感区。半个世纪以来,降水明显减少,气温显著升高,暖干化趋势明显,干旱、贫瘠成为影响区域农业可持续发展的主要因素。固原半干旱区分布有大面积的黄绵土,是我国地膜玉米、马铃薯的主要产区之一。近年来,伴随气候变化和土地利用强度变化,土壤有机碳含量呈现较大波动。土壤贫瘠现象的产生导致作物产量波动加剧,粮食安全问题凸显,有机质含量不足,土壤固碳潜力下降,影响区域粮食安全和碳循环过程。土壤母质是影响农田土壤理化性质的自然因素之一,而不同作物以及人类耕作措施的不同, 对耕层土壤理化性质的影响更为显著。尽管中国目前关于不同区域和不同耕作方式下土壤质量与作物生产的关系已有一些研究,但由于模型的适用性不强,或者试验资料不足,在深度和广度上与国外研究还存在一定差距, 目前还不能完全满足国家需求。因此,本文以宁夏南部半干旱区地膜玉米和马铃薯两种典型作物为研究对象,通过对两种作物耕层土壤理化性质的分析研究,揭示半干旱区不同作物耕层土壤养分特征,为宁夏南部半干旱区耕层土壤养分含量、作物生产水平以及农田生态系统固碳潜力的有效提高提供数据支持。

有机碳作为土壤养分循环的核心,在改善土壤理化性质、促进作物生长中起着重要作用,是衡量土壤养分状况的重要指标。作为全球碳循环的重要组成部分,耕层土壤有机碳是短时期内受人类活动影响最显著的部分。目前,关于区域尺度土壤理化性状已有一些研究,但主要集中在气候寒冷的东北地区以及高温湿热的华南地区,而对于华北和西北地区的研究仍然较少,特别是西北半干旱地区,仍是目前科学研究上的一个主要空白。研究土壤有机碳迁移及固碳潜力是评估区域土壤碳储量的重要内容。基施一定数量的农家肥和化肥是固原半干旱区多年来的传统耕作方式,本文主要研究传统耕作方式下的农田土壤理化性状特征及变化规律。鉴于土壤物理和化学指标内部之间存在一定变量关系,因此在分析土壤有机碳变化的同时,了解土壤其他理化指标的变化情况,为进一步分析土壤有机碳与其他理化指标含量的变化提供依据(表3-10-2)。

表 3-10-2　研究区土壤基本理化性质(彭阳县)

作物	容重(g/cm³)	pH 值	全盐	有机质	全氮	全磷	速效氮	速效磷	速效钾
			g/kg				mg/kg		
地膜玉米	1.55~1.56	7.50~8.15	0.36~0.37	5.99~22.59	0.60~1.60	0.40~1.00	35.59~55.54	1.50~5.20	101.80~247.42
马铃薯	1.53~1.54	7.30~8.04	0.32~0.36	8.59~22.58	0.60~1.30	0.60~1.00	24.54~55.54	4.28~11.75	124.25~262.95

土壤是气候、地形、水文、生物、母质以及人类活动等综合作用的产物。生态系统中,土壤有机碳包括动植物以及微生物的残体、排泄分泌物及其部分分解产物和土壤腐殖质。1.00 m 深度土层中有机碳含量是国内外学者的主要研究对象,其含量变化取决于内源碳矿化分解量和外源碳进入量的相对大小。

一、农田土壤养分含量变化

(一)土壤全氮含量变化

氮是作物生长发育的重要养分来源之一,土壤全氮含量的高低直接决定了作物生长发育和产量形成,影响区域生态系统碳循环。土壤氮含量不足时,作物植株矮小,叶片发黄,花芽数量减少,严重影响作物生产水平的提高。一定阈值内合理提高土壤氮含量,作物潜在可合成蛋白质数量增加,细胞分裂生长的速度提高,作物的光合作用增强,生产水平显著提高。然而,土壤氮含量过高,作物植株生长过剩,经济产量减少,含糖量显著降低,从而影响了作物品质的提高。

研究发现调查区域地膜玉米耕层土壤全氮含量在 0.60~1.60 g/kg 之间,K-S 检验表明,渐进显著性为 0.08,变异系数为 10.53%,偏度和峰度分别为 1.422、3.635。土壤全氮含量在 0.60~0.70 g/kg、0.70~0.80 g/kg、0.80~0.90 g/kg、0.90~1.00 g/kg、1.00~1.10 g/kg、1.10~1.20 g/kg、1.20~1.30 g/kg、1.30~1.40 g/kg、1.40~1.50 g/kg、1.50~1.60 g/kg 之间,分别占样本采集的 3.82%、4.76%、22.86%、40.96%、15.24%、4.76%、1.90%、1.90%、1.90%、1.90%(表 3-10-3)。参照全国第二次土壤调查养分分级标准,研究区地膜玉米耕层土壤全氮含量中有 68.58%在四级,属于中等偏下水平;25.00%在三级,属于中等偏上水平。

2017 年地膜玉米耕层土壤全氮分布在 0.70~1.20 g/kg 之间,其中86.49%处于缺乏水平,13.51%处于中等偏下水平,变异系数为 8.63%。2018年地膜玉米耕层土壤全氮分布在 0.60~1.30 g/kg 之间,其中 6.06%处于极度缺乏水平,69.70%处于缺乏水平,24.24%处于中等水平,变异系数为18.62%。2019 年地膜玉米耕层土壤全氮分布在 0.60~1.30 g/kg 之间,其中25.71%处于极度缺乏水平,48.57%处于缺乏水平,45.72%处于中等水平,变异系数为 20.42%。

马铃薯耕层土壤全氮含量在 0.60~1.30 g/kg 之间,K-S 检验表明,渐进显著性为 0.18,变异系数为 13.39%,偏度和峰度分别为 0.548、3.281。土壤全氮含量在 0.60~0.70 g/kg、0.70~0.80 g/kg、0.80~0.90 g/kg、0.90~1.00 g/kg、1.00~1.10 g/kg、1.10~1.20 g/kg、1.20~1.30 g/kg,分别占样本采集的 4.00%、10.00%、11.00%、30.00%、39.00%、2.00%、4.00%(表 3-10-4)。有 4.00%分布在五级,属于缺乏水平;51.00%集中分布在四级,属于中等偏下水平;45.00%在三级,属于中等偏上水平。

表3-10-3 2017—2019年调查区域地膜玉米耕层土壤样品全氮统计分析（彭阳县）

耕层土壤TN (g/kg)	2017			2018			2019			2017—2019(g/kg)		
	样品数 (个)	占总样品比例(%)	土壤TN (g/kg)	样品数 (个)	占总样品比例(%)	土壤TN (g/kg)	样品数 (个)	占总样品比例(%)	土壤TN (g/kg)	样品数 (个)	占总样品比例(%)	土壤TN (g/kg)
0.60~0.70	—	—	—	2	6.06	0.63±0.03	2	5.71	0.69±0.01	4	3.82	0.66±0.02
0.70~0.80	2	5.41	0.75±0.02	—	—	—	3	8.57	0.76±0.01	5	4.76	0.75±0.02
0.80~0.90	12	32.43	0.86±0.01	9	27.28	0.88±0.01	3	8.57	0.87±0.02	24	22.86	0.87±0.01
0.90~1.00	18	48.65	0.94±0.01	14	42.42	0.95±0.01	11	31.34	0.96±0.01	43	40.96	0.95±0.01
1.00~1.10	4	10.81	1.03±0.01	6	18.18	1.03±0.01	6	17.14	1.04±0.01	16	15.24	1.03±0.01
1.10~1.20	1	2.70	1.14	—	—	—	4	11.44	1.13±0.01	5	4.76	1.13±0.01
1.20~1.30	—	—	—	—	—	—	2	5.71	1.24±0.03	2	1.90	1.23±0.03
1.30~1.40	—	—	—	1	3.03	1.40	1	2.86	1.35	2	1.90	1.38±0.22
1.40~1.50	—	—	—	—	—	—	2	5.71	1.45±0.04	2	1.90	1.25±0.04
1.50~1.60	—	—	—	1	3.03	1.51	1	2.86	1.56	2	1.90	1.54±0.02
合计	37	100	0.92±0.01	33	100	0.95±0.01	35	100	1.02±0.04	105	100	0.97±0.02

注：TN, total nitrogen（TN），全氮。"—"表示该阈值内当年尚未采集样品。

半干旱区农田生态系统
水循环与有机碳对干旱的响应 | Responses of Water Cycle and Organic Carbon in
Farmland Ecosystem to Drought in Semiarid Area

表 3-10-4 2017—2019 年调查区域马铃薯耕层土壤样品全氮统计分析(彭阳县)

耕层土壤 TN (g/kg)	2017			2018			2019			2017—2019		
	样品数(个)	占总样品比例(%)	土壤 TN (g/kg)	样品数(个)	占总样品比例(%)	土壤 TN (g/kg)	样品数(个)	占总样品比例(%)	土壤 TN (g/kg)	样品数(个)	占总样品比例(%)	土壤 TN (g/kg)
0.60~0.70	1	2.86	0.66	2	6.45	0.66±0.04	1	2.94	0.68	4	4	0.67±0.02
0.70~0.80	—	—	—	6	19.36	0.75±0.01	4	11.76	0.78±0.01	10	10	0.76±0.01
0.80~0.90	2	5.71	0.88±0.01	4	12.90	0.88±0.02	5	14.71	0.85±0.02	11	11	0.87±0.01
0.90~1.00	14	40	0.96±0.01	11	35.48	0.94±0.01	5	14.71	0.97±0.02	30	30	0.96±0.01
1.00~1.10	16	45.71	1.04±0.01	5	16.13	1.03±0.01	18	52.94	1.04±0.01	39	39	1.04±0.01
1.10~1.20	1	2.86	1.15	—	—	—	1	2.94	1.16	2	2	1.15±0.01
1.20~1.30	1	2.86	1.30	3	9.68	1.28±0.01	—	—	—	4	4	1.29±0.01
合计	35	100	1.00±0.02	31	100	0.92±0.03	34	100	0.96±0.02	100	100	0.96±0.01

2017 年马铃薯耕层土壤全氮分布在 0.60~1.30 g/kg 之间,其中 2.86% 处于缺乏水平,96.88% 处于中等水平,变异系数为 9.70%。2018 年马铃薯耕层土壤全氮分布在 0.60~1.30 g/kg 之间,其中 6.45% 处于缺乏水平,67.74% 处于中等偏下水平,25.81% 处于中等偏上水平,变异系数为 17.60%。2019 年马铃薯耕层土壤全氮分布在 0.60~1.20 g/kg 之间,其中 2.94% 处于缺乏水平,97.36% 处于中等水平,变异系数为 12.03%。

(二)土壤全磷含量变化

磷是衡量土壤养分的重要指标,直接影响作物生长发育。磷含量的高低,显著影响作物糖类、脂肪和蛋白质的高低。一定阈值内,提高磷含量,对作物生物量和经济产量的增加起积极作用。而耕层土壤磷含量过低,阻碍蛋白质的合成,抑制植株生长,作物生物量显著降低。

数据显示,调查区域地膜玉米耕层土壤全磷含量在 0.40~1.00 g/kg 之间,K-S 检验表明,渐进显著性为 0.08,变异系数为 10.53%,偏度和峰度分别为 3.86、22.89。土壤全磷含量在 0.40~0.50 g/kg、0.50~0.60 g/kg、0.60~0.70 g/kg、0.70~0.80 g/kg、0.80~0.90 g/kg、0.90~1.00 g/kg,分别占样本采集的 3.81%、2.86%、33.33%、50.47%、6.67%、2.86%(表 3-10-5)。参照全国第二次土壤养分调查标准,研究区域地膜玉米耕层土壤全磷含量有 83.80% 在三级,属于中等偏上水平。

数据显示,调查区域马铃薯耕层土壤全磷含量在 0.60~1.00 g/kg 之间,K-S 检验表明,渐进显著性为 0.12,变异系数为 6.70%,偏度和峰度分别为 0.05、1.95。土壤全磷含量在 0.60~0.70 g/kg、0.70~0.80 g/kg、0.80~0.90 g/kg、0.90~1.00 g/kg,分别占样本采集的 2.00%、74.00%、19.00%、5.00%(表 3-10-6)。参照第二次全国土壤标准,玉米耕层土壤全磷含量有 76.00% 在三级,属于中等偏上水平,24.00% 在二级,全氮含量相对较为丰富。

2017 年马铃薯耕层土壤全磷分布在 0.60~0.90 g/kg 之间,其中 88.57% 处于中等偏上水平,调查区域 11.43% 处于丰富水平,变异系数为

半干旱区农田生态系统
水循环与有机碳对干旱的响应 | Responses of Water Cycle and Organic Carbon in
Farmland Ecosystem to Drought in Semiarid Area

表3-10-5 2017—2019年调查区域地膜玉米耕层土壤样品全磷统计分析（彭阳县）

耕层土壤 TP(g/kg)	2017			2018			2019			2017—2019		
	样品数（个）	占总样品比例(%)	土壤 TP（g/kg）	样品数（个）	占总样品比例(%)	土壤 TP（g/kg）	样品数（个）	占总样品比例(%)	土壤 TP（g/kg）	样品数（个）	占总样品比例(%)	土壤 TP（g/kg）
0.40~0.50	2	5.41	0.41±0.01	2	6.06	0.45±0.01	—	—	—	4	3.81	0.43±0.01
0.50~0.60	—	—	—	—	—	—	3	8.57	0.55±0.03	3	2.86	0.55±0.03
0.60~0.70	12	32.43	0.66±0.01	15	45.05	0.66±0.01	8	22.86	0.66±0.01	35	33.33	0.66±0.01
0.70~0.80	23	62.16	0.73±0.01	16	48.49	0.72±0.01	14	40	0.74±0.01	53	50.47	0.73±0.01
0.80~0.90	—	—	—	—	—	12.51	7	20	0.84±0.01	7	6.67	0.84±0.01
0.90~1.00	—	—	—	—	—	—	3	8.57	0.94±0.03	3	2.86	0.94±0.03
合计	37	100	0.69±0.01	33	100	0.68±0.01	35	100	0.74±0.02	105	100	0.71±0.01

注：TP，total Phosphorus(TP)，全磷。"—"表示该阈值内当年尚未采集样品。

表 3-10-6 2017—2019 年调查区域马铃薯耕层土壤 TP 样品统计分析(彭阳县)

耕层土壤 TP(g/kg)	2017			2018			2019			2017—2019		
	样品数(个)	占总样品比例(%)	土壤 TP(g/kg)	样品数(个)	占总样品比例(%)	土壤 TP(g/kg)	样品数(个)	占总样品比例(%)	土壤 TP(g/kg)	样品数(个)	占总样品比例(%)	土壤 TP(g/kg)
0.60~0.70	1	2.86	0.68	1	3.22	0.65	—	—	—	2	2	0.66±0.02
0.70~0.80	30	85.71	0.76±0.01	27	87.10	0.76±0.01	17	50	0.76±0.01	74	74	0.76±0.01
0.80~0.90	4	11.43	0.82±0.01	3	9.68	0.83±0.01	12	35.29	0.84±0.01	19	19	0.84±0.01
0.90~1.00	—	—	—	—	—	—	5	14.71	0.93±0.01	5	5	0.93±0.01
合计	35	100	0.81±0.01	31	100	0.77±0.01	34	100	0.81±0.01	100	100	0.78±0.01

标注:TP, total Phosphorus(TP),全磷. "—"表示该阈值内当年尚未采集样品。

半干旱区农田生态系统
水循环与有机碳对干旱的响应 ｜ Responses of Water Cycle and Organic Carbon in
Farmland Ecosystem to Drought in Semiarid Area

4.20%。2018年地膜玉米耕层土壤有机碳分布在0.60~0.90 g/kg之间,其中90.32%处于中等偏上水平,调查区域9.68%耕层土壤全磷含量处于丰富水平,变异系数为4.57%。2019年地膜玉米耕层土壤全磷分布在0.70~1.00 g/kg之间,其中50.00%处于中等偏上水平,50.00%全磷含量较为丰富,变异系数为8.23%。

二、农田土壤有机碳特征值变化

土壤有机碳是评价土壤肥力和质量、估算土壤碳储量的重要指标,对陆地生态系统固碳具有重要作用。土壤有机碳通过改变土壤理化性质和生物功能,影响土地生产力,进一步影响区域生态系统碳储量。

(一)覆膜玉米土壤有机碳变化

从调查来看,玉米耕层土壤有机碳在3.00~13.00 g/kg之间,K-S检验表明,渐进显著性为0.11,变异系数为23.72%,偏度和峰度分别为0.137、0.09。耕层土壤有机碳含量在3.00~4.00 g/kg、4.00~5.00 g/kg、5.00~6.00 g/kg、6.00~7.00 g/kg、7.00~8.00 g/kg、8.00~9.00 g/kg、9.00~10.00 g/kg、10.00~11.00 g/kg、11.00~12.00 g/kg、12.00~13.00 g/kg,分别占样本采集的2.86%、2.86%、3.80%、12.38%、32.38%、13.33%、6.67%、20.00%、2.86%、2.86%(表3-10-7)。参照全国第二次土壤调查养分分级标准,9.52%的在六级,属于极缺水平;74.76%的集中在五级,属于缺乏水平;25.72%的在四级,属于中等偏下水平。

2017年地膜玉米耕层土壤有机碳分布在3.00~10.00 g/kg之间,其中8.11%处于极度缺乏水平,剩余91.89%处于缺乏水平,变异系数为17.70%。2018年地膜玉米耕层土壤有机碳分布在4.00~13.00 g/kg之间,其中6.06%处于极度缺乏水平,18.18%处于缺乏水平,75.76%处于中等偏下水平,变异系数为8.61%。2019年地膜玉米耕层土壤有机碳分布在3.00~13.00 g/kg之间,其中14.29%处于极度缺乏水平,80.00%处于缺乏水平,5.71%处于中等偏下水平,变异系数为30.77%。

表3-10-7 2017—2018年调查区域地膜玉米耕层土壤SOC样品统计分析（彭阳县）

耕层土壤 SOC (g/kg)	2017			2018			2019			2017—2019		
	样品数 (个)	占总样品 比例(%)	土壤 SOC (g/kg)	样品数 (个)	占总样品 比例(%)	土壤 SOC (g/kg)	样品数 (个)	占总样品 比例(%)	土壤 SOC (g/kg)	样品数 (个)	占总样品 比例(%)	土壤 SOC (g/kg)
3.00~4.00	2	5.41	3.82±0.14	—	—	—	1	2.86	3.44	3	2.86	3.70±0.15
4.00~5.00	—	—	—	2	6.06	4.33±0.31	1	2.86	4.96	3	2.86	4.96±0.21
5.00~6.00	1	2.70	5.85	—	—	—	3	8.57	5.43±0.26	4	3.80	5.53±0.21
6.00~7.00	7	18.92	6.69±0.12	—	—	—	6	17.14	6.33±0.06	13	12.38	6.52±0.09
7.00~8.00	21	56.76	7.46±0.07	—	—	—	13	37.15	7.49±0.09	34	32.38	7.47±0.05
8.00~9.00	5	13.51	8.35±0.07	—	—	—	9	25.71	8.56±0.09	14	13.33	8.48±0.07
9.00~10.00	1	2.70	9.32	6	18.18	9.73±0.06	—	—	—	7	6.67	9.67±0.08
10.00~11.00	—	—	—	21	63.64	10.37±0.077	—	—	—	21	20.00	10.37±0.07
11.00~12.00	—	—	—	3	9.09	11.30±0.09	—	—	—	3	2.86	11.30±0.09
12.00~13.00	—	—	—	1	3.03	12.01	2	5.71	12.80±0.17	3	2.86	12.54±0.28
合计	37	100	7.24±0.18	33	100	10.02±0.08	35	100	7.50±0.31	105	100	8.20±0.19

标注：SOC. Soil organic carbon（SOC）有机碳。"—"表示该阈值内当年尚未采集样品。

(二)马铃薯农田土壤有机碳变化

研究发现,调查区域马铃薯土壤有机碳含量为 4.00~13.00 g/kg,K–S
检验表明,渐进显著性为 0.12;变异系数为 19.75%,偏度和峰度分别为
0.60 和 0.45。耕层土壤有机碳含量在 4.00~5.00 g/kg、5.00~6.00 g/kg、
6.00~7.00 g/kg、7.00~8.00 g/kg、8.00~9.00 g/kg、9.00~10.00 g/kg、10.00~
11.00 g/kg、11.00~12.00 g/kg、12.00~13.00 g/kg, 分别占样本采集的
2.00%、4.00%、15.00%、34.00%、22.00%、5.00%、13.00%、2.00%、3.00%(表 3–
10–8)。参照全国第二次土壤调查养分分级标准,6.00%在六级,属于极度
缺乏水平;76.00%集中在五级,属于缺乏水平;18.00%处于四级水平,属于
中下水平。

2017 年马铃薯耕层土壤有机碳分布在 4.00~9.00 g/kg,其中 5.72%处
于极度缺乏水平,94.28%处于缺乏水平,变异系数为 10.47%。2018 年马铃
薯耕层土壤有机碳含量分布在 4.00~13.00 g/kg 之间, 其中 3.22%的调查
区域属于极度缺乏水平,41.94%的区域处于缺乏水平,54.84%的区域属于
中等偏下水平,变异系数为 15.93%。2019 年马铃薯耕层土壤有机碳分布
在 5.00~13.00 g/kg 之间, 其中, 研究区域中 8.82%属于极度缺乏水平,
88.24%属于缺乏水平,2.94%属于中等偏下水平,变异系数为 18.30%。

黄土高原表层土壤有机碳含量为 14.52 g/kg,而本研究中地膜玉米
和马铃薯耕层土壤有机碳含量明显低于全区平均水平。土壤养分水平低,
对区域粮食生产和区域土壤固碳产生了重要影响。深入理解半干旱地区
农田土壤碳氮含量与增产的协同效应,在一定程度上填补了半干旱区土
壤养分含量相关研究的欠缺,为指导区域合理施肥,增加生物量和作物产
量,提升土壤肥力提供数据支持,为实现农业可持续发展打下坚实基础。

研究发现,对两种不同作物类型下的土壤有机碳含量进行方差分析,
结果表明,调查区域地膜玉米和马铃薯的有机碳含量存在显著差异($P<$
0.05)。其中地膜玉米土壤有机碳在 10.00~13.00 g/kg 的比例为 25.72%,显
著高于马铃薯 18.00%。这可能与玉米高碳深根的特性有关,另外地膜覆

表 3-10-8 2017—2019 年调查区域马铃薯耕层土壤 SOC 样品统计分析(彭阳县)

耕层土壤 SOC (g/kg)	2017			2018			2019			2017—2019		
	样品数 (个)	占总样品比例(%)	土壤 SOC (g/kg)	样品数 (个)	占总样品比例(%)	土壤 SOC (g/kg)	样品数 (个)	占总样品比例(%)	土壤 SOC (g/kg)	样品数 (个)	占总样品比例(%)	土壤 SOC (g/kg)
4.00~5.00	1	2.86	4.93	1	3.22	5.00	—	—	—	2	2	4.96±0.05
5.00~6.00	1	2.86	5.52	—	—	—	3	8.82	5.52±0.19	4	4	5.52±0.13
6.00~7.00	8	22.85	6.61±0.11	—	—	—	7	20.59	6.52±0.12	15	15	6.57±0.08
7.00~8.00	22	62.86	7.61±0.06	3	9.68	7.78±0.05	9	26.47	7.79±0.11	34	34	7.67±0.05
8.00~9.00	3	8.57	8.27±0.13	7	22.58	8.85±0.12	12	35.29	8.50±0.08	22	22	8.48±0.06
9.00~10.00	—	—	—	3	9.68	9.83±0.05	2	5.89	9.47±0.33	5	5	9.68±0.14
10.00~11.00	—	—	—	13	41.94	10.39±0.07	—	—	—	13	13	10.39±0.07
11.00~12.00	—	—	—	2	6.45	11.52±0.11	—	—	—	2	2	11.52±0.11
12.00~13.00	—	—	—	2	6.45	12.41±0.23	1	2.94	12.96	3	3	12.60±0.23
合计	35	100	7.30±0.44	31	100	9.69±0.27	34	100	7.83±0.25	100	100	8.22±0.16

标注:SOC, soil organic carbon (SOC).有机碳."—"表示该阈值内当年尚未采集样品。

盖是一个高水平的物质能量循环过程,地膜覆盖后,显著提高地表积温和土壤含水率,有效增加生物量,显著提高土壤有机碳含量。

从土壤碳氮关系来看,土壤全氮与有机碳呈显著正相关关系。地膜玉米土壤有机碳和全氮在 0.01 水平上显著相关性为 0.478。马铃薯耕层土壤有机碳和全氮在 0.01 水平上显著相关性为 0.369。耕层土壤有机碳与全氮的相关性较地膜玉米明显高于马铃薯。作物播种加大对表层土壤的扰动,而增施化肥和有机肥在一定程度上弥补了频繁扰动导致氮分解。长期耕种后,人类对土壤的增肥效果显著,另外作物残落物归还土壤,土壤氮素得到有效积累。

第五节 农田生态系统对作物根茎叶有机碳的影响

伴随全球温室效应不断增强,利用生态系统固碳已成为应对气候变化新的突破点。农田生态系统通过光合作用,将太阳能转化成化学能,将大气中的 CO_2 转化为有机质,为人类文明提供最基本的物质能量来源。

研究表明,利用农作物固碳是最安全有效的途径。过去半个世纪,我国川中丘陵地区农田生态系统植被碳储量和碳密度均有一定程度的提高,其中大春作物碳储量占总碳储量的70.80%。作物植被碳密度与复种指数呈正相关,水田较旱地作物碳密度较高。但也有研究表明,植被碳储量减少导致失碳效应显著。农作物的碳汇作用可以忽略不计,甚至是大气的碳源。

研究表明,一定阈值内,伴随土壤养分含量的增加,作物各器官有机碳含量呈逐渐上升趋势。不同土壤对作物各器官有机碳影响显著,不同作物的固碳能力存在显著差异,而不同气候条件以及不同管理措施也会引起相同作物的不同器官碳储量的差异。因此,本研究依据固原半干旱区传统耕作方式下作物碳储量,对研究区农田作物不同器官有机碳含量进行化验和测定,依据有机碳参数估算法,分析不同作物不同器官有机碳贮存及迁移规律。为半干旱区农田生态系统有机碳贮存和迁移规律提供参考,也可以为该区域农田土壤可持续发展提供科学依据。

一、土壤碳氮磷对农田作物根部有机碳含量的影响

(一)土壤碳氮磷对地膜玉米根部有机碳含量的影响

研究表明,地膜玉米根部有机碳含量(y)和土壤有机碳(x)之间存在 $y=301.95x^{0.0958}$($R^2=0.9033$,$P<0.01$)极显著相关关系,相关系数为0.298。耕层土壤有机碳含量3.00~13.00 g/kg,地膜玉米根部有机碳含量从294.52 g/kg持续增加到387.31 g/kg,有机碳含量增加31.51%。地膜玉米根部有机碳含量(y)和土壤全氮(x)之间存在 $y=-0.705x^2+15.757x+289.03$($R^2=0.9838$,$P<0.01$)极显著相关关系,相关系数为0.199。耕层土壤全氮含量0.60~1.50 g/kg,地膜玉米根部有机碳含量从300.86 g/kg持续上升到377.10 g/kg,有机碳含量增加25.34%;而全氮含量超出1.50 g/kg后,根部有机碳含量趋于平稳且有下滑的趋势。地膜玉米根部有机碳(y)和土壤全磷(x)之间存在 $y=-5.0994x^2+48.928x+256.09$($R^2=0.9262$,$P<0.05$)相关关系。研究表明,耕层土壤全磷含量0.40~1.00 g/kg,地膜玉米根部有

半干旱区农田生态系统
水循环与有机碳对干旱的响应 | Responses of Water Cycle and Organic Carbon in
Farmland Ecosystem to Drought in Semiarid Area

机碳含量呈持续波动上升趋势，从 292.64 g/kg 持续上升到 371.89 g/kg，有机碳含量增加 27.08%。表明，土壤养分含量增加，对作物根部有机碳含量的积累呈积极的正效应(图 3-10-1)。

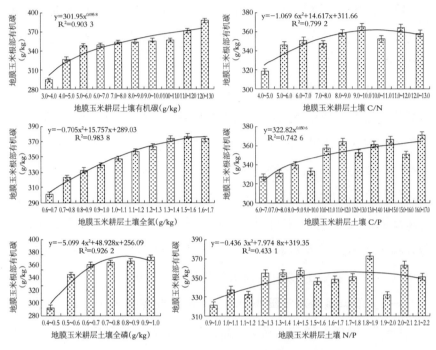

图 3-10-1 土壤碳氮磷对玉米根部有机碳含量的影响

地膜玉米根部有机碳(y)和土壤 C/N (x)之间存在 $y=-1.0696x^2+14.617x+311.66$($R^2=0.799\ 2$,$P<0.05$)显著相关关系,相关系数为 0.199。耕层土壤 C/N 4.00~10.00，地膜玉米根部有机碳含量呈波动上升趋势,从 317.94 g/kg 增加到 364.65 g/kg,有机碳含量增加 14.69%;而当土壤 C/N 超出 10.00 后,地膜玉米根部有机碳含量逐渐趋于减缓趋势。地膜玉米根部有机碳(y)和土壤 C/P (x)之间存在 $y=322.82x^{0.050\ 6}$($R^2=0.742\ 6$,$P<0.05$)显著相关关系,相关系数为 0.228。耕层土壤 C/P 6.00~17.00,地膜玉米根部有机碳含量呈持续波动上升趋势,从 327.35 g/kg 增加到 370.53 g/kg,有机碳含量增加 13.19%。地膜玉米根部有机碳(y)和土壤 N/P (x)之间存在 $y=-0.436\ 3x^2+7.974\ 8x+319.35$($R^2=0.433\ 1$,$P<0.05$)相关关系。研究表

明,耕层土壤 N/P 0.90~1.90 时,地膜玉米根部有机碳含量呈持续上升趋势,地膜玉米根部有机碳含量从 321.13 g/kg 上升到 372.37 g/kg,有机碳含量增加 15.96%,其中 N/P 1.80~1.90 时,地膜玉米根部有机碳含量最高,而超出 1.90 这个阈值后,地膜玉米根部有机碳含量出现波动下降趋势。表明,一定阈值内土壤 C/N、C/P、N/P 的增加,对作物根部有机碳含量的积累呈积极的正效应。

(二)土壤碳氮磷对马铃薯根有机碳含量的影响

研究表明,马铃薯根部有机碳含量(y)和土壤有机碳(x)之间存在 $y=-1.163\ 3x^2+19.312x+333.86$($R^2=0.949\ 8,P<0.01$)极显著相关关系,相关系数为 0.562。耕层土壤有机碳含量 4.00~13.00 g/kg,马铃薯根部有机碳含量从 351.78 g/kg 持续增加到 415.17 g/kg,有机碳含量增加 18.02%。马铃薯根部有机碳含量(y)和土壤全氮(x)之间存在 $y=-0.705x^2+15.757x+289.03$($R^2=0.983\ 8,P<0.01$)极显著相关关系,相关系数为 0.386。耕层土壤全氮含量 0.60~1.30 g/kg,马铃薯根部有机碳含量从 369.61 g/kg 持续上升到 405.17 g/kg,有机碳含量增加 9.62%;而全氮含量超出 1.00 g/kg后,根部有机碳含量增长趋势趋于缓慢。马铃薯根部有机碳(y)和土壤全磷(x)之间存在 $y=-5.099\ 4x^2+48.928x+256.09$($R^2=0.926\ 2,P<0.05$)相关关系。研究表明,耕层土壤全磷含量 0.60~1.00 g/kg,马铃薯根部有机碳含量呈逐渐下降趋势,从 430.45 g/kg 持续上升到 389.68 g/kg,有机碳含量减少 9.47%。表明,土壤碳氮含量增加,对马铃薯根部有机碳含量的积累呈积极的正效应;而磷含量增加,马铃薯根部有机碳含量不利于马铃薯根部有机碳含量的积累(图 3-10-2)。

马铃薯根部有机碳(y)和土壤 C/N(x)之间存在 $y=-0.875\ 9x^2+16.734x+334.52$($R^2=0.935\ 8,P<0.05$)显著相关关系,相关系数为 0.562。耕层土壤 C/N 6.00~14.00,马铃薯根部有机碳含量呈持续上升趋势,从 351.78 g/kg持续增加到 417.29 g/kg,有机碳含量增加 18.62%;而当土壤 C/N 超出12.00 后,马铃薯根部有机碳含量增长趋势逐渐减缓。马铃薯根部有机碳

半干旱区农田生态系统
水循环与有机碳对干旱的响应 | Responses of Water Cycle and Organic Carbon in
Farmland Ecosystem to Drought in Semiarid Area

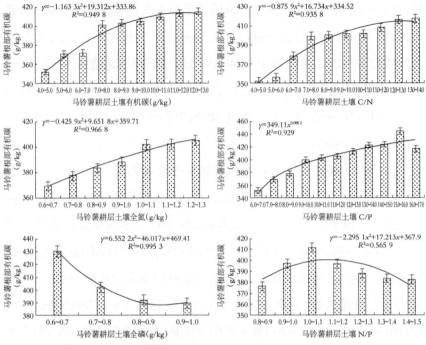

图 3-10-2　土壤碳氮磷对马铃薯根部有机碳含量的影响

(y)和土壤 C/P (x)之间存在 $y=349.11x^{0.088\,2}$($R^2=0.929$, $P<0.05$)极显著相关关系,相关系数为 0.511。耕层土壤 C/P 6.00~16.00,马铃薯根部有机碳含量呈持续上升趋势,从 351.78 g/kg 增加到 444.63 g/kg,有机碳含量增加 26.39%;而当 C/P 超出 16.00 后,马铃薯根部有机碳含量出现下降趋势。马铃薯根部有机碳(y)和土壤 N/P (x)之间存在 $y=-2.2951x^2+17.213x+367.9$($R^2=0.565\,9$, $P<0.05$)。研究表明,耕层土壤 N/P 0.80~1.10 时,马铃薯根部有机碳含量呈持续上升趋势,马铃薯根部有机碳含量从 376.32 g/kg 上升到 411.53 g/kg,有机碳含量增加 9.36%。其中 N/P 1.00~1.10 时,马铃薯根部有机碳含量最高,而超出 1.00~1.10 这个阈值后,马铃薯根部有机碳含量呈现逐渐下降趋势,耕层土壤 N/P 1.00~1.50 时,马铃薯根部有机碳含量从 411.53 g/kg 下降到 382.49 g/kg,根部有机碳含量下降 7.06%。表明,一定阈值内土壤 C/N、C/P 的增加,对马铃薯根部有机碳含量的积累呈积极的正效应,而 N/P 和马铃薯根部有机碳含量的增加呈

现"倒 U 型"，表明，一定阈值内 N/P 增加有利于马铃薯根部有机碳含量增加，而超出这个阈值，则不利于马铃薯根部碳含量的积累。

二、土壤碳氮磷对玉米茎秆和马铃薯茎部有机碳含量的影响

（一）土壤碳氮磷对地膜玉米茎秆有机碳含量的影响

本研究中，地膜玉米茎部有机碳含量（y）和土壤有机碳（x）之间存在 $y=-1.5505x^2+28.169x+301.62$（$R^2=0.9688$，$P<0.01$）极显著相关关系，相关系数为 0.369。耕层土壤有机碳含量 3.00~13.00 g/kg，地膜玉米茎部有机碳含量从 333.40 g/kg 持续增加到 433.16 g/kg，有机碳含量增加29.92%。地膜玉米茎部有机碳含量（y）和土壤全氮（x）之间存在 $y=-2.7558x^2+42.282x+271.99$（$R^2=0.9336$，$P<0.05$）相关关系。耕层土壤全氮含量 0.60~1.60 g/kg，地膜玉米茎部有机碳含量从 318.21 g/kg 持续增加到 428.31 g/kg，有机碳含量增加 34.60%。地膜玉米茎部有机碳含量（y）和土壤全磷含量（x）之间存在 $y=-9.095x^2+79.352x+252.25$（$R^2=0.9235$，$P<0.01$）极显著相关关系，相关系数为 0.304。耕层土壤有机碳含量 0.40~0.80 g/kg，地膜玉米茎部有机碳含量从 312.06 g/kg 持续增加到 415.12 g/kg，有机碳含量增加 33.03%；而当土壤全磷含量超出 0.90 g/kg 后，作物茎部有机碳含量出现下滑趋势。表明，一定阈值内，耕层土壤养分含量增加，有利于作物茎部有机碳含量的增加，而超出这个阈值后，将出现下降趋势（图 3-10-3）。

地膜玉米茎部有机碳含量（y）和土壤 C/N（x）之间存在 $y=-2.2681x^2+30.484x+317.6$（$R^2=0.9326$，$P<0.01$）极显著相关关系，相关系数为 0.337。耕层土壤 C/N 4.00~12.00 g/kg，地膜玉米茎部有机碳含量从 351.30 g/kg 持续增加到 427.40 g/kg，有机碳含量增加 21.66%；而当 C/N 超出 12.00 后，地膜玉米茎部有机碳含量趋于下降。地膜玉米茎部有机碳含量（y）和土壤 C/P（x）之间存在 $y=-0.5118x^2+10.926x+363.72$（$R^2=0.5755$，$P<0.05$）极显著相关关系，相关系数为 0.243。耕层土壤 C/P 6.00~14.00，地膜玉米根部有机碳含量呈波动上升趋势，从 383.84 g/kg 增加到 441.04 g/kg，有机碳含量增加 14.90%；而 C/P 超出 14.00 后，地膜玉米茎部有机碳含量

半干旱区农田生态系统
水循环与有机碳对干旱的响应 | Responses of Water Cycle and Organic Carbon in
Farmland Ecosystem to Drought in Semiarid Area

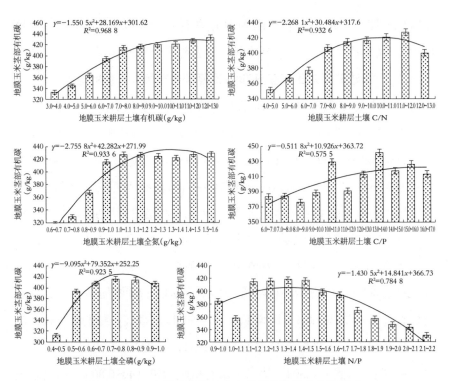

图 3-10-3　土壤碳氮磷对玉米茎部有机碳含量的影响

出现迅速下降趋势。地膜玉米茎部有机碳含量(y)和土壤 N/P(x)存在
$y=-1.430\ 5x^2+14.841x+366.73(R^2=0.784\ 8,P<0.01)$相关关系。耕层土壤
N/P 1.10~1.50 时,地膜玉米茎部有机碳含量最高,为 415.20~417.16 g/kg,
超出这个阈值后则出现下降趋势。耕层土壤 N/P 1.10~2.20 时,有机碳含
量减少 20.08%。表明,一定阈值内土壤 C/N、C/P 增加,有利于地膜玉米
茎部有机碳含量增加,而超出阈值后,则不有利于地膜玉米茎部有机碳含
量的积累;土壤 N/P 含量于作物茎部有机碳含量的相关性较弱。

（二）土壤碳氮磷对马铃薯茎部有机碳变化含量的影响

本研究中,马铃薯茎部有机碳含量(y)和土壤有机碳(x)之间存在 $y=$
$-0.403\ 8x^2+16.314x+298.86(R^2=0.931\ 4,P<0.01)$极显著相关关系,相关系
数为 0.489。耕层土壤有机碳含量 4.00~13.00 g/kg,地膜玉米茎部有机碳
含量从 309.34 g/kg 持续增加到 417.70 g/kg,增加 35.03%。地膜玉米茎部

有机碳含量(y)和土壤全氮(x)之间存在 $y=-1.539\ 7x^2+21.977x+314.56$
($R^2=0.979\ 9, P<0.05$)相关关系。耕层土壤全氮含量 $0.60\sim1.20$ g/kg,地膜
玉米茎部有机碳含量从 332.63 g/kg 波动上升到 392.52 g/kg,有机碳含量
增加 18.00%;而当土壤全氮含量超出 1.20 g/kg 后,马铃薯茎部有机碳含
量区域有减缓趋势。地膜玉米茎部有机碳含量(y)和土壤全磷含量(x)之
间存在 $y=3.035x^2-22.01x+399.69$($R^2=0.997\ 7, P<0.01$)相关关系。耕层土
壤有机碳含量 $0.60\sim1.00$ g/kg,马铃薯茎部有机碳含量从 380.89 g/kg 持
续下降至 360.04 g/kg,有机碳含量减少 5.42%。表明,该研究区域,一定阈
值内,土壤碳氮含量增加,有利于马铃薯茎部有机碳含量的增加,而全氮
含量过高不利于马铃薯茎部有机碳含量的积累(图 3-10-4)。

马铃薯茎部有机碳含量(y)和土壤 C/N(x)之间存在 $y=310.5x^{0.106\ 6}$
($R^2=0.880\ 2, P<0.01$)极显著相关关系,相关系数为 0.466。耕层土壤 C/N
$6.00\sim14.00$ g/kg, 马铃薯茎部有机碳含量从 351.30 g/kg 持续增加到

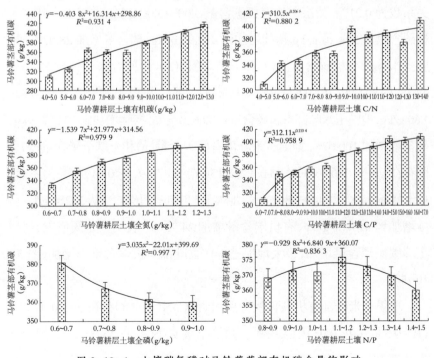

图 3-10-4　土壤碳氮磷对马铃薯茎部有机碳含量的影响

半干旱区农田生态系统
水循环与有机碳对干旱的响应 | Responses of Water Cycle and Organic Carbon in
Farmland Ecosystem to Drought in Semiarid Area

427.40 g/kg,碳含量增加 21.66%。马铃薯茎部有机碳含量(y)和土壤 C/P (x)之间存在 $y=312.11x^{0.110\,4}$($R^2=0.958\,9$,$P<0.05$)相关关系。耕层土壤 C/P 6.00~17.00,马铃薯茎部有机碳含量呈持续上升趋势,从 309.34 g/kg 增加到 408.07 g/kg,有机碳含量增加 31.92%。马铃薯茎部有机碳含量(y)和土壤 N/P(x)存在 $y=-0.929\,8x^2+6.840\,9x+360.07$($R^2=0.836\,8$,$P<0.05$)相关关系。研究表明,耕层土壤 N/P 1.10~1.20 时,马铃薯茎部有机碳含量最高,为 369.27~371.44 g/kg,1.10~2.20 有机碳含量减少 25.13%。表明,调查区域马铃薯 C/N、C/P、N/P 增加,有利于茎部有机碳含量的积累,超出这个阈值后,有机碳含量则出现下降趋势。

三、土壤有机碳对玉米和马铃薯作物叶片有机碳含量的影响

（一）土壤碳氮磷对地膜玉米叶片有机碳含量的影响

本研究中,地膜玉米叶部有机碳含量(y)和土壤有机碳(x)之间存在 $y=-1.972\,2x^2+32.387x+288.27$($R^2=0.974\,2$,$P<0.05$)极显著相关关系,相关系数为 0.217。耕层土壤有机碳含量 3.00~13.00 g/kg,地膜玉米叶部有机碳含量从 324.20 g/kg 持续增加到 417.95 g/kg,碳含量增加 28.92%。地膜玉米叶部有机碳含量(y)和土壤全氮(x)之间存在 $y=-2.755\,8x^2+42.282x+271.99$($R^2=0.977$,$P<0.05$)相关关系。耕层土壤全氮含量 0.60~1.60 g/kg,地膜玉米叶部有机碳含量从 266.27 g/kg 持续增加到 534.57 g/kg,碳含量增加 100.07%。地膜玉米叶部有机碳含量(y)和土壤全磷含量(x)之间存在 $y=-4.940\,9x^2+52.934x+275.13$($R^2=0.876\,9$,$P<0.01$)相关关系。耕层土壤有机碳含量 0.40~0.80 g/kg,地膜玉米叶部有机碳含量从 332.87 g/kg 持续增加到 415.16 g/kg,有机碳含量增加 24.72%。表明一定阈值内,耕层土壤碳氮磷含量增加,极大地促进了作物叶部有机碳含量的增加(图 3-10-5)。

地膜玉米叶部有机碳含量(y)和土壤 C/N(x)之间存在 $y=341.47x^{0.116\,4}$($R^2=0.580\,5$,$P<0.05$)相关关系。耕层土壤 C/N 4.00~13.00 g/kg,地膜玉米叶部有机碳含量从 342.26 g/kg 持续增加到 496.20 g/kg,有机碳含量

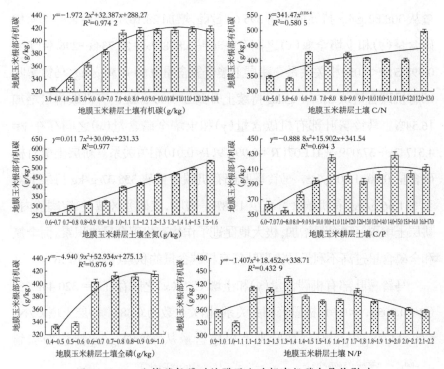

图 3-10-5　土壤碳氮磷对地膜玉米叶部有机碳含量的影响

增加 44.98%。地膜玉米叶部有机碳含量(y)和土壤 C/P(x)之间存在 $y=-0.888\,8x^2+15.902x+341.54$($R^2=0.694\,3$, $P<0.05$)相关关系。耕层土壤 C/P 6.00~17.00,地膜玉米叶部有机碳含量呈波动上升趋势,从 355.79 g/kg 增加到 412.34 g/kg,有机碳含量增加 15.89%。地膜玉米叶部有机碳含量(y)和土壤 N/P(x)存在 $y=-1.407x^2+18.452x+338.71$($R^2=0.4329$, $P<0.01$)相关关系。耕层土壤 N/P 1.10~1.50 时,地膜玉米叶部有机碳含量最高,为 405.75~4 173.39 g/kg。表明,一定阈值内土壤 C/N、C/P、N/P 增加,有利于地膜玉米叶部有机碳含量的积累,超出这个阈值后则出现下降趋势。

(二)土壤碳氮磷对马铃薯叶有机碳含量的影响

本研究中,马铃薯叶部有机碳含量(y)和土壤有机碳(x)之间存在 $y=-0.487\,6x^2+15.667x+293.24$($R^2=0.943\,4$, $P<0.01$)极显著相关关系,相关系数为 0.394。耕层土壤有机碳含量 4.00~13.00 g/kg,马铃薯叶部有机碳含

半干旱区农田生态系统
水循环与有机碳对干旱的响应 ‖ Responses of Water Cycle and Organic Carbon in
Farmland Ecosystem to Drought in Semiarid Area

量从 308.82 g/kg 持续增加到 395.60 g/kg，增加 28.10%。马铃薯叶部有机碳含量(y)和土壤全氮(x)之间存在 $y=-1.898\ 7x^2+23.734x+296.54$ ($R^2=0.998\ 5$，$P<0.05$)相关关系。耕层土壤全氮含量 0.60~1.30 g/kg，马铃薯叶部有机碳含量从 317.90 g/kg 持续上升到 370.48 g/kg，有机碳含量增加 16.54%。马铃薯叶部有机碳含量(y)和土壤全磷含量(x)之间存在 $y=4.317\ 2x^2-37.099x+411.07$ ($R^2=0.999\ 9$，$P<0.01$)相关关系。耕层土壤有机碳含量 0.60~1.00 g/kg，马铃薯叶部有机碳含量从 338.37 g/kg 持续下降至 331.66 g/kg，有机碳含量减少 1.98%。表明，该研究区域，一定阈值内，耕层土壤碳氮磷含量增加，极大地促进了作物有机碳含量的积累。而全氮和全磷含量过高不利于马铃薯叶部有机碳含量的积累(图 3-10-6)。

马铃薯叶部有机碳含量(y)和土壤 C/N(x)之间存在 $y=320.44e^{0.0195x}$ ($R^2=0.9055$，$P<0.01$)极显著相关关系，相关系数为 0.383。耕层土壤 C/N 6.00~14.00 g/kg，马铃薯叶部有机碳含量从 328.82 g/kg 持续增加到

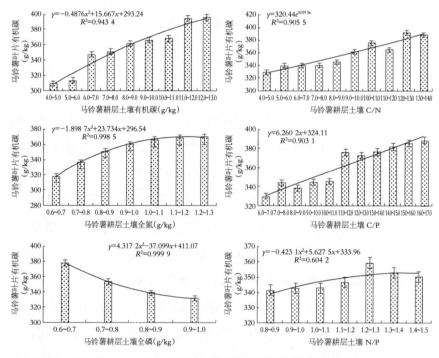

图 3-10-6　土壤碳氮磷对马铃薯叶部有机碳含量的影响

491.90 g/kg，碳含量增加 49.60%。马铃薯叶部有机碳含量(y)和土壤 C/P(x)之间存在 y=6.260 2x + 324.11（R^2=0.903 1，P<0.05）相关关系。耕层土壤 C/P 6.00~17.00，马铃薯叶部有机碳含量呈持续上升趋势，从 328.82 g/kg 增加到 488.40 g/kg，有机碳含量增加 48.53%。马铃薯叶部有机碳含量(y)和土壤 N/P(x)存在 y=−0.423 1x^2+5.627 5x+333.96（R^2=0.604 2，P<0.05）相关关系。研究表明，耕层土壤 N/P 1.10~1.50 时，马铃薯叶部有机碳含量最高，为 346.46~359.42 g/kg。表明，调查区域马铃薯 C/N、C/P、N/P 增加，有利于叶部有机碳含量的积累，超出这个阈值后，有机碳含量出现减少趋势。

第十一章 农田生态系统有机碳对作物产量的影响

农作物和耕层土壤是农田生态系统中两个重要的固碳载体。农田土壤有机碳的变化不仅改变土壤肥力,影响作物产量,而且对区域及全球环境产生重要影响。粮食安全一直是中国农业发展面临的首要任务,特别是近年来,伴随城市化进程加快,我国耕地面积不断减少,粮食安全面临的挑战越发严峻,水稻、小麦、玉米播种面积急剧下降。西北半干旱区是我国地膜玉米和马铃薯主产区之一,有超过 20%的玉米用于口粮和食品加工,这就要求我们必须不断提高粮食生产水平。土壤碳氮是作物生长不可或缺的物质基础,合理增加土壤碳氮含量可有效提高作物产量。明确作物产量对养分含量的需求规律可以为地区合理和精准施肥提供理论依据,对实现西北地区作物的优质、高效生产具有重要意义。目前,国内外对土壤质量变化与作物生产的影响主要从微观和宏观两个层面展开。微观层面是系统整合足够多的试验数据,形成适合一定生态区域的数学模型;宏观层面是利用一定的土壤碳库变化模型,如 RothC、CQESTR、CENCURY、NCSOIL、Rothamsted、CANDY、DNDC 模型等,进行土地质量变化对作物生产力的定量模拟。这些碳循环模型在设计、技术和机制上存在差别,模拟碳循环对作物生态系统的影响也各不相同。研究表明,合理提高土壤碳氮含量可以显著提高耕地生产水平,土壤有机碳含量每增加 1 g/kg,东北和西北地区玉米产量约增加176 kg/hm² 和 328 kg/hm² 不等。而关于有机碳对马铃薯生产的研究相对较少。

我国土壤有机碳密度分别低于世界平均水平的 30%和欧洲国家的 50%,有机碳含量不足严重阻碍作物稳产高产。我国东北地区土壤有机碳在 1.00%~1.50%,华北地区在 0.50%~0.80%,南方地区集中在 0.80%~1.20% 之间,而西北大部分地区在 0.50%以下,碳含量不足已成为制约西北地区粮食生产的重要因素之一。尽管中国目前对于不同区域和不同土地利用方式下土壤质量变化对作物生产的影响已有一些研究,但由于试验资料不足,或者引用模型的适用性不强,在广度和深度上与国外研究还存在明显差距,远远不能满足国家需求。西北干旱半干旱区面积占全国陆地面积的 30%,是我国生态环境最为脆弱的区域之一,干旱、贫瘠是影响区域农业可持续发展的主要因素。分布有大面积的黄绵土,是我国西北地区主要粮食、果蔬基地之一。目前,农业生产中施肥大多数仍采用经验法,存在盲目性,与精准农业的发展要求不适应。

近年来,玉米(*Zea mays* L.)全膜双垄沟播种技术已在西北旱作农业区广泛推广。该技术集抑蒸、垄沟集雨和种植于一体,有效实现了保墒蓄水、增加积温、减小侵蚀、减轻盐碱化的效果,农田土壤环境显著改善。在相同条件下,玉米全膜双垄沟播种比半膜平覆种植增产 35%以上,抗旱增产优势显著。

全世界 2/3 以上的国家种植马铃薯(*Solanum tuberosum* L.),年产量达 3.2 亿 t 以上,是仅次于小麦、玉米、水稻,是世界第四大粮食作物。我国马铃薯种植面积 530 多万 hm²,年产量 8 000 万 t,居世界前列。宁夏南部山区因其独特的地理位置和气候条件,成为我国马铃薯主要栽培区域之一。

本文选择西北典型半干旱区农田生态系统,利用 2017—2019 连续生态系统调查取样及观测数据,在区域尺度上定量模拟农田生态系统有机碳含量对地膜玉米和马铃薯生产水平的影响。为半干旱区土壤碳氮固定潜力及作物生产管理提供数据支持。

第一节　土壤有机碳对作物产量及产量组成的影响

一、土壤有机碳对地膜玉米产量及产量组成的影响

从土壤有机碳与地膜玉米产量的关系来看，耕层土壤有机碳含量越高，地膜玉米产量越高(表3-11-1)。耕层土壤有机碳含量3.00~6.00 g/kg，土壤有机碳含量每增加1 g/kg，地膜玉米增产26.41%~48.20%；耕层土壤有机碳含量6.00~9.00 g/kg，土壤有机碳含量每增加1 g/kg，地膜玉米增产18.32%~35.32%；耕层土壤有机碳含量9.00~13.00 g/kg，土壤有机碳含量每增加1 g/kg，地膜玉米增产0.27%~23.18%。

地膜玉米产量由每棒粒数、百粒重、收获株数决定。从土壤有机碳对地膜玉米产量组成的影响来看，土壤有机碳含量对收获株数影响不明显(表3-11-1)。但是，土壤有机碳含量增加对地膜玉米百粒重、每株粒数、每棒重量的影响非常明显(图3-11-1)。耕层土壤有机碳含量3.00~6.00 g/kg时，土壤有机碳含量每增加1 g/kg，玉米百粒重增加1.23~10.55 g，每棒粒数增加18.67~56.33粒，每棒重量增加16.99~40.39 g，增产26.42%~48.20%；有机碳含量6.00~12.00 g/kg时，有机碳含量每增加1 g/kg，玉米百粒重增加0.95~3.20 g，每棒粒数增加61.66~156.83粒，每棒重量增加32.55~66.54 g，增产18.52%~35.32%；有机碳含量9.00~13.00 g/kg时，有机碳含量每增加1 g/kg，百粒重呈不明显减少趋势，每棒粒数增加72.71~141.67粒，每棒重量增加0.3~67.54 g，增产0.27%~23.18%。

二、土壤有机碳对马铃薯产量及产量组成的影响

从表中可以看出，耕层土壤有机碳含量增高总体有利于马铃薯产量。耕层土壤有机碳4.00~13.00 g/kg，土壤有机碳含量每增加1 g/kg，马铃薯增产2.53%~31.98%。马铃薯产量由收获株数、每株薯块数、每块薯重量决定。研究表明，耕层土壤有机碳含量增加对马铃薯每株薯块数、每块薯重以及实际产量产生了明显的影响，而对收获株数无显著影响(表3-11-2)。

表3-11-1 土壤有机碳含量与玉米产量及产量组成的影响（彭阳县）

土壤有机碳 (g/kg)	收获株数 (万株/hm²)	百粒重 (g)	每棒粒数 (g)	每棒重量 (g)	实际产量 (kg/hm²)	增产 (%)
3.00~4.00	6.75a	17.88±0.63b	356.00±125.18b	63.25±10.28b	3 580.30±581.84b	/
4.00~5.00	6.75a	19.11±1.65bc	412.33±30.75bc	80.24±12.44b	4 525.96±701.72b	26.41
5.00~6.00	6.75a	28.43±3.99c	431.00±36.57bc	120.63±15.91bc	6 707.53±884.89bc	48.20
6.00~7.00	6.75a	33.15±2.87cd	495.08±34.20bc	163.38±15.9c	9 076.42±888.16c	35.32
7.00~8.00	6.75a	36.35±1.29d	556.74±29.48c	195.93±10.73c	10 739.18±588.17c	18.32
8.00~9.00	6.75a	37.30±0.97d	713.57±457.58d	262.47±23.02d	14 173.23±1 242.94d	31.98
9.00~10.00	6.75a	36.79±1.01d	712.43±64.73d	265.61±27.78d	14 656.79±1 532.87d	3.41
10.00~11.00	6.75a	34.36±1.09d	785.14±32.63d	272.90±14.60d	15 062.78±805.66d	2.77
11.00~12.00	6.75a	34.82±1.74d	767.00±79.61d	273.20±23.09d	15 103.36±1 276.46d	0.27
12.00~13.00	6.75a	38.20±0.82ab	908.00±106.98ad	340.74±42.55ad	18 606.96±2 323.81ad	23.18
平均	6.75a	34.40±0.75	627.47±20.13	217.19±8.50	119 30.92±463.86	18.94

半干旱区农田生态系统
水循环与有机碳对干旱的响应 | Responses of Water Cycle and Organic Carbon in
Farmland Ecosystem to Drought in Semiarid Area

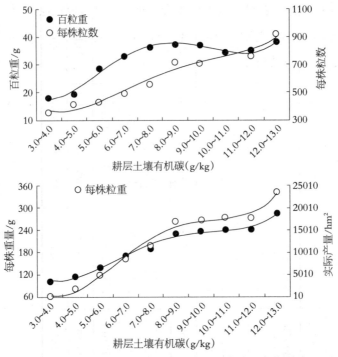

图 3-11-1　土壤有机碳对玉米产量及产量组成的影响

表 3-11-2　土壤有机碳含量与马铃薯产量及产量组成的影响（彭阳县）

土壤有机碳 （g/kg）	收获株数 （万株/hm²）	每株薯块数	平均每块薯重 量(g)	实际产量 （kg/hm²）	增产 （%）
4.00~5.00	5.25a	7.00±0.61a	48.72±0.55b	14 700.97±0.15b	/
5.00~6.00	5.25a	6.50±0.53c	67.54±1.40b	19 176.00±0.25b	30.44
6.00~7.00	5.25a	6.53±0.37c	69.40±0.73bc	19 661.23±0.60bc	2.53
7.00~8.00	5.25a	6.26±0.22 c	75.00±2.79c	20 436.59±0.50c	3.94
8.00~9.00	5.25a	6.64±0.37c	103.86±0.53d	24 678.10±0.56d	31.98
9.00~10.00	5.25a	5.60±0.30 b	113.67±0.31d	26 819.07±0.50d	20.75
10.00~11.00	5.25a	5.31±0.71b	122.74±0.38d	27 567.44±0.53d	8.68
11.00~12.00	5.25a	5.00±0.28b	132.96±0.25d	28 199.97±0.12d	2.79
12.00~13.00	5.25a	5.00±0.00b	135.00±0.59a	28 382.53±0.14a	2.29
平均	5.25a	5.97±0.38	217.19±8.50	22 728.38±40.522	7.94

注：每列中字母代表在 5% 以下差异显著，a 相对于 b 有显著性差异（$P<0.05$）。

从图中可以看出，耕层土壤有机碳含量越高，马铃薯每株块数下降越明显，但每块薯重明显增加（图3-11-2）。耕层土壤有机碳含量增加7.00~8.00 g/kg，马铃薯每株薯块数减少1.69~2.00块，每块薯重增加1.86~86.28 g。

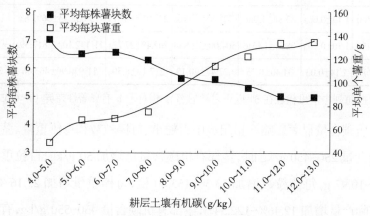

图3-11-2　土壤有机碳对马铃薯产量及产量组成的影响

第二节　作物植株体有机碳对作物产量及产量组成的影响

一、覆膜玉米植株体有机碳对产量及产量组成的影响

(一)地膜玉米根部有机碳对产量及产量组成的影响

在收获期对地膜玉米植物养分含量进行分析,数据表明,地膜玉米根部有机碳含量显著影响产量组成中百粒重和每棒粒数。根部有机碳含量250~400 g/kg,百粒重增加6.93~8.53 g,每棒粒数增加100.94~133.83粒,实际产量增加11.61%~15.51%;根部有机碳含量350~450 g/kg,每棒粒数呈减少趋势(表3-11-3)。表明,根部有机碳含量提高,一定程度上显著提高了地膜玉米百粒重和每棒每棒粒数,而超出350 g/kg后,更多养分流向植株根部,不利于作物产量的形成。

(二)地膜玉米茎有机碳对产量及产量组成的影响

在收获期对地膜玉米植物养分含量进行分析,数据表明,地膜玉米茎

表 3-11-3　玉米根部有机碳含量与产量及产量组成的影响（彭阳县）

根有机碳 （g/kg）	每株棒数 （棒）	百粒重 （g）	每棒粒数 （g）	每棒重量 （g）	实际产量 （kg/hm²）	增产 （%）
250~300	1.20±0.20a	26.61±4.79b	457.60±173.38ab	183.27±78.75a	10 108.20±4 292.33a	/
300~350	1.11±0.05a	35.14±1.16c	591.43±27.07b	204.93±11.56a	11 282.24±634.47a	11.61
350~400	1.19±0.06a	33.54±1.06c	701.37±1.06a	237.97±12.31a	13 035.33±669.08a	15.54
400~450	1.10±0.10a	38.51±1.43ac	504.00±72.85b	202.49±27.72a	11 142.10±1 817.39a	-14.64
平均	1.14±0.03	34.40±0.75	627.47±20.13	217.19±8.50	11 930.90±463.86	3.13

注：每列中字母代表在5%以下差异显著，a 相对于 b 有显著性差异（$P<0.05$）。

部有机碳含量显著影响产量组成中百粒重、每棒粒数和每棒重量。茎部有
机碳含量 250~450 g/kg 时，茎部有机碳含量每增加 50 g/kg，百粒重增加
1.75~10.97 g，每棒粒数增加 53.30~153.60 粒，每棒重量增加 25.16~85.15
g，实际产量增加 12.46%~122.54%；茎部有机碳含量 450~550 g/kg，有机碳
含量每增加 50 g/kg，百粒重减少 3.59 g，每棒重量减少 19.11 g，实际产量
减少 1.55%~8.56%。表明，茎部有机碳含量小于 450 g/kg 时，茎部有机碳
含量提高，显著提高地膜玉米产量组成和产量，而超出 450 g/kg 后，更多
养分流向植株茎部，不利于作物产量的形成（表3-11-4）。

表 3-11-4　地膜玉米茎部含量与产量及产量组成的影响（彭阳县）

茎有机碳 （g/kg）	每株棒数 （棒）	百粒重 （g）	每棒粒数 （g）	每棒重量 （g）	实际产量 （kg/hm²）	增产 （%）
250~300	1.00±0.20a	18.75±0.78b	349.00±17338ab	66.72±12.81b	3 768.67±717.06b	/
300~350	1.00±0.05a	29.72±4.94bc	502.60±27.07b	151.87±38.77bc	8 386.84±2113.97bc	122.54
350~400	1.18±0.06a	33.40±1.66c	612.88±1.06c	207.92±18.42c	11 400.01±998.44c	35.93
400~450	1.12±0.10a	35.15±0.85c	666.18±72.85b	233.08±9.84a	12 819.86±541.24ac	12.46
450~500	1.25±0.13a	38.45±0.68a	606.25±64.06b	230.29±23.59c	12 621.60±1297.54c	-1.55
500~550	1.00±0.00a	34.86±2.65c	621.33±92.00a	211.18±29.54c	11 540.80±1605.81c	-8.56
平均	1.14±0.03	34.40±0.75	627.47±20.13	217.19±8.50	11 930.90±463.86	26.80

注：每列中字母代表在5%以下差异显著，a 相对于 b 有显著性差异（$P<0.05$）。

(三)地膜玉米叶有机碳对产量及产量组成的影响

数据表明,地膜玉米叶部有机碳含量显著影响产量变化。茎部有机碳含量 250~600 g/kg 时,玉米产量和产量组成呈波动上升趋势。百粒重增加 1.22~7.44 g,每棒粒数增加 14.67~302.05 粒,每棒重量增加 34.85~138.99 g;整体看来,地膜玉米叶片有机碳含量增加促进产量的形成,尤其叶片有机碳含量较低时,极大地提高百粒重、每棒粒数、每棒重量和实际产量。伴随叶片有机碳含量不断增加,增产逐步减缓。表明,一定阈值内,叶片有机碳含量提高,能够显著提高地膜玉米产量组成和产量,而超出一定阈值后,更多养分流向植株,不利于作物产量的形成(表3-11-5)。

表 3-11-5 地膜玉米叶片有机碳含量与产量及产量组成的影响(彭阳县)

叶片有机碳(g/kg)	每株棒数(棒)	百粒重(g)	每棒粒数(g)	每棒重量(g)	实际产量(kg/hm²)	增产(%)
250~300	1.00±0.00a	24.81±5.33b	368.75±49.63b	96.42±29.42b	5 405.71±1 622.35b	/
300~350	1.30±0.15a	34.21±2.60c	670.80±74.36c	235.41±36.23c	12 840.10±1 934.75c	137.53
350~400	1.17±0.06a	32.02±1.13c	685.47±29.07ac	232.21±13.64c	12 284.12±747.54c	-4.33
400~450	1.11±0.06a	37.85±1.00c	573.81±35.87c	215.28±13.75c	11 818.36±755.18c	-7.95
450~500	1.00±0.00a	40.88±2.11a	491.50±57.09c	206.36±18.58c	11 307.81±1 027.80c	-4.32
500~550	1.33±0.33a	39.10±0.16c	627.67±207.84c	241.21±76.50ac	13 194.24±4 167.31c	16.68
550~600	1.00±0.00a	33.18±0.42c	696.00±92.00a	231.29±2.92c	12 704.24±161.74c	-3.71
平均	1.14±0.03	34.40±0.75	627.47±20.13	217.19±8.50	11 930.90±463.86	19.13

注:每列中字母代表在 5%以下差异显著,a 相对于 b 有显著性差异($P<0.05$)。

(四)地膜玉米植株有机碳对作物产量及产量组成的影响

在收获期对地膜玉米植物养分含量进行分析,数据表明,地膜玉米植株(根、茎、叶)有机碳含量显著影响作物产量和产量组成。植株有机碳含量 250~500 g/kg 时,百粒重伴随植株有机碳含量增高而持续增加。植株有机碳含量 250~500 g/kg 时,有机碳含量每增加 50 g/kg,百粒重增加 2.41~8.33 g,每棒粒数增加 83.31~279.40 粒,每棒重量增加 13.49~115.79 g,

半干旱区农田生态系统
水循环与有机碳对干旱的响应 | Responses of Water Cycle and Organic Carbon in
Farmland Ecosystem to Drought in Semiarid Area

实际产量增加 5.97%~211.26%；植株有机碳含量 450~500 g/kg，有机碳含量每增加 50 g/kg，每棒粒数、每棒重量以及实际产量趋于减少。其中，植株有机碳含量 450~500 g/kg 时，实际产量减少 22.63%。表明，植株有机碳含量 250~450 g/kg 时，伴随植株有机碳含量提高，地膜玉米产量组成和产量显著提高，而超出 450 g/kg 后，更多养分流向植株，不利于地膜玉米产量的形成（表 3-11-6）。

表 3-11-6　地膜玉米植株有机碳含量与产量及产量组成的影响（彭阳县）

植株有机碳(g/kg)	每株棒数(棒)	百粒重(g)	每棒粒数(g)	每棒重量(g)	实际产量(kg/hm²)	增产(%)
250~300	1.00±0.00a	18.48±0.48b	284.10±12.00b	52.99±0.93b	2 999.24±52.36b	/
300~350	1.13±0.13a	27.31±3.57b	563.50±97.88bc	168.78±47.26bc	9 335.34±2 574.78bc	211.26
350~400	1.16±0.05a	34.47±1.21c	646.81±28.95ac	221.82±12.10c	12 184.96±661.21c	30.53
400~450	1.14±0.07a	36.88±1.04c	641.48±35.93c	235.31±11.81ac	12 911.88±647.37ac	5.97
450~500	1.00±0.00a	38.46±1.78ac	485.33±102.90c	183.44±30.59c	9 989.39±1 617.05c	−22.63
平均	1.14±0.03	34.40±0.75	627.47±20.13	217.19±8.50	11 930.90±463.86	40.03

注：每列中字母代表在 5%以下差异显著，a 相对于 b 有显著性差异（$P<0.05$）。

二、马铃薯植株有机碳对产量及产量组成的影响

（一）马铃薯茎有机碳对作物产量及产量组成的影响

研究表明，调查区域马铃薯茎部有机碳含量提高，每株块呈现下降趋势，而每株马铃薯薯块总重量呈上升趋势（图 3-11-3）。研究发现，成熟期采集马铃薯植株样品中，马铃薯茎部有机碳含量（x）与每株薯所产马铃薯总重量（y）存在 $y=-24.633x^2+159.84x+294.07$ 关系，其中 $R^2=0.935$。表明，伴随马铃薯茎部有机碳含量增加，马铃薯数量减少。马铃薯茎部有机碳含量（x）与马铃薯每株薯块数（y）存在 $y=-1.79\ln(x)+7.717\ 1$（$R^2=0.800\ 8$）关系。表明，伴随植株茎部有机碳增加，每株薯产量呈不断上升趋势。但是茎部有机碳含量超出 400 g/kg 后，每株马铃薯的增产速度趋于平缓。表明，马铃薯实际产量伴随茎部有机碳含量的增加，呈不断上升趋势。茎部

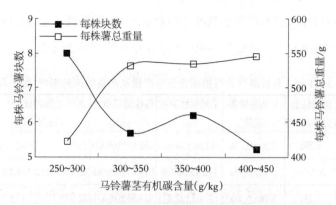

图 3-11-3 马铃薯茎部有机碳含量对产量及产量组成的影响

有机碳含量 250.00~450.00 g/kg，马铃薯增产 22.96%~0.96%，茎部有机碳含量越高，实际产量增产越少（表3-11-7）。

表 3-11-7 马铃薯茎部有机碳含量与产量及产量组成的影响（彭阳县）

茎有机碳 （g/kg）	每株株数 （万株/hm²）	平均每株薯 块数	平均每块薯重 （g）	每株薯总重量 （g）	实际产量 （kg/hm²）	增产 （%）
250~300	5.25a	8.00±2.00a	58.01±20.22c	423.64±45.75b	18 395.50±2 107.48b	/
300~350	5.255a	5.72±0.45b	169.04±48.73a	532.14±58.72a	22 618.30±2 483.97a	22.96
350~400	5.25a	6.21±0.13b	114.76±6.39a	534.97±40.40a	22 837.00±1 712.06a	1.00
400~450	5.25a	5.25±0.39b	98.63±12.55ab	544.94±44.30a	23 055.20±1 868.87a	0.96
平均	5.25	5.14±0.28	125.81±12.95	540.29±30.86	22 659.70±1 186.87	6.23

注：每列中字母代表在 5%以下差异显著，a 相对于 b 有显著性差异（$P<0.05$）。

（二）马铃薯叶片有机碳对作物产量及产量组成的影响

研究表明，调查区域马铃薯叶片有机碳含量提高，每株块呈现下降趋势，而每株马铃薯薯块总重量呈上升趋势（图 3-11-4）。研究发现，成熟期采集马铃薯植株样品中，马铃薯叶片有机碳含量（x）与每株薯所产马铃薯总重量（y）存在 $y=0.227\ 9x^2-1.524\ 3x+8.301\ 9$ 关系，其中 $R^2=0.999\ 3$。表明，伴随马铃薯叶片有机碳含量增加，马铃薯数量减少。马铃薯叶片有机碳含量（x）与马铃薯每株薯块数（y）存在 $y=433.53x^{0.220\ 4}$（$R^2=$

半干旱区农田生态系统
水循环与有机碳对干旱的响应 ▎Responses of Water Cycle and Organic Carbon in
Farmland Ecosystem to Drought in Semiarid Area

0.927 2)关系。表明,伴随植株叶片有机碳增加,每株薯产量呈不断上升趋势(表3-11-8)。

表3-11-8　马铃薯叶片有机碳含量与产量及产量组成的影响(彭阳县)

叶片有机碳(g/kg)	每株株数(万株/hm²)	平均每株薯块数	平均每块薯重(g)	每株薯总重量(g)	实际产量(kg/hm²)	增产(%)
250~300	5.25a	7.00±0.77a	111.66±24.62b	632.43±168.83a	269 22.60±7 062.12a	—
300~350	5.255a	6.18±0.35a	112.43±8.73b	518.67±49.96b	22 152.20±2 124.29b	-17.72
350~400	5.25a	5.76±0.33a	137.68±22.81a	524.55±36.57b	22 329.10±1 547.83b	0.80
400~450	5.25a	5.86±0.77a	88.61±12.41c	605.00±109.94a	25 586.50±4 635.60a	14.59
平均	5.25	5.14±0.28	125.81±12.95	540.29±30.86	22 659.70±1 186.87	-2.33

注:每列中字母代表在5%以下差异显著,a相对于b有显著性差异($P<0.05$)。

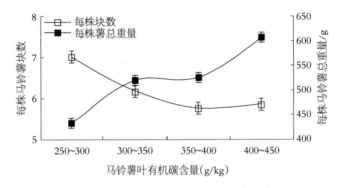

图3-11-4　马铃薯叶部有机碳含量对产量及产量组成的影响

(三)马铃薯植株有机碳对产量及产量组成的影响

在收获期采集马铃薯植株及马铃薯,并对植株养分含量进行分析,数据表明,马铃薯植株(茎、叶)有机碳含量显著影响作物产量和产量组成。植株有机碳含量为250~450 g/kg时,马铃薯植株有机碳含量(x)与每株薯所产马铃薯块数(y)存在$y=0.337 6x^2-2.328 6x+9.597 7$($R^2=0.972 1$)关系,马铃薯植株有机碳含量($x$)与平均每块薯重($y$)存在$y=-15.078x^2+80.511x+22.071$($R^2=0.778 6$)关系。表明每株薯块数伴随植株有机碳含量增高而持续减少(图3-11-5)。植株有机碳含量为250~400 g/kg时,有机碳含量每增加 50 g/kg，每株薯块数减少 0.28~1.56 块，每块薯重增加 19.89~28.20 g。植株有机碳含量超过 450.00 g/kg 后，每块薯重呈减少趋势。植株有机碳含量 250~300 g/kg，实际产量最高，伴随植株有机碳含量增加，实际产量不断减少。表明，植株有机碳含量 250~450 g/kg 时，植株有机碳含量提高，实际产量呈减少趋势，更多养分流向植株，不利于马铃薯产量的形成（表3-11-9）。

表 3-11-9　马铃薯植株有机碳含量与产量及产量组成的影响（彭阳县）

植株有机碳(g/kg)	每株株数(万株/hm²)	平均每株薯块数	平均每块薯重(g)	每株薯总重量(g)	实际产量(kg/hm²)	增产(%)
250~300	5.25a	7.67±1.20a	91.35±18.90b	741.98±272.02a	31 518.20±11 350.20a	—
300~350	5.255a	6.11±0.36b	111.24±9.16b	524.43±47.13b	22 394.80±2 000.46b	-28.95
350~400	5.25a	5.83±0.33c	139.44±23.58a	529.26±38.73b	22 531.80±1 639.42b	0.61
400~450	5.25a	5.63±0.65b	99.02±23.36b	525.92±78.88b	22 235.60±3 335.39b	-1.31
平均	5.25	5.14±0.28	125.81±12.95	540.29±30.86	22 659.70±1 186.87	-7.41

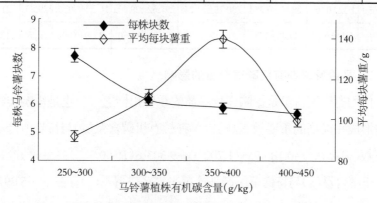

图 3-11-5　马铃薯植株有机碳含量对产量及产量组成的影响

第三节　作物籽粒有机碳对作物产量及产量组成的影响

一、地膜玉米籽粒有机碳对产量的影响

有机碳含量是影响作物品质的重要指标之一。同时，有机碳含量在很

半干旱区农田生态系统
水循环与有机碳对干旱的响应 | Responses of Water Cycle and Organic Carbon in
Farmland Ecosystem to Drought in Semiarid Area

大程度上影响作物产量的形成和提高。研究表明,地膜玉米籽粒有机碳含量 350~650 g/kg 时,伴随籽粒有机碳含量的提高,地膜玉米产量组成和产量呈波动上升趋势。其中,籽粒有机碳含量为 500~650 g/kg 时,产量和产量组成为最高值。籽粒有机碳含量为 350~450 g/kg 时,极大地提高了地膜玉米的增加,增产 46.55%。总体来看,籽粒有机碳含量提升,对玉米产量的形成积极的正效应(表 3-11-10)。

表 3-11-10　地膜玉米籽粒有机碳含量与产量及产量组成的影响(彭阳县)

籽粒有机碳(g/kg)	每株棒数(棒)	百粒重(g)	每棒粒数(g)	每棒重量(g)	实际产量(kg/hm²)	增产(%)
350~400	1.11±0.06b	22.92±1.92c	559.11±65.54bd	138.13±24.78b	7 642.48±1 351.94b	/
400~450	1.14±0.10b	30.85±1.18c	643.92±33.03bd	204.10±14.84c	11 200.03±799.87c	46.55
450~500	1.00±0.13b	38.60±1.20d	530.48±23.75c	200.29±9.44c	10 974.08±519.34c	-2.02
500~550	1.33±0.00a	37.87±1.03d	704.07±69.35d	266.08±23.08d	14 649.00±1 269.40c	33.49
550~600	1.14±0.20b	39.47±0.68ad	638.86±68.19c	247.00±23.39d	13 539.40±1 385.77d	-7.58
600~650	1.32±0.05a	38.55±0.28d	780.78±72.24a	297.62±29.63a	16 394.70±1 629.83a	21.09
平均	1.14±0.03	34.40±0.75	217.19±8.50	217.19±8.50	11 930.90±463.86	15.26

二、马铃薯薯块有机碳对产量的影响

作物有机碳含量是影响作物品质的重要指标之一，也是影响作物产量的形成和提高的重要因素。马铃薯籽粒有机碳含量(x)与每株所产马铃薯块数(y)存在 $y=0.180\ 7x^2-1.702\ 1x+9.503\ 6$($R^2=0.987$)关系,马铃薯植株有机碳含量($x$)与每株薯所产马铃薯平均每块薯重($y$)存在 $y=-5.297x^2+33.336x+74.293$($R^2=0.921\ 7$)关系(图 3-11-6)。研究表明,马铃薯有机碳含量为 250~400 g/kg 时,伴随马铃薯有机碳含量的提高,马铃薯每株块数呈持续下降趋势,每块薯重呈波动上升趋势,马铃薯有机碳含量每增加 50 g/kg,马铃薯减少 0.53~1.37 块,平均每块薯重增加 12.50~26.93 g。其中,马铃薯有机碳含量 250~300 g/kg 时,每株薯块数和实际产量为最高值。总体来看,马铃薯有机碳含量为 250.00~550.00 g/kg 时,伴随马铃薯有机碳含量提升,马铃薯产量呈波动下降趋势。表明,研究区域马铃薯薯块有机碳含量过高,不利于马铃薯产量的形成(表3-11-11)。

表 3-11-11   马铃薯薯块有机碳含量与产量及产量组成的影响(彭阳县)

马铃薯有机碳(g/kg)	每株株数(万株/hm²)	平均每株薯块数	平均每块薯重(g)	每株薯总重量(g)	实际产量(kg/hm²)	增产(%)
250~300	5.25a	8.00±2.00a	103.42±25.19b	877.05±408.32a	37 690.30±17 335.20a	—
300~350	5.25a	6.73±0.60b	115.90±9.33b	582.09±73.70b	24 910.70±3 138.87b	−33.91
350~400	5.25a	6.20±0.38b	142.83±30.99a	508.31±45.90c	21 676.60±1 945.56c	−12.98
400~450	5.25a	5.45±0.39c	116.67±10.44b	545.30±51.93c	23 138.80±2 184.40b	−6.75
450~500	5.25a	5.54±0.55c	112.45±16.38b	489.35±72.17c	20 836.80±3 052.27c	9.95
500~550	5.25a	5.80±1.07c	82.53±7.55	517.09±91.67c	21 973.90±3 884.06c	5.46
平均	5.25	5.14±0.28	125.81±12.95	540.29±30.86	22 659.70±1 186.87	−6.37

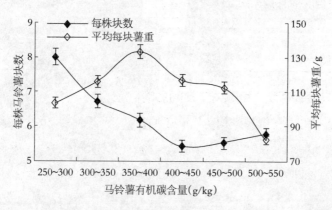

图 3-11-6   马铃薯薯块有机碳含量对产量及产量组成的影响

研究表明,地膜玉米耕层土壤有机碳含量小于13.00 g/kg时,伴随土壤有机碳含量增加,地膜玉米和马铃薯实际产量增产显著。耕层土壤有机碳含量每增加 1 g/kg,地膜玉米和马铃薯分别增产 18.94%、7.94%。地膜玉米植株平均有机碳含量 250.00~450.00 g/kg 时,百粒重和每棒重量显著上升,而超出 450.00 g/kg 后,更多养分流向植株,不利于玉米产量的积累。

半干旱区农田生态系统
水循环与有机碳对干旱的响应 | Responses of Water Cycle and Organic Carbon in
Farmland Ecosystem to Drought in Semiarid Area

马铃薯植株平均有机碳含量 250.00~450.00 g/kg 时，马铃薯每株薯块显著
减少，每块薯重和实际产量呈现波动下降趋势。地膜玉米籽粒有机碳含量
350.00~650.00 g/kg 时，百粒重和每棒重量呈现波动上升趋势。表明一定
阈值内籽粒有机碳含量增加，促进产量的形成。马铃薯有机碳含量
250.00~500.00 g/kg 时，每株薯块显著减少，每块薯重和实际产量呈现波
动下降趋势。表明，研究区域内，马铃薯植株和薯块有机碳含量相对较为
丰富，碳含量增加对产量的形成和积累影响相对较弱。

农田生态系统土壤与马铃薯作物有机碳库时空变化研究

第十二章 农田生态系统有机碳与作物品质的相关性

农田生态系统固碳的目的是将大气中 CO_2 在农田土壤和农田植被中,增强生态系统的碳储量,从而降低大气温室气体浓度,减缓 CO_2 对全区变暖的响应。大气 CO_2 浓度增加,全球变暖,影响农田生态系统的固碳能力。为了提高农田土壤质量,必须有效减少土壤碳的流失,增加化肥以及资金技术的投入,但又造成了耕层土壤侵蚀等危害。近年来,农田生态系统固碳在减缓区域温室气体排放方面发挥着重要作用,农田生态系统碳储量的研究成为农田生态系统固碳研究的热点。

伴随城市化水平和人口的不断增加,增强土壤碳储量,对作物品质的提高具有积极意义。目前,我国土壤农田生态系统碳储量普遍偏低,说明我国农田生态系统整体质量不高,但这也说明我国农田生态系统固碳潜力巨大。彭阳县是宁夏南部山区重要的农业大县,主要粮食作物有地膜玉米、马铃薯、春小麦等。由于我国西北半干旱区较为脆弱的生态环境,以及农业生产中存在的耕地数量减少、质量下降、后备资源不足等问题,影响县域农田生态系统碳储量以及作物品质的提高。

第一节 农田土壤有机碳与作物品质的相关性

一、土壤有机碳与地膜玉米籽粒品质的相关性

从耕层土壤有机碳含量对地膜玉米品质的影响来看,耕层土壤有机

碳含量的增加与地膜玉米品质呈显著正相关性。耕层土壤有机碳含量3.00~13.00 g/kg,土壤有机碳含量(x)和地膜玉米籽粒有机碳含量(y)存在$y=0.045\ 5x^2+17.085x+372.33$($R^2=0.981\ 1,P<0.05$)相关关系;土壤有机碳含量($x$)和地膜玉米籽粒全氮含量($y$)存在$y=-0.262x^2+3.3937x+8.168$($R^2=0.843\ 8,P<0.05$)相关关系。表明耕层土壤有机碳含量增加,玉米籽粒对温室气体的固定呈现积极的正效应(表3-12-1)。

耕层土壤有机碳含量 3.00~13.00 g/kg,土壤有机碳含量每增加1 g/kg,玉米籽粒有机碳含量增加 0.97~31.88 g/kg;籽粒粗蛋白含量增加0.08~33.06 g/kg;淀粉含量增加 1.46~93.17 g/kg;脂肪含量增加 0.36~3.56 g/kg;可溶性碳含量增加 0.01~3.83 mg/100 g。耕层土壤有机碳含量为 3.00~13.00 g/kg,籽粒全氮和全磷含量呈先增加后减少趋势。耕层土壤有机碳含量为 3.00~9.00 g/kg 时,土壤有机碳含量每增加 1 g/kg,籽粒全氮含量增加 0.68~2.31 g/kg;耕层土壤为 8.00~13.00 g/kg 时,土壤有机碳含量每增加 1 g/kg,籽粒全氮含量减少 0.31~2.68 g/kg。耕层土壤有机碳含量为 3.00~7.00 g/kg 时,土壤有机碳含量每增加 1 g/kg,籽粒全磷含量增加0.52~0.94 g/kg;耕层土壤为 7.00~13.00 g/kg 时,土壤有机碳含量每增加1 g/kg,籽粒全磷含量减少 0.01~0.68 g/kg(表 3-12-1)。

研究发现,研究区域内耕层土壤有机碳含量 3.00~13.00 g/kg,伴随土壤有机碳含量增加,地膜玉米籽粒品质和碳储存能力呈快速增加后逐渐平稳趋势。表明一定阈值内,研究区域耕层土壤有机碳含量的增加,对玉米籽粒品质的提升呈现积极的正效应,而超出这个阈值,品质含量的增加将逐渐减小。

二、土壤有机碳与马铃薯块茎品质的相关性

蛋白质、淀粉、糖含量等是反应马铃薯品质高低的重要指标,而有机碳和全氮是反应温室气体储存量的重要指标。从耕层土壤有机碳含量对马铃薯薯块品质的影响来看,耕层土壤有机碳含量的增加与马铃薯品质呈显著正相关性。耕层土壤有机碳含量 4.00~13.00 g/kg,土壤有机碳含量

表 3-12-1　土壤有机碳对玉米品质的影响（彭阳县）

土壤有机碳 (g/kg)	有机碳 (g/kg)	全氮 (g/kg)	全磷 (g/kg)	蛋白 (g/kg)	淀粉 (g/kg)	脂肪 (g/kg)	可溶性糖 (mg/100 g)
3.00~4.00	388.71±2.67e	12.15±2.67d	1.90±0.24c	70.49±11.00d	491.61±89.79e	25.28±2.88e	11.43±0.73e
4.00~5.00	401.51±3.28e	12.83±2.31d	2.84±1.07b	70.95±1.12d	557.99±47.53d	25.64±2.88e	11.69±0.49e
5.00~6.00	429.49±16.23d	15.14±1.91c	3.36±1.04b	72.05±4.08d	651.16±45.44cd	26.78±1.81e	15.52±2.84d
6.00~7.00	442.47±13.87d	17.40±2.30b	4.09±0.72a	105.11±13.29c	668.42±25.42c	27.72±1.46e	16.76±1.73cd
7.00~8.00	466.62±8.70d	19.95±1.76a	3.67±0.39b	113.20±11.34bc	674.43±15.62c	27.76±0.86e	17.54±1.49c
8.00~9.00	467.86±11.96d	20.80±2.40a	2.99±0.46b	114.35±17.08b	675.89±33.15c	30.24±1.68de	18.12±1.54bc
9.00~10.00	499.74±29.51c	18.12±1.54a	2.88±0.45b	114.43±9.18b	686.55±11.10c	33.80±2.39cd	19.10±1.70b
10.00~11.00	509.32±20.06bc	17.33±1.25b	2.87±0.35b	115.28±9.30b	707.46±5.85b	36.99±0.60 bc	19.11±1.37b
11.00~12.00	517.05±1.09b	17.02±0.25b	2.70±0.38b	123.94±20.71a	709.51±27.38b	38.33±0.67ab	24.11±3.78a
12.00~13.00	557.67±77.82a	16.71±1.10c	2.61±0.49b	124.86±20.18a	748.05±19.98a	39.67±1.67a	24.77±3.99a
平均	473.09±6.80	18.35±0.78	3.42±0.19	103.28±4.92	666.39±8.41	30.88±0.62	16.31±0.79

注：每列中字母代表在 5%以下差异显著，a 相对于 b 有显著性差异（$P<0.05$）。

表 3-12-2　土壤有机碳对马铃薯品质的影响(彭阳县)

土壤有机碳 (kg)	有机碳 (g/kg)	全氮 (g/kg)	全磷 (g/kg)	蛋白 (g/kg)	淀粉 (g/kg)	干物质 (g/kg)	脂肪 (g/kg)	维生素 (mg/100 g)	可溶性糖 (mg/100 g)
4.0~5.0	351.78±35.27e	19.43±3.27e	1.86±0.11c	64.72±2.43e	606.77±57.06d	128.83±6.78e	2.78±1.06c	7.25±0.34e	10.97±0.75d
5.0~6.0	370.61±11.92d	24.09±2.51d	1.91±0.37c	74.81±7.47de	611.51±8.25d	136.82±3.51e	3.02±0.58bc	7.46±1.11e	10.98±0.54d
6.0~7.0	371.58±11.83d	30.85±1.36c	2.01±0.19bc	92.61±8.21c	613.06±15.42d	156.78±4.73d	3.67±0.30ab	8.03±0.34de	12.27±1.03c
7.00~8.00	401.82±8.64c	31.70±0.93c	2.21±0.18ab	103.49±6.75b	650.38±7.34c	177.61±22.82cd	3.75±0.17a	8.92±0.45c	12.60±0.55c
8.00~9.00	403.25±10.82c	35.34±1.73b	2.25±0.18ab	105.21±8.64b	666.82±13.18bc	210.91±11.01b	3.80±0.22a	9.05±0.71c	13.59±0.70b
9.00~10.00	405.16±5.87c	35.69±1.89b	2.26±0.46ab	106.57±22.69b	694.26±35.46ab	213.45±5.69b	3.81±0.34a	9.22±0.71bc	14.54±2.25a
10.00~11.00	409.85±14.35bc	36.24±1.20ab	2.31±0.27a	110.21±8.39a	702.78±18.23a	218.85±7.63b	3.85±0.24a	9.40±0.29b	14.58±1.33a
11.00~12.00	413.04±6.48ab	37.35±0.61a	2.35±0.58a	111.34±6.26a	707.14±88.95a	223.66±2.86b	3.87±0.25a	9.58±0.53b	14.72±1.16a
12.00~13.00	415.17±17.15a	37.51±3.10a	2.36±0.39a	111.74±0.53a	723.37±10.13a	243.32±13.72a	3.91±0.51a	10.37±1.78a	14.76±0.61a
平均	401.58±5.00	33.57±0.72	2.17±0.09	103.15±3.83	658.30±6.25	233.52±10.26	3.69±0.10	9.75±2.67	13.13±0.36

(x)和马铃薯有机碳含量(y)存在 $y=-1.163\,3x^2+19.312x+333.86$($R^2=$ 0.949\,8,$P<0.05$)相关关系;土壤有机碳含量(x)和马铃薯全氮含量(y)存在 $y=-0.394\,6x^2+6.059\,7x+14.217$($R^2=0.977$,$P<0.05$)相关关系。表明,伴随耕层土壤有机碳含量增加,马铃薯薯块对温室气体的固定呈现积极的正效应(表3-12-2)。

耕层土壤有机碳含量 4.00~13.00 g/kg,土壤有机碳含量每增加 1 g/kg,玉米籽粒有机碳含量增加 0.97~30.24 g/kg,籽粒全氮含量增加 0.16~4.66 g/kg,籽粒全磷含量增加 0.01~0.20 g/kg,籽粒粗蛋白含量增加 0.40~17.80 g/kg,淀粉含量增加 1.55~37.32 g/kg,粗脂肪含量增加 0.01~ 0.65 g/kg,可溶性碳含量增加 0.01~0.99 mg/100g,干物质含量增加 4.81~ 33.30 g/kg,维生素 C 含量增加 0.13~0.89 mg/100g(表3-12-2)。

研究发现,研究区域内耕层土壤有机碳含量 4.00~13.00 g/kg,土壤有机碳含量增加,对马铃薯品质和有机碳储存呈现积极的正效应。表明,在固原半干旱区,农田土壤有机碳含量增加存在上升空间。耕层土壤有机碳含量提高,极大地促进了马铃薯品质和农田生态系统有机碳储存的增加。

第二节　作物植株有机碳与作物品质的相关性

一、地膜玉米植株有机碳与品质的相关性

(一)地膜玉米根部有机碳与品质的相关性

农田植被碳储量是全球陆地生态系统碳库的重要组成部分。研究分析作物植被碳储量对地膜玉米籽粒品质的影响,不仅反应植被碳储量的利用率,而且对作物品质的提高具有重要指导意义。从地膜玉米根部有机碳含量对籽粒品质的影响来看,伴随玉米根部有机碳含量增加,玉米籽粒品质呈现积极的正效应。地膜玉米根部有机碳含量为 250.00~450.00 g/kg 时,根部有机碳含量(x)和籽粒有机碳含量(y)存在 $y=-9.022\,6x^2+68.602x$ $+355.24$($R^2=0.912\,8$,$P<0.05$)相关关系;根部有机碳含量(x)和籽粒全氮

半干旱区农田生态系统
水循环与有机碳对干旱的响应　Responses of Water Cycle and Organic Carbon in
Farmland Ecosystem to Drought in Semiarid Area

含量(y)存在 $y=-1.330\ 6x^2+8.924\ 3x+4.903\ 4$($R^2=0.995\ 7$,$P<0.05$)相关关系(表3–12–3)。

研究表明,地膜玉米根部有机碳含量250.00~450.00 g/kg,根部有机碳含量每增加10 g/kg,籽粒有机碳含量增加0.09~11.18 g/kg,籽粒全磷含量增加0.12~0.37 g/kg,蛋白质含量增加0.22~6.71 g/kg;淀粉含量增加0.26~37.29 g/kg,可溶性糖含量增加0.05~1.46 mg/100 g。地膜玉米根部有机碳含量250.00~450.00 g/kg,籽粒全氮和脂肪含量呈先增加后减少、总体增加趋势。根部有机碳含量250.00~400.00 g/kg,根部有机碳含量每增加10 g/kg,籽粒全氮和脂肪含量分别增加1.05~2.35、0.27~0.95 g/kg;根部有机碳含量超出400.00 g/kg,籽粒全氮和脂肪含量呈现微弱下降趋势。

总体来看,地膜玉米根部有机碳含量增加,对籽粒品质和温室气体的储存量提高,都呈现积极的正效应。因此,应合理提高作物根部碳含量,为粮食安全和生态安全提供保障。

(二)地膜玉米茎部有机碳与品质的相关性

研究表明,地膜玉米茎部有机碳含量与籽粒品质呈现积极的正效应。地膜玉米茎部有机碳含量为250.00~550.00 g/kg时,茎部有机碳含量(x)和籽粒有机碳含量(y)存在 $y=-3.553\ 8x^2+41.892x+355.64$($R^2=0.963\ 9$,$P<0.05$)相关关系。地膜玉米茎部有机碳含量为250.00~550.00 g/kg时,茎部有机碳含量(x)和籽粒全氮含量(y)存在 $y=-0.617\ 5x^2+6.181\ 9x+4.934\ 6$($R^2=0.932\ 2$,$P<0.05$)相关关系(表3–12–4)。

由表3–23可以看出,玉米茎部有机碳含量分布在250.00~550.00 g/kg,茎部有机碳含量每增加10 g/kg,籽粒有机碳含量增加1.05~8.49 g/kg,全磷含量增加0.01~0.19 g/kg,蛋白质含量增加0.44~3.78 g/kg,淀粉含量增加4.75~22.70 g/kg,粗脂肪含量增加0.04~0.95 g/kg,可溶性糖含量增加0.01~1.00 mg/100 g。地膜玉米茎部有机碳含量为250.00~550.00 g/kg时,全氮含量呈先增加后减少趋势。其中,茎部有机碳含量250.00~450.00 g/kg

表 3-12-3　地膜玉米根部有机碳对籽粒品质的影响（彭阳县）

根部有机碳 （g/kg）	有机碳 （g/kg）	全氮 （g/kg）	全磷 （g/kg）	蛋白 （g/kg）	淀粉 （g/kg）	脂肪 （g/kg）	可溶性糖 （mg/100 g）
250~300	410.98±15.53c	12.41±1.84c	1.88±0.22d	70.42±5.22c	488.56±42.49c	27.70±3.11c	10.03±1.23b
300~350	467.87±10.46b	17.68±1.05b	3.10±0.30c	103.96±6.30b	675.01±12.58b	29.06±0.83bc	17.34±1.10a
350~400	468.33±10.68b	19.45±1.38a	3.71±0.23bc	105.08±8.75b	676.32±13.95b	33.79±0.90a	17.58±1.03a
400~450	489.12±24.63a	19.40±2.54a	4.34±0.83a	111.05±18.71a	712.10±24.37a	33.76±2.59a	18.05±2.45a
平均	473.09±6.80	18.35±0.78	3.42±0.19	103.28±4.92	666.39±8.41	30.88±0.62	16.31±0.79

注：每列中字母代表在 5%以下差异显著，a 相对于 b 有显著性差异（$P<0.05$）。

半干旱区农田生态系统
水循环与有机碳对干旱的响应　　Responses of Water Cycle and Organic Carbon in
Farmland Ecosystem to Drought in Semiarid Area

表 3-12-4　地膜玉米茎部有机碳对籽粒品质的影响（彭阳县）

茎部有机碳 （g/kg）	有机碳 （g/kg）	全氮 （g/kg）	全磷 （g/kg）	蛋白 （g/kg）	淀粉 （g/kg）	脂肪 （g/kg）	可溶性糖 （mg/100 g）
250~300	398.41±1.88c	9.85±0.25c	2.19±0.50d	62.85±6.22e	432.23±31.30f	24.72±1.85c	12.08±0.49c
300~350	413.93±15.21b	16.52±2.36b	2.57±0.84cd	79.07±4.67d	527.81±33.00e	29.45±5.11b	13.16±2.12c
350~400	456.40±9.60a	16.56±0.79b	3.50±0.35b	88.76±3.68cd	639.15±16.93d	30.24±0.89b	17.59±1.18b
400~450	468.47±12.15a	20.20±1.38a	3.55±0.26b	107.68±8.41b	704.54±6.19c	30.83±1.01b	17.92±1.02b
450~500	473.74±11.31a	20.13±2.25a	3.82±0.60b	109.88±14.63b	728.27±21.83bc	31.01±3.03b	17.96±1.90b
500~550	479.22±62.23a	19.97±7.04a	4.40±2.44a	121.91±44.87a	769.72±56.19a	35.63±3.18a	22.96±8.45a
平均	473.09±6.80	18.35±0.78	3.42±0.19	103.28±4.92	666.39±8.41	30.88±0.62	16.31±0.79

注：每列中字母代表在 5% 下差异显著，a 相对于 b 有显著性差异（P<0.05）。

时,茎部有机碳含量每增加 10 g/kg,籽粒全氮含量增加 0.01~1.33 g/kg;茎部有机碳含量超过 450.00 g/kg 后,籽粒全氮含量呈现微弱下降趋势(表 3-12-4)。

总体来看,地膜玉米茎部有机碳含量增加对籽粒品质的提高呈现积极的正效应。因此,应合理提高玉米茎部有机碳含量,积极促进籽粒品质的提高。

(三)地膜玉米叶部有机碳与品质的相关性

研究表明,地膜玉米叶片有机碳含量与籽粒品质呈现积极的正效应。地膜玉米叶片有机碳含量为 250.00~550.00 g/kg 时,叶片有机碳含量(x)和籽粒有机碳含量(y)存在 $y=-3.713\ 7x^2+40.265x+370.7$($R^2=0.872,P<0.05$)相关关系。地膜玉米叶片有机碳含量为 250.00~550.00 g/kg 时,叶片有机碳含量(x)和籽粒全氮含量(y)存在 $y=-0.514x^2+4.644\ 5x+9.484\ 7$($R^2=0.769,P<0.05$)相关关系。由表可以看出,玉米茎部有机碳含量分布在 250.00~600.00 g/kg,茎部有机碳含量每增加 10 g/kg,籽粒有机碳含量增加 0.10~10.72 g/kg,全磷含含量增加 0.01~0.19 g/kg,蛋白质含量增加 0.34~7.80 g/kg,淀粉含量增加 0.55~9.70 g/kg,粗脂肪含量增加 0.03~9.20 g/kg,可溶性糖含量增加 0.17~0.83 mg/100 g。地膜玉米茎部有机碳含量为 250.00~600.00 g/kg 时,全氮和全磷含量呈先增加后减少趋势。其中,茎部有机碳含量为 250.00~450.00 g/kg 时,茎部有机碳含量每增加 10 g/kg,籽粒全氮含量增加 0.01~1.33 g/kg;茎部有机碳含量超过 450.00 g/kg 后,籽粒全氮含量呈现微弱下降趋势(表 3-12-5)。

总体来看,地膜玉米茎部有机碳含量增加对籽粒品质的提高呈现积极的正效应。因此,应合理提高玉米茎部有机碳含量,积极促进籽粒品质的提高。

(四)地膜玉米植株有机碳与品质的相关性

研究表明,地膜玉米根茎叶有机碳平均含量与籽粒品质呈现显著正相关。地膜玉米植株有机碳含量为 250.00~500.00 g/kg 时,植株有机碳含

表3-12-5　地膜玉米叶片有机碳对籽粒品质的影响（彭阳县）

叶部有机碳 （g/kg）	有机碳 （g/kg）	全氮 （g/kg）	全磷 （g/kg）	蛋白 （g/kg）	淀粉 （g/kg）	脂肪 （g/kg）	可溶性糖 （mg/100 g）
250~300	395.93±9.48d	13.05±2.08c	2.32±0.83c	69.94±7.19f	502.26±58.19e	26.76±2.53b	12.17±0.58c
300~350	449.52±20.15c	17.70±1.98b	3.17±0.80b	82.08±6.12e	650.78±46.57d	30.12±1.74a	16.34±1.95b
350~400	467.69±10.67b	17.80±0.69b	3.23±0.24b	91.08±3.13de	656.29±12.23cd	31.13±1.03a	17.24±0.90b
400~450	469.15±14.07b	21.78±2.15a	3.42±0.32b	130.09±14.31a	703.31±13.17b	31.28±1.34a	18.09±1.48b
450~500	469.63±5.52b	18.68±2.21b	4.65±0.69a	114.04±14.13b	706.05±13.35b	31.74±1.38a	19.58±2.15b
500~550	471.13±27.85b	17.85±0.13b	3.84±1.09b	112.35±5.09b	709.61±66.03b	32.00±3.00a	20.31±4.46b
550~600	479.39±36.56a	17.62±1.87b	3.52±0.92b	106.33±20.54c	713.69±39.37a	33.18±1.90a	22.12±2.64a
平均	473.09±6.80	18.35±0.78	3.42±0.19	103.28±4.92	666.39±8.41	30.88±0.62	16.31±0.79

注：每列中字母代表在5%以下差异显著，a相对于b有显著性差异（$P<0.05$）。

量(x)和籽粒有机碳含量(y)存在 $y=-9.213\ 2x^2+80.992x+306.02$($R^2=$ 0.951 3,$P<0.05$)相关关系。地膜玉米植株有机碳含量 250.00~500.00 g/kg 时,植株有机碳含量(x)和籽粒全氮含量(y)存在 $y=-0.788\ 8x^2+7.176\ 9x+$ 3.490 6($R^2=0.977$,$P<0.05$)相关关系(表 3-12-7)。

由表 3-25 可以看出,玉米植株平均有机碳含量分布在 250.00~ 500.00 g/kg 之间。植株有机碳含量每增加 10 g/kg,籽粒有机碳含量增加 0.05~12.39 g/kg, 全氮含量增加 0.13~1.18 g/kg, 蛋白质含量增加 0.97~ 4.87 g/kg,淀粉含量增加 7.00~34.81 g/kg,粗脂肪含量增加 0.02~1.09 g/kg; 可溶性糖含量增加 0.01~1.24 mg/100 g。地膜玉米植株有机碳含量 250.00~550.00 g/kg 时,全磷含量呈波动上升趋势,全磷含量增加 0.01~ 1.53 g/kg(表 3-12-6)。

总体来看,地膜玉米植株有机碳含量增加对籽粒品质的提高呈现积极的正效应。因此,应合理提高玉米植株有机碳含量,积极促进籽粒品质的提高。

二、作物植株有机碳与马铃薯品质的相关性

(一)马铃薯茎部有机碳与品质的相关性

研究表明,马铃薯茎部有机碳含量与马铃薯品质呈现积极的正效应。马铃薯茎部有机碳含量为 250.00~450.00 g/kg 时,茎部有机碳含量(x)和马铃薯有机碳含量(y)存在 $y=2.820\ 7x^2+6.904\ 1x+354.33$($R^2=0.943\ 4$,$P<$ 0.05)相关关系;叶片部有机碳含量(x)和马铃薯有机碳含量(y)存在 $y=$ $26.727x^{0.234\ 4}$($R^2=0.931\ 8$,$P<0.05$)相关关系。由表可以看出,马铃薯茎部有机碳含量分布在 250.00~450.00 g/kg,植株有机碳含量每增加 10 g/kg,马铃薯有机碳含量增加 1.09~7.40 g/kg,全氮含量增加 0.11~1.10 g/kg,粗蛋白含量增加 2.92~2.99 g/kg,淀粉含量增加 1.97~7.50 g/kg,粗脂肪含量增加 0.01~-0.02 g/kg,可溶性糖含量增加 0.04~0.27 mg/100 g,干物质含量增加 0.01~1.31 g/kg,维生素 C 含量增加 0.01~0.20 g/kg。马铃薯植株有机碳含量为 250.00~450.00 g/kg 时,全磷含量呈先增加后减少趋势。其中,

半干旱区农田生态系统
水循环与有机碳对干旱的响应 | Responses of Water Cycle and Organic Carbon in
Farmland Ecosystem to Drought in Semiarid Area

表3-12-6 地膜玉米植株有机碳对籽粒品质的影响(彭阳县)

植株有机碳 （g/kg）	有机碳 （g/kg）	全氮 （g/kg）	全磷 （g/kg）	蛋白 （g/kg）	淀粉 （g/kg）	脂肪 （g/kg）	可溶性糖 （mg/100 g）
250~300	382.76±13.77c	9.50±0.59d	1.70±0.03d	59.62±2.98d	401.82±0.88e	23.17±3.40c	11.60±0.97c
300~350	416.95±7.38b	15.40±1.13c	2.08±0.43cd	77.71±2.52c	575.85±17.10d	28.63±1.89b	11.80±1.56c
350~400	478.89±8.96a	18.05±0.94b	3.61±0.23b	102.09±6.13b	675.01±10.46c	31.53±0.73a	17.99±0.83b
400~450	479.68±12.00a	18.69±1.49b	3.34±0.38b	107.53±8.79b	710.00±12.09b	31.73±1.33a	19.65±152a
450~500	479.95±34.07a	20.07±3.53a	4.96±1.81a	120.86±21.44a	763.65±47.83a	31.98±2.14a	19.68±3.53a
平均	473.09±6.80	18.35±0.78	3.42±0.19	103.28±4.92	666.39±8.41	30.88±0.62	16.31±0.79

注：每列中字母代表在5%以下差异显著，a相对于b有显著性差异（P<0.05）。

茎部有机碳含量为 250.00~400.00 g/kg 时，植株有机碳含量每增加 10 g/kg，马铃薯全磷含量增加 0.01~0.14 g/kg；植株有机碳含量超过 400.00 g/kg 后，马铃薯全磷含量呈现微弱下降趋势（表 3-12-7）。

总体来看，马铃薯植株有机碳含量增加对马铃薯品质的提高呈现积极的正效应。因此，应合理提高马铃薯植株有机碳含量，积极促进马铃薯品质的提高。

(二)马铃薯叶部有机碳与品质的相关性

研究表明，马铃薯叶片有机碳含量与马铃薯品质呈现积极的正效应。马铃薯叶片有机碳含量为 250.00~450.00 g/kg 时，叶片有机碳含量(x)和马铃薯有机碳含量(y)存在 $y=22.308x^2-91.714x+474.67$（$R^2=0.981\ 3$，$P<0.05$）相关关系；叶片有机碳含量($x$)和马铃薯全氮含量($y$)存在 $y=0.636\ 7x^2-0.941\ 6x+31.085$（$R^2=0.993\ 9$，$P<0.05$）相关关系。由表可以看出，马铃薯叶片有机碳含量分布在 250.00~450.00 g/kg，叶片有机碳含量每增加 10 g/kg，马铃薯有机碳含量增加 0.42~14.40 g/kg，全氮含量增加 0.09~0.56 g/kg，粗蛋白含量增加 0.73~3.06 g/kg，淀粉含量增加 1.22~7.14 g/kg；粗脂肪含量增加 0.04~0.06 g/kg，可溶性糖含量增加 0.04~0.12 mg/100 g；干物质含量增加 0.29~4.94 g/kg，维生素 C 含量增加 0.02~0.58 mg/100 g。马铃薯叶片有机碳含量为 250.00~450.00 g/kg 时，全磷含量呈先增加后减少趋势。其中，叶片有机碳含量为 250.00~400.00 g/kg 时，植株有机碳含量每增加 10 g/kg，马铃薯全磷含量增加 0.05~0.10 g/kg；植株有机碳含量超过 400.00 g/kg 后，马铃薯全磷含量呈现微弱下降趋势（表 3-12-8）。

总体来看，马铃薯叶片有机碳含量增加对马铃薯品质的提高呈现积极的正效应。因此，应合理提高马铃薯叶片有机碳含量，积极促进马铃薯品质的提高。

(三)马铃薯植株有机碳与品质的相关性

研究表明，马铃薯茎叶有机碳平均含量与籽粒品质呈现显著正相关。马铃薯茎叶平均有机碳含量 250.00~450.00 g/kg 时，植株有机碳含量(x)

表 3-12-7　马铃薯茎部有机碳对籽粒品质的影响（彭阳县）

茎部有机碳 (g/kg)	有机碳 (g/kg)	全氮 (g/kg)	全磷 (g/kg)	蛋白 (g/kg)	淀粉 (g/kg)	干物质 (g/kg)	脂肪 (g/kg)	维生素 C (mg/100 g)	可溶性糖 (mg/100 g)
250~300	361.46±35.50d	26.70±4.87c	1.50±0.43b	75.81±7.13d	641.86±6.69c	228.30±35.50b	3.55±0.45a	6.69±0.02b	10.77±0.16c
300~350	387.19±7.83c	32.21±1.29b	2.19±0.21a	90.40±5.62c	651.69±10.95bc	234.83±8.06a	3.56±0.20a	9.70±0.57a	12.13±0.66b
350~400	392.65±6.18b	32.78±0.92b	2.18±0.12a	105.45±5.46b	652.79±8.44b	236.81±17.61a	3.68±0.14a	9.77±0.35a	13.50±0.50a
400~450	429.66±15.00a	38.13±1.63a	2.16±0.23	118.27±9.33a	690.31±16.36a	236.86±5.69a	3.80±0.21a	10.12±0.58a	13.69±0.83a
平均	401.58±5.00	33.57±0.72	2.17±0.09	103.15±3.83	658.30±6.25	233.52±10.26	3.69±0.10	9.75±2.67	13.13±0.36

注：每列中字母代表在 5%以下差异显著，a 相对于 b 有显著性差异（$P<0.05$）。

表 3-12-8　马铃薯叶片有机碳对籽粒品质的影响（彭阳县）

叶有机碳 (g/kg)	有机碳 (g/kg)	全氮 (g/kg)	全磷 (g/kg)	蛋白 (g/kg)	淀粉 (g/kg)	干物质 (g/kg)	脂肪 (g/kg)	维生素 C (mg/100 g)	可溶性糖 (mg/100 g)
250~300	383.32±13.82c	30.87±1.35c	1.73±0.38c	86.11±11.82c	605.43±12.66d	209.89±6.66c	3.28±0.45c	6.79±0.88b	12.34±1.01b
300~350	386.30±8.60c	31.48±1.19c	1.92±0.15bc	101.43±5.09b	641.11±11.63c	222.95±6.93b	3.47±0.20b	9.67±0.56a	12.93±0.69a
350~400	394.47±5.63b	34.26±0.97b	2.40±0.13a	105.10±6.00b	667.20±7.81b	247.63±18.33a	3.75±0.13b	9.79±0.30a	13.24±0.48a
400~450	466.68±23.37a	37.41±2.36a	1.95±0.35b	111.25±14.42a	681.33±31.67a	249.09±1.17a	4.02±0.30a	10.13±1.54a	13.44±1.17a
平均	401.58±5.00	33.57±0.72	2.17±0.09	103.15±3.83	658.30±6.25	233.52±10.26	3.69±0.10	9.75±2.67	13.13±0.36

注：每列中字母代表在 5%以下差异显著，a 相对于 b 有显著性差异（$P<0.05$）。

和马铃薯有机碳含量(y)存在 $y=2.806\ 9x^2-9.323\ 3x+401.92$($R^2=0.928\ 4$, $P<0.05$)相关关系;植株有机碳含量(x)和马铃薯有机碳含量(y)存在 $y=-0.111\ 9x^2+1.803\ 5x+29.19$($R^2=0.893\ 4$, $P<0.05$)相关关系。由表可以看出,马铃薯植株平均有机碳含量分布在 250.00~450.00 g/kg 之间。马铃薯植株有机碳含量每增加 10 g/kg,籽粒有机碳含量增加 0.14~2.66 g/kg,全氮含量增加 0.05~0.51 g/kg,全磷含量增加 0.01~0.11 g/kg,蛋白质含量增加 0.67~2.49 g/kg,淀粉含量增加 0.89~2.29 g/kg,粗脂肪含量增加 0.02~0.08 g/kg,可溶性糖含量增加 0.02~0.30 mg/100 g,干物质含量增加 0.01~4.53 g/kg,维生素 C 含量增加 0.03~0.45 mg/100 g(表 3-12-9)。

总体来看,马铃薯植株有机碳含量增加对马铃薯品质的提高呈现积极的正效应。因此,应合理提高马铃薯植株有机碳含量,积极促进马铃薯品质的提高。

三、地膜玉米籽粒有机碳与品质的相关性

研究表明,地膜玉米籽粒有机碳含量与籽粒品质呈现显著正相关。地膜玉米籽粒有机碳含量为 250.00~500.00 g/kg 时,籽粒有机碳含量(x)和籽粒全氮含量(y)存在 $y=0.709\ 9x^2+42.004x+340.68$($R^2=0.994\ 9$, $P<0.05$)相关关系;籽粒有机碳含量(x)和籽粒全磷含量(y)存在 $y=-0.407\ 2x^2+3.6x+11.312$($R^2=0.894\ 4$, $P<0.05$)相关关系(表 3-12-10)。

由表可以看出,籽粒有机碳含量分布在 350.00~650.00 g/kg 之间。籽粒有机碳含量每增加 10 g/kg,籽粒全磷含量增加 0.03~0.19 g/kg,淀粉含量增加 0.97~18.07 g/kg,粗脂肪含量增加 0.03~0.32 g/kg,可溶性糖含量增加 0.08~0.49 g/kg。籽粒平均有机碳含量为 350.00~650.00 g/kg 时,全氮和蛋白质含量呈先增加后减少趋势。籽粒有机碳含量为 350.00~600.00 g/kg 时,籽粒有机碳含量每增加 10 g/kg,全氮和蛋白质含量分别增加 0.04~0.81 g/kg 和 0.05~5.64 g/kg;而当籽粒有机碳含量超出 500.00 g/kg 后,籽粒全磷和可溶性糖含量呈现微弱下降趋势(表 3-12-10)。

总体来看,地膜玉米籽粒有机碳含量增加促进了籽粒品质指标提高。

半干旱区农田生态系统
水循环与有机碳对干旱的响应 | Responses of Water Cycle and Organic Carbon in
Farmland Ecosystem to Drought in Semiarid Area

表 3-12-9　马铃薯植株有机碳对籽粒品质的影响（彭阳县）

有机碳 （g/kg）	有机碳 （g/kg）	全氮 （g/kg）	全磷 （g/kg）	蛋白 （g/kg）	淀粉 （g/kg）	干物质 （g/kg）	脂肪 （g/kg）	维生素 C （mg/100 g）	可溶性糖 （mg/100 g）
250~300	394.66±13.15b	31.10±0.45b	1.38±0.17c	90.10±20.52b	643.61±22.42b	204.57±6.72b	3.22±0.40b	7.32±0.33c	11.80±1.30b
300~350	396.30±8.31b	31.70±1.16b	1.95±0.13b	95.57±4.67b	648.05±9.75b	227.22±6.87b	3.45±0.19b	9.56±0.50b	12.30±0.63b
350~400	396.99±5.97b	34.24±1.01a	2.40±0.13a	108.01±6.05a	659.51±8.48b	241.26±18.80a	3.82±0.12a	9.71±0.32b	13.81±0.47a
400~450	410.28±27.25a	34.40±2.94a	2.41±0.42a	111.48±13.34a	703.40±27.82a	241.71±8.76a	3.91±0.32a	10.61±1.15a	13.91±1.12a
平均	401.58±5.00	33.57±0.72	2.17±0.09	103.15±3.83	658.30±6.25	233.52±10.26	3.69±0.10	9.75±2.67	13.13±0.36

注：每列中字母代表在 5%以下差异显著，a 相对于 b 有显著性差异（$P<0.05$）。

表 3-12-10 籽粒有机碳对地膜玉米品质的影响(彭阳县)

籽粒有机碳(g/kg)	全氮(g/kg)	全磷(g/kg)	蛋白(g/kg)	淀粉(g/kg)	脂肪(g/kg)	可溶性糖(mg/100 g)
350~400	13.93±1.32b	2.40±0.45c	72.58±3.40e	570.14±38.43d	31.11±2.32b	15.09±1.84e
400~450	17.99±1.19a	2.96±0.26c	92.85±6.32d	660.48±16.55c	31.74±0.90b	16.54±1.03d
450~500	18.29±1.49a	3.73±0.41b	106.85±9.93c	700.19±14.48b	31.90±0.95b	18.00±1.48cd
500~550	18.74±1.00a	3.78±0.44b	109.84±8.56c	705.06±12.31b	32.34±1.73b	20.46±1.62b
550~600	18.95±1.68a	4.09±0.86b	138.04±40.83a	713.10±15.19a	33.43±2.70b	20.85±2.08b
600~650	18.52±1.93a	5.02±0.66a	125.21±13.38b	718.73±14.29a	35.05±1.23a	23.09±2.27a
平均	18.35±0.78	3.42±0.19	103.28±4.92	666.39±8.41	30.88±0.62	16.31±0.79

注:每列中字母代表在 5%以下差异显著,a 相对于 b 有显著性差异($P<0.05$)。

但是,伴随籽粒有机碳增加,品质含量的增加呈减缓趋势。因此,应合理提高籽粒有机碳含量,积极促进玉米品质的提高。

四、马铃薯薯块有机碳与品质的相关性

研究表明,马铃薯薯块有机碳含量与马铃薯品质呈现显著正相关。马铃薯薯块有机碳含量为 250.00~500.00 g/kg 时,马铃薯有机碳含量(x)和马铃薯全氮含量(y)存在 $y=-0.277\ 9x^2+2.915\ 9x+27.162$($R^2=0.966\ 3,P<0.05$)相关关系;马铃薯有机碳含量($x$)和马铃薯全磷含量 $y=-0.085x^2+0.567\ 1x+1.290\ 9$($R^2=0.691\ 3,P<0.05$)相关关系。由表可以看出,马铃薯薯块有机碳含量分布在 250.00~550.00 g/kg 之间。马铃薯有机碳含量每增加 10 g/kg,马铃薯全氮含量增加 0.03~0.58 g/kg,蛋白质含量增加0.67~3.92 g/kg,淀粉含量增加 0.04~6.03 g/kg,粗脂肪含量增加 0.01~0.05 g/kg,干物质含量增加 0.06~8.02 g/kg, 维生素 C 含量增加 0.04~0.50 mg/100 g。马铃薯平均有机碳含量为 250.00~550.00 g/kg 时,全磷和可溶性糖含量呈先增加后减少趋势。马铃薯有机碳含量为 250.00~500.00 g/kg 时,马铃薯有机碳含量每增加 10 g/kg, 全磷和可溶性糖含量分别增加 0.03~0.06 g/kg、0.05~0.61 mg/100g;而当马铃薯有机碳含量超出 500.00 g/kg 后,马铃薯全磷和可溶性糖含量呈现微弱下降趋势(表 3-12-11)。

半干旱区农田生态系统
水循环与有机碳对干旱的响应 | Responses of Water Cycle and Organic Carbon in
Farmland Ecosystem to Drought in Semiarid Area

表 3-12-11 马铃薯薯块有机碳对品质的影响（彭阳县）

有机碳 (g/kg)	全氮 (g/kg)	全磷 (g/kg)	蛋白 (g/kg)	淀粉 (g/kg)	干物质 (g/kg)	脂肪 (g/kg)	维生素 C (mg/100 g)	可溶性糖 (mg/100 g)
250~300	29.57±5.30c	1.82±0.29b	93.07±0.82c	590.43±27.46d	175.23±39.17c	3.26±0.66c	6.48±0.24c	6.64±0.25c
300~350	32.45±2.02b	1.96±0.23b	96.48±8.03c	620.57±14.73c	189.01±9.54c	3.51±0.34bc	8.97±0.81b	8.36±0.80b
350~400	32.96±1.21b	2.25±0.17b	103.59±6.45b	648.83±8.94b	229.11±18.43b	3.53±0.14b	9.15±0.39b	11.41±0.57a
400~450	33.59±1.21a	2.41±0.16a	106.92±6.88b	649.01±13.70a	232.27±7.33a	3.74±0.19a	10.17±0.45a	12.56±0.50a
450~500	34.59±2.22a	1.77±0.22b	108.81±12.79b	649.78±23.53a	232.59±17.05a	3.78±0.26a	10.39±0.94a	12.79±1.00a
500~550	34.76±3.29a	1.71±0.10 b	128.40±10.72a	650.60±22.70a	232.87±9.73a	3.99±0.29a	9.96±1.01a	11.68±2.27a
平均	33.57±0.72	2.17±0.09	103.15±3.83	658.30±6.25	233.52±10.26	3.69±0.10	9.75±2.67	13.13±0.36

注：每列中字母代表在 5%以下差异显著，a 相对于 b 有显著性差异（$P<0.05$）。

　　总体来看，伴随马铃薯薯块有机碳含量增加促进马铃薯品质指标提高。但是，伴随马铃薯有机碳增加，品质含量的增加趋于减缓趋势。因此，应合理提高马铃薯有机碳含量，积极促进马铃薯品质的提高。对固原半干旱区农田生态系统研究表明，地膜玉米耕层土壤以及作物各器官有机碳含量的增加，对作物果实中有机碳、全氮、全磷等温室气体含量的固定，以及品质指标中蛋白质、淀粉、干物质、脂肪、维生素C、可溶性糖等含量的增加呈现积极的正效应，促进作物品质的提高。但超出一定的阈值后增加趋势将趋于减缓，因此，合理增强农田生态系统有机碳储量，有效促进作物品质的提高。

农田生态系统土壤与玉米有机碳库时空变化研究

第十三章　农田生态系统有机碳
固碳潜力及对策

研究表明，利用农田生态系统固碳是保障粮食安全和减少温室气体排放的战略。农田生态系统有机碳贮存与人类活动和自然环境相关，被认为是控制温室气体排放潜力最大的系统。增加土壤碳汇潜力已成为提高土壤肥力和增加农田生态系统碳汇的关键技术。本研究对象为固原半干旱区地膜玉米和马铃薯生态系统，采用有机碳参数估算法与实测值相结合的方法，计算农田生态系统有机碳储量和固碳潜力。

第一节　农田生态系统有机碳迁移

过去一个世纪，地球表层温度约上升了 0.85℃（IPCC，2013），控制并减少温室气体排放，增加生态系统碳汇成为减缓气候变暖的有效途径。数据显示，2005 年农耕活动排放的温室气体占全国温室气体总排放量的10%以上（国家发展和改革委员会应对气候变化司《中华人民共和国气候变化第二次国家信息通报》，2013）。因此，合理的农耕措施对增加生态系统碳汇，实现低碳农业、缓解气候变暖趋势具有积极的双赢作用。西北干旱区面积占全国陆地面积的 30%，干旱、贫瘠是影响区域农业可持续发展的主要因素。尽管中国目前对于不同区域和不同土地利用方式下土壤质量变化对作物生产的影响已有一些研究，但由于试验资料不足，或者引用模型的适用性不强,在广度和深度上与国外研究还存在明显差距,远远不能满足国家需求。因此,研究与探索农田生态系统不同作物有机碳储量及固碳潜力,可以为西北地区高产高效发展低碳农业以及增强农田可持续利用性提供科学依据。

目前,关于生态系统碳储量的研究方法主要有:参数估算法、环境参数模型法和遥感资料反演法。本研究采用生态系统调查取样的研究方法,依据样品检测值和有机碳参数估算法,针对地膜玉米和马铃薯两种作物不同器官碳含量进行化学分析,计算耕层土壤碳储量与作物碳储量,分析西北半干旱地区农田生态系统有机碳储量。

一、土壤有机碳对地膜玉米各器官有机碳含量的影响

由表 3-31 可以看出, 研究区域不同土壤有机碳含量对地膜玉米同一器官有机碳含量表现出显著差异。伴随耕层土壤有机碳含量增加,地膜玉米的根、茎、叶、籽粒有机碳含量均呈现不同程度的提高。其中,耕层土壤有机碳含量每增加 1.00 g/kg,玉米根、茎、叶、籽粒有机碳含量分别提高 0.44~32.05 g/kg、2.18~29.90 g/kg、0.36~29.43 g/kg、1.24~40.62 g/kg。耕层土壤有机碳相同情况下, 玉米各器官有机碳含量之间表现为: 籽粒>茎>叶片>根。(表 3-13-1)

二、土壤有机碳对马铃薯各器官有机碳含量的影响

由表 3-32 可以看出, 研究区域不同土壤有机碳含量对马铃薯同一器官有机碳含量的影响表现出显著差异。伴随耕层土壤有机碳含量增加,马铃薯的茎、叶片、块茎有机碳含量均呈现不同程度的提高。其中,耕层土壤有机碳含量每增加 1.00 g/kg,马铃薯的叶片、块茎有机碳含量分别提高 2.01~35.09 g/kg、0.97~30.24 g/kg。茎部有机碳含量随土壤有机碳含量增加呈波动上升趋势。耕层土壤有机碳含量为 4.00~7.00 g/kg 时,土壤有机碳含量每增加 1.00 g/kg,马铃薯块茎有机碳含量提高 14.97~40.79 g/kg;耕层土壤有机碳含量为 6.00~9.00 g/kg 时,茎部有机碳含量呈微弱下降趋势,土壤有机碳含量每增加 1.00 g/kg,茎部有机碳含量减

表 3-13-1　不同土壤有机碳下玉米主要器官的含碳率(彭阳县)

土壤有机碳 (g/kg)	土壤 (g/kg)	根 (g/kg)	茎 (g/kg)	叶片 (g/kg)	籽粒 (g/kg)	平均含碳率 (g/kg)
3.00~4.00	3.70±0.15j	294.52±14.02e	333.40±36.86h	324.20±26.32f	388.71±2.67e	268.90±16.02h
4.00~5.00	4.96±0.21i	326.57±24.68d	344.81±24.93g	339.50±36.21e	401.51±3.28e	283.39±3.54g
5.00~6.00	5.53±0.21h	348.26±18.91c	364.29±3.82f	362.10±22.22d	429.49±16.23d	301.93±6.22f
6.00~7.00	6.52±0.09g	349.48±11.36c	394.19±12.56e	382.84±14.77c	442.47±13.87d	315.10±6.58e
7.00~8.00	7.47±0.05f	353.44±6.85c	414.55±8.84d	412.27±11.58b	466.62±8.70d	330.87±4.33d
8.00~9.00	8.48±0.07e	354.13±4.30c	416.73±11.67d	416.32±25.28a	467.86±11.96d	332.71±7.36d
9.00~10.00	9.67±0.08d	356.53±15.05c	429.74±12.22b	415.68±28.03ab	499.74±29.51c	340.27±8.83c
10.00~11.00	10.37±0.07c	356.97±4.56c	420.85±6.48c	416.09±14.45a	509.32±20.06bc	342.72±3.13c
11.00~12.00	11.30±0.09b	371.06±8.23b	426.85±16.78b	417.79±14.91a	517.05±1.09b	348.81±6.15b
12.00~13.00	12.54±0.28a	387.31±11.92a	433.16±14.76a	417.95±50.00a	557.67±77.82a	361.73±38.63a
平均	8.20±0.19	352.78±3.35	408.59±4.54	404.92±7.30	473.09±6.80	329.51±2.73

注:每列中字母代表在 5%以下差异显著,a 相对于 b 有显著性差异(P<0.05)。

少 1.56~4.15 g/kg；耕层土壤有机碳含量为 8.00~13.00 g/kg 时，土壤有机碳含量每增加 1.00 g/kg，马铃薯有机碳含量提高 10.53~18.71 g/kg。耕层土壤有机碳相同情况下，马铃薯各器官有机碳含量之间表现为：马铃薯>茎>叶片。（表 3-13-2）

表 3-13-2　不同土壤有机碳下马铃薯主要器官的含碳率（彭阳县）

土壤有机碳(g/kg)	土壤(g/kg)	茎(g/kg)	叶片(g/kg)	马铃薯(g/kg)	平均含碳率(g/kg)
4.00~5.00	4.96±0.05i	309.34±36.86g	308.82±38.20f	351.78±35.27e	251.23±4.28a
5.00~6.00	5.52±0.13h	324.31±24.93f	313.20±16.57e	370.61±11.92d	259.66±2.77a
6.00~7.00	6.57±0.08g	365.10±3.82e	347.29±6.01d	371.58±11.83d	272.63±0.83a
7.00~8.00	7.67±0.05f	360.95±12.56e	350.70±5.31d	401.82±8.64c	281.76±0.78a
8.00~9.00	8.48±0.06e	359.39±8.84e	361.35±8.85c	403.25±10.82c	278.12±1.02a
9.00~10.00	9.68±0.14d	378.70±11.67d	365.82±9.94bc	405.16±5.87c	291.83±1.49a
10.00~11.00	10.39±0.07c	391.38±12.22c	367.83±8.79b	409.85±14.35bc	294.86±1.15a
11.00~12.00	11.51±0.11b	401.91±6.48b	394.59±5.41a	413.04±6.48ab	310.27±2.00a
12.00~13.00	12.59±0.23a	417.70±16.78a	395.60±8.44a	415.17±17.15a	317.76±1.31a
平均	8.22±0.16	433.16±14.76	352.40±3.53	401.58±5.00	282.08±2.19

注：每列中字母代表在 5%以下差异显著，a 相对于 b 有显著性差异（$P<0.05$）。

农田生态系统碳储量占全球陆地生态系统碳储量的 10.00%以上。中国耕地面积约占国土面积的 13.00%，是世界上重要的农业大国。近 30 年，中国一直面临保障粮食安全和减缓温室气体排放的双重任务。这就要求我们必须系统研究有机碳迁移和固碳潜力，为保障粮食安全，提高农田生态系统碳汇，提供理论依据和数据支持，同时为发展低碳农业和农业生态补偿提供依据。

第二节　农田生态系统土壤与植物固碳潜力

一、土壤耕作层固碳潜力

(一)土壤有机碳密度计算

土壤有机碳密度是指单位面积内一定深度的土层中有机碳的质量，是表征土壤质量、衡量土壤有机碳储量的重要指标。研究表明，有机碳密度由有机碳含量、砾石含量和土壤容重共同研究决定的。而黄土高原大于 2.00 mm 的砾石含量可以忽略不计。土壤剖面中土层的每平方面积内土壤有机碳密度计算公式为：

$$C_d = 0.58 \times H \times B \times SOM \times 0.1$$

式中，C_d 为土壤有机碳密度(kg/m²)；0.58 为 Bemmelen 换算系数，碳含量由该系数乘以有机质含量求得；SOM 为有机质含量（%）；B 为土壤容重(g/cm³)；H 为土层厚度(cm)。

表 3-13-3　固原半干旱区主要农作物耕层土壤有机碳密度(彭阳县)

农作物	地膜玉米	马铃薯	平均
有机质含量(%)	1.43	1.43	1.43
容重(g/cm³)	1.36	1.34	1.35
土层厚度(20 cm)	20	20	20

注:地膜玉米和马铃薯有耕层土壤容重、机碳含量为 2017—2019 年实测值。

研究表明，近 3 年来，固原半干旱区平均土壤有机碳密度为 1.77 kg/m²。地膜玉米耕层土壤有机碳密度相对较大，其中地膜玉米耕层土壤有机碳密度为 1.81 kg/m²，马铃薯耕层土壤有机碳密度为 1.79 kg/m²(表 3-13-3)。研究表明，固原半干旱区耕层土壤有机碳密度相对许明祥研究团队 2016 年关于甘肃省庄浪县黄绵土有机碳密度的 1.72 kg/m² 较高。

(二)土壤有机碳储量估算

有机碳储量是计算土壤固碳潜力的重要指标。因此,本文依据近年来宁夏统计年鉴中关于全区和固原半地区地膜玉米和马铃薯的播种面积等数据,采用土壤类型发估算固原半干旱区耕层土壤有机碳储量,计算公式为:

$$C_s = \sum_i^n S_i \times C_{di}$$

式中,C_s 为土壤有机碳储量(g);S_i 为第 i 种土壤亚类的面积(km²);n 为土壤亚类数;C_{di} 为第 i 种土壤亚类的有机碳密度(g/m²)。

表 3-13-4　2017—2019 年固原半干旱区主要农作物土壤碳储量估算参数

农作物	地膜玉米	马铃薯	合计/平均
播种面积(km²)	898.16	721.33	1 619.49
土壤碳密度(g/m²)	1.81×10^3	1.79×10^3	1.77×10^3
土壤有机碳储量(g)	1.63×10^6	1.29×10^6	2.92×10^6

注:地膜玉米和马铃薯播种面积为 2017—2019 年宁夏统计年鉴数据、土壤有机碳密度为实际计算值。

研究表明,近 3 年来,固原半干旱区地膜玉米和马铃薯等主要粮食作物耕层土壤有机储量为 2.92×10^6 g(表 3-13-4)。其中地膜玉米耕层土壤有机碳储量为 1.63×10^6 g,马铃薯耕层土壤有机碳储量为 1.29×10^6 g。地膜玉米耕层土壤有机碳储量高于马铃薯耕层土壤有机碳含量 26.35%。这主要是因为地膜玉米播种面积较马铃薯播种面积高出 19.69%。

(三)农田土壤固碳潜力估算

本研究根据王立祥研究团队以及宁夏统计年鉴中关于固原半干旱地区主要作物种植方式和面积的相关内容,采用饱和值法估算固原半干旱区农田耕层土壤固碳潜力,饱和点面积扩张和有机碳储量法是将土壤类型中有机碳变化为零时的有机碳含量水平与每个实测值含量之视差为该点土壤有机碳的增加潜力。计算公式为:

半干旱区农田生态系统
水循环与有机碳对干旱的响应 | Responses of Water Cycle and Organic Carbon in
Farmland Ecosystem to Drought in Semiarid Area

$$SOC_p = SOC_s - SOC_0$$

式中，SOC_p 为土壤固碳潜力，SOC_s 为土壤饱和固碳量，SOC_0 为2017 年土壤有机碳储量。其中，土壤饱和固碳量（SOC_s）取决于气候、地形和母质等不变情况下碳储量的稳定值。本研究利用连续三年碳储量确定固原半干旱区农田表层土壤有机碳饱和水平。

表 3-13-5 　 2017 年固原半干旱区主要农作物植被碳储量估算参数

农作物	地膜玉米	马铃薯	合计/平均
播种面积（km²）	658.00	1 031.00	1 689.00
土壤碳密度（kg/m²）	1.64	1.62	1.63
土壤有机碳储量（g）	1.08×10^6	2.12×10^6	2.75×10^6

注：地膜玉米和马铃薯播种面积为 2017 年宁夏统计年鉴数据、土壤有机碳密度为实际计算值。

研究表明，2017 年固原干旱区地膜玉米和马铃薯播种区域耕层土壤有机碳储量约为 2.24×10^6g（表 3-13-5）。其中地膜玉米耕层土壤有机碳储量为 0.88×10^6g，马铃薯耕层土壤有机碳储量为 1.36×10^6g。马铃薯耕层土壤有机碳储量高于地膜玉米耕层土壤有机碳含量的 35.29%，这主要是因为马铃薯播种面积显著高于地膜玉米的播种面积。

从年际关系来看，2019 年耕层土壤有机碳储量显著高于 2017 年。正是由于耕层土壤碳密度的增加，在地膜玉米和马铃薯播种面积减少的情况下，区域土壤固碳量依然呈现上升趋势。2017—2019 年间，固原半干旱区地膜玉米播种面积增加 36.50%，马铃薯播种面积减少 30.04%，耕层土壤有机碳储量增长了 0.17×10^6g，增长率为 5.82%，平均每年增长 2.91%。因此，我国半干旱地区土壤可能存在较大固碳潜力。

二、作物植株体固碳潜力

农田生态系统包括耕作土壤、田间作物、太阳能、田间杂草以及人类活动等（赵荣钦等，2003）。农田生态系统有机碳主要贮存在土壤、植物以及植物残体落叶中。农作物和土壤是农田生态系统中两个重要的载体。大量研究表明,植被碳储量是一个数量可观、潜力巨大的碳库。农田作物碳储量的变化不仅直接反应土壤肥力和净初级生产力,而且影响区域及全球环境。因此,通过模型计算法,对农田生态系统作物和区域碳储量具体分析,才能正确认识农田生态系统汇/源效应。

$$S=\sum_{i=1}^{n} S_i=\sum_{i=1}^{n} C_i \times Q_i \times (1-f_i)/E_i$$

$$D=S/A=\sum_{1=1}^{n} S_i/A$$

式中,S 为区域作物植被碳储量(t);S_i 为第 i 类农作物的碳储量(t);C_i 第 i 类农作物单位生物量中的含碳量,即含碳率(%);Q_i 为第 i 类农作物经济产量(t);E_i 为第 i 类农作物的经济系数,即果实部分占整个生物量的比重(%);f_i 为第 i 类农作物果实的水分系数(%);n 为农作物种类数,本研究包括地膜玉米和马铃薯;D 为区域农田作物植被的平均碳密度(t/hm^2);A 为区域耕地面积(hm^2)。

表 3-13-6　固原半干旱区主要农作物植被碳储量估算参数

农作物	地膜玉米	马铃薯
果实含水量(%)	7.72	80.34
含碳率(%)	47.31	40.16
经济系数(%)	49.57	71.55

注:地膜玉米和马铃薯果实含水率、含碳率、经济系数均为2017—2019年实测值。

近 3 年来,固原半干旱区农田作物植被碳储量的平均值为 50.44×10^4t,农田作物植被碳密度的平均值为 3.03 t/hm^2。固原半干旱区各种农田作物植被碳储量的主要构成情况见表 3-13-7,3 年植被碳储量平均值为:地膜玉米 25.61×10^4t,马铃薯 24.83×10^4t。(表 3-13-7)

本研究中地膜玉米和马铃薯作物植被碳储量所占的比重分别为 50.77%、49.22%。总储量中马铃薯所占比重相对地膜玉米较小,这和马铃薯播种面积相对较小存在一定关系。

半干旱区农田生态系统
水循环与有机碳对干旱的响应 | Responses of Water Cycle and Organic Carbon in
Farmland Ecosystem to Drought in Semiarid Area

表 3-13-7　固原半干旱区 2017—2019 年平均碳储量和碳密度

作物	碳储量（×10⁴t）	农田植被所占比重（%）	碳密度（t/hm²）
地膜玉米	25.61	50.77	3.07
马铃薯	24.83	49.22	2.98
合计/平均	50.44	100	3.03

作物的碳密度是指单位播种面积作物的碳储量，某一区域的平均碳密度是指单位耕地面积的碳储量。从表 3-37 可以看出，2017—2019 年，研究区域农作物植被碳密度平均值分别为：地膜玉米 3.07 t/hm²，马铃薯 2.98 t/hm²，地膜玉米和马铃薯作物植被碳密度平均值为 3.03 t/hm²。

从表 3-37 可以看出，2017—2019 年间，固原半干旱区平均每年地膜玉米和马铃薯植被碳储量为 50.44×10⁴t，其中地膜玉米植株碳储量为 25.61×10⁴t，马铃薯植株碳储量为 24.83×10⁴t（表 3-13-7）。总体看来，固原半干旱区作物碳储量和碳密度均处于较高水平，具有碳汇效应。为了维持和稳定区域农田植被碳储量，今后应加强提高生产技术和管理水平。

第三节　提升农田生态系统固碳能力的对策及建议

通过光合作用将 CO_2 固持在生态系统中，降低大气温室气体浓度，从而减缓全球变暖的速率。利用农田生态系统固碳是可持续发展的重要措施，日益成为生态系统固碳研究的重点。目前我国生态系统质量较低，应对各类突发气候变化的能力较弱，但固碳减排潜力巨大。受气候、土壤类型、秸秆还田、增施有机肥以及轮作制度等影响，农田生态系统碳储量显著变化。

农业是固原市重要的经济收入来源之一，地膜玉米、马铃薯、春小麦是该地区主要粮食作物。固原位于我国黄土高原西北边缘，耕地质量偏低、后备资源不足、农田水利设施以及人为耕作措施滞后等，为固原市农田生态系统碳储量的积累产生多重影响。如何通过保护性耕作及增施有机肥,发展环境友好型的低碳农业,是提高农业生产水平和生态系统固碳潜力的重要途径之一。持续增加有机碳含量对作物生产和维护生态环境都具有非常重要的作用。逐渐减少的耕地面积和不断增加的粮食需求之间的矛盾日益突出,因此,必须合理提高单位面积粮食生产水平。实现高效、低耗、低排,增加土壤碳汇,有机、低碳农业成为未来治理气候的核心理念。

一、优化土地利用结构,提升土壤固碳能力

优化农田土地利用结构,主要是根据固原地区主要气候条件,通过合理布局,在不影响粮食生产的前提下,适当增加玉米、高粱等碳含量相对较高的作物。这样,对保障粮食安全和环境效益均呈现积极作用。

二、加强农田基本建设,改善农业生产条件

固原市位于西北半干旱区,属于典型的温带大陆性气候,该地区农田基础设施建设较为落后,寒潮灾害频繁,农业生产稳定性较差。多年气象数据表明,固原地区春播和秋收时期气温变幅较大,寒潮严重影响出苗率和果实成熟期品质含量的积累。固原地区处于黄土高原,对梯田的建设有待改进,今后应进一步加强农田基本建设。积极应对寒潮对农业的影响。

三、改善耕地土壤肥力,提升固碳能力

作物秸秆的回收再利用,可极大提高农田生产水平和生态系统固碳潜力。固原地区秸秆焚烧和饲料储存较为普遍,这是由于固原市位于六盘山下,无霜期长,气候冷湿,大量农民焚烧作物秸秆驱寒。另外,固原市牲畜饲养相对较多,牲畜地饲料的需求旺盛。推行覆盖还田、过腹还田、焚烧还田以及直接还田等,合理提高农田生产水平,实现高效、低碳、低排的低碳农业。改平种为穴播、垄播,实施保护性耕作,促进土壤碳的积累,可以将农田土壤从碳源转化为碳汇,对中国农业可持续发展和全球气候变化有着重要意义。综合考虑最优耕地类型、土地覆被类型和种植方式,其固碳潜力可提高 453.2%~757.4%。

半干旱区农田生态系统
水循环与有机碳对干旱的响应 | Responses of Water Cycle and Organic Carbon in
Farmland Ecosystem to Drought in Semiarid Area

四、调整种植结构,提升农田固碳潜力

2017—2019 年固原半干旱区地膜玉米耕层土壤有机碳密度为 1.48 kg/m²,马铃薯耕层土壤有机碳密度为 1.46 kg/m²。地膜玉米耕层土壤有机碳储量为 $1.29×10^6g$,马铃薯耕层土壤有机碳储量为 $1.06×10^6g$。地膜玉米耕层土壤有机碳储量高于马铃薯耕层土壤有机碳含量 21.05%,主要是因为地膜玉米播种面积明显高于马铃薯播种面积。2017—2019 年,固原半干旱区地膜玉米播种面积增加 36.50%,马铃薯播种面积减少 30.04%,耕层土壤有机碳储量增长了 $0.11×10^6g$,增长率为 4.91%,平均每年增长 2.46%。近 3 年来,地膜玉米植株碳储量约为 $25.61×10^4t$,马铃薯植株碳储量约为 $24.83×10^4t$。因此,我国半干旱地区农田生态系统固碳潜力巨大。

参考文献

[1] Bohn HL. Estimate of organic carbon in world soils [J]. Siol Science Society of American Journal 1975, 40(3):468-470.

[2] Elham Alidoust, Majid Afyuni, Mohammad Ali Hajabbasi, Mohammed Reza Mosaddeghi. Soil carbon sequestration potential as affected by soil physical and climatic factors under different land uses in a semiarid region [J]. Catena, 2018, 171, 62-71.

[3] Food & Agriculture Organization (FAO). Soil carbon sequestration for improved land management[J]. World Soil Resources Reports. 2001.

[4] IPCC. Summary for Policy Makers of Climate Change 2013:The Physical Science Basis. Contribution of Working Group I to the Fifth Assessment Report of the Intergovernmental Panel on Climate Change [M]. London:Cambridge University Press, 2013.

[5] Janzen HH, Campbell C A, Ellert BH, Bremer E. Soil organic matter dynamics and their relationship to soil quality. //Gregorich E G, Carter M R. Soil quality for crop production and ecosystem health developments in soil science 25 [J]. Amsterdam; Elsevier Scientific Publishing Co., 1997:277-292.

[6] Lal R. Soil C sequestration impacts on Global Climatic Change and Food Security [J]. Science, 2004, 304:1623-1627.

[7] Luo YQ, Wan SQ, Hui DF, Wallace LL. Acclimatization of soil respiration to warming in a tall grass prairie[J]. Nature, 2001, 413:622-625.

[8] Pan GX, Smith P, Pan WN, Pan WN. The role of soil organic matter in maintaining the productivity and yield stability of cereals in China [J]. Agriculture, Ecosystems & Environment, 2009, 129(1/3):344-348.

[9] Rubbey WW. geological history of sea water: an attempt to state the problem[J].
Geological Society of America Bullerin, 1951,62, (9):1111−1148.

[10] Six J, Conant RT, Paui EA, Paustian K. Stabilization mechanisms of soil organic
matter: Implications for C− saturation of soils [J]. Plant and Soil, 2002, 241(2):
155−176.

[11] Smith P, Martino D, Cai ZC, Gwary D, Janzen H, Kumar P, McCarl B, Ogle
S, Mara FO, Rice C, Scholes B, Sirotenko O, Howden M, McAllister T, Pan
GX, Romanenkov V, Schneider U, Towprayoon S. Policy and technological
constraint to implementations of greenhouse gas mitigation options in agriculture[J].
Agriculture, Ecosystem and Environment, 2007, 118:6−8.

[12] Sun WJ, Huang Y, Zhang W, Yu YQ. Carbon sequestration and its potential in
agricultural soils of China[J]. Global Biogeochemical Cycles, 2010, 24(3):1154−
1157.

[13] Wang XJ, Li FY, Fan ZP, Xiong Zai−ping. Changes of soil organic carbon and
nitrogen in forage grass fields, citus orchard and coniferous forests [J]. Journal of
Forestry Research, 2004,15(1):29−32.

[14] Wang XK, Lu F, Han B, Yang ZO. Carbon sequestration by cropland soil in
China:potential and feasibility[J]. Earth and Environmental Science,2009,6:242−247.

[15] Xiao GJ, Hu YB, Zhang Q, Wang jing, Li Ming. Impact of cultivation on soil
organic carbon and carbon sequestration potential in semiarid regions of China[J].
Soil Use and Management, 2020,36:83−92.

[16] Xiao GJ, Zhang Q, Yao YB, Yang SM, Wang RY, Xiong YC, Sun ZJ. Effects
of temperature increase on water use and crop yields in a pea−spring wheat−potato
rotation[J]. Agricultural Water Management, 2007, 91(1/3):86−91.

[17] Xie ZB, Zhu JG, Liu G, Cadisch G, Hasegawa T, Chen CM, Sun HF, Tang
HY, Zeng Q. Soil organic carbon stocks in China and changes from 1980s to 2000s
[J]. Global Change Biology, 2007, 13(9):1989−2007.

[18] Yadav V, Malanson G. Progress in soil organic matter research:litter decomposition,
modeling, monitoring and sequestration [J].Progress in Physical Geography, 2007,
31(2):131−154.

[19] Yan HM, Cao MK, Liu JY, Tao B. Potential and sustainability for carbon

sequestration with improved soil management in agricultural soils of China[J]. Agriculture, Ecosystems and Environment, 2007, 121(4):325-335.

[20] 鲍士旦. 土壤农化分析[M]. 北京:中国农业出版社,2018, 07.

[21] 查燕,武雪萍,张会民,等.长期有机无机配施黑土土壤有机碳对农田基础地力提升的影响[J]. 中国农业科学,2015, 48(23):4649-4659.

[22] 陈安磊,谢小立,陈惟财,等. 长期施肥对红壤稻田耕层土壤碳储量的影响[J]. 环境科学, 2009, 30(5):1267-1272.

[23] 陈晨,梁银丽,吴瑞俊,等.黄土丘陵沟壑区坡地土壤有机碳变化及碳循环初步研究[J].自然资源学报, 2010, 25(4):668-676.

[24] 陈栋,郁红艳,邹路易,等.大气 CO_2 浓度升高对不同层次水稻土有机碳稳定性的影响[J].应用生态学报, 2018, 29(8):2559-2565.

[25] 陈富荣,梁红霞,邢润华,等.安徽省土壤固碳潜力及有机碳汇(源)研究[J].土壤通报, 2017, 48(4):843-851.

[26] 陈怀满. 环境土壤学[M]. 北京:科学出版社, 2005:122-123.

[27] 陈庆强,沈承德,易惟熙,等.土壤碳循环研究进展[J].地球科学进展, 1998, 13(6):555-563.2.

[28] 陈全胜,李凌浩,韩兴国,等.水分对土壤呼吸的影响及机理.生态学报, 2003, 25(5):972-978.

[29] 崔丽娟,马琼芳,宋洪涛,等.湿地生态系统碳储量估算方法综述[J].生态学杂志, 2012, 31(10):2673-2680.

[30] 邓祥征,韩健智,王小彬,等.免耕与秸秆还田对中国农田土壤有机碳贮量变化的影响[J].中国土壤与肥料,2010(6):22-28.

[31] 俄胜哲,丁宁平,李利利,等.长期施肥条件下黄土高原黑垆土作物产量与土壤碳氮的关系[J].应用生态学报. 2018.

[32] 方精云,刘国华,徐嵩龄.中国陆地生态系统碳循环[M]. 北京:中国环境科学出版社, 1996, 251-276.

[33] 冯倩倩,韩惠芳,张亚运,等.耕作方式对麦-玉轮作农田固碳、保水性能及产量的影响[J].植物营养与肥料学报, 2018, 24(4):869-879.

[34] 付东磊,刘梦云,刘林,等.黄土高原不同土壤类型有机碳密度与储量特征[J].干旱区研究, 2014, 31(1):44-50.

[35] 高鲁鹏,梁文举,姜勇,等.土壤有机质模型的比较分析.应用生态学报, 2003,14

半干旱区农田生态系统
水循环与有机碳对干旱的响应 | Responses of Water Cycle and Organic Carbon in
Farmland Ecosystem to Drought in Semiarid Area

(10):1804-1808.

[36] 高会议,郭胜利,刘文兆,等.施肥措施对黄土旱塬区小麦产量和土壤有机碳积累的影响[J].植物营养与肥料学报,2009,15(6):1333-1338.

[37] 郭广芬,张称意,徐影.气候变化对陆地生态系统土壤有机碳储量变化的影响[J].生态学杂志,2006,25(4):435-442.

[38] 国家发展和改革委员会应对气候变化司.中华人民共和国气候变化第二次国家信息通报[J].北京:中国经济出版社,2013.

[39] 韩冰,王效科,欧阳志云,等.中国东北地区农田生态系统中碳库的分布格局及其变化[J].土壤通报,2004,35(4):401-407.

[40] 韩东亮,贾宏涛,朱新萍,等.DNDC模型预测新疆灰漠土农田有机碳的动态变化[J].资源科学,2014,36(3):0577-0583.

[41] 贺美,王迎春,王立刚,等.应用DNDC模型分析东北黑土有机碳演变规律及其与作物产量之间的协同关系[J].植物营养与肥料学报,2017,23(1):9-19.

[42] 侯湖平,徐占军,张绍良,等.煤炭开采对区域农田植被碳库储量的影响评价[J].农业工程学报,2014,30(5):1-9.

[43] 胡立峰,李洪文,高焕文.保护性耕作对温室效应的影响[J].农业工程学报,2009,25(5):308-312.

[44] 黄昌勇.土壤学[M].北京:中国农业出版社,2000.

[45] 黄锦学,熊德成,刘小飞,等.增温对土壤有机碳矿化的影响研究综述[J].生态学报,2017,37(1):12-24.

[46] 黄耀,孙文娟.近20年来中国大陆农田表土有机碳含量的变化趋势[J].科学通报,2006,51(7):750-763.

[47] 季波,李娜,马璠,等.宁南典型退耕模式对土壤有机碳固存的影响[J].浙江农业学报,2017,29(3):483-488.

[48] 姜勇,庄秋丽,梁文举.农田生态系统土壤有机碳库及其影响因子[J].生态学杂志,2007,26(2):278-285.

[49] 解宪丽,孙波,周慧珍,等.中国土壤有机碳密度和储量的估算与空间分布分析[J].土壤学报,2004,41(1):35-43.

[50] 李壁成,安韶山.黄土高原马铃薯产业化开发的潜力、市场与对策[J].水土保持研究,2005,12(3):150-153.

[51] 李来祥,刘广才,杨祁峰,等.甘肃省旱地全膜双垄沟播技术研究与应用进展[J].

干旱地区农业研究, 2009, 27(1):114-118.

[52] 李悦,郭李萍,谢立勇,等.不同农作管理措施对东北地区农田土壤有机碳未来变化的模拟研究[J].中国农业科学, 2015, 48(3):501-513.

[53] 刘守龙,童成立,张文菊,等.湖南省稻田表层土壤固碳潜力模拟研究[J].自然资源学报, 2006, (2)1:118-125.

[54] 鲁春霞,谢高地,肖玉,等.我国农田生态系统碳蓄积及其变化特征研究[J].中国生态农业学报, 2005, 13(3):35-37.

[55] 罗怀良.川中丘陵地区近55年来农田生态系统植被碳储量动态研究——以四川省盐亭县为例[J].自然资源学报, 2009, 24(2):251-258.

[56] 罗怀良.中国农田作物植被碳储量研究进展 [J].生态环境学报, 2014, 23(4):692-697.

[57] 罗珠珠,黄高宝,张仁陟,等.长期保护性耕作对黄土高原旱地土壤肥力质量的影响[J].中国生态农业学报, 2010, 18(3):458-464.

[58] 马金虎,马步朝,杜守宇,等.宁夏旱作农业区玉米全膜双垄沟播技术土壤水分、温度及产量效应研究[J].宁夏农林科技,2011,52(02):6-9

[59] 马志良, 赵文强.植物群落向土壤有机碳输入及其对气候变暖的响应研究进展[J].生态学杂志, 2020, 39(1):270-281.

[60] 欧阳喜辉, 周绪宝, 王宇.有机农业对土壤固碳和生物多样性的作用研究进展[J].中国农学通报, 2011, 27(11):224-230.

[61] 潘根兴,曹建华,周运超.土壤碳及其在地球表层系统碳循环中的意义[J].第四纪研究, 2000, 20(4):325-334.

[62] 潘根兴,李恋卿,郑聚锋,等.土壤碳循环研究及中国稻田土壤固碳研究的进展与问题[J].土壤学报, 2008, 45(5):901-914.

[63] 潘根兴,赵其国.我国农田土壤碳库演变研究:全球变化和国家粮食安全[J].地球科学进展, 2005. 20(4):384-393.

[64] 朴世龙,方精云,郭庆华.利用CASA模型估算我国植被净第一性生产力[J].植物生态学报, 2001, 25(5): 603-608, 701.

[65] 邱建军,王立刚,李虎,等.农田土壤有机碳含量对作物产量影响的模拟研究[J].中国农业科学, 2009, 42(1):154-161.

[66] 尚辉,孙智广,陈慧杰,等.不同施肥对作物碳储量及土壤碳固定的影响[J].西北植物学报, 2013, 22(11):65-70.

半干旱区农田生态系统
水循环与有机碳对干旱的响应 ▌ Responses of Water Cycle and Organic Carbon in
Farmland Ecosystem to Drought in Semiarid Area

［67］师晨迪,许明祥,邱宇洁.几种不同方法估算农田表层土壤固碳潜力:以甘肃庄
浪县为例[J].环境科学,2016 , 37(3):1098-1105.

［68］孙睿,朱启疆.气候变化对中国陆地植被净第一性生产力影响的初步研究[J].
遥感学报, 2001, 5(1):58-61.

［69］陶波,李克让,邵雪梅,等.中国陆地净初级生产力时空特征模拟[J].地理学报,
2003, 58(3):372-380.

［70］汪业勖,赵士洞,牛栋.陆地土壤碳循环的研究动态[J].生态学杂志, 1999, 18
(5):29-35.

［71］王碧胜,蔡典雄,武雪萍,等.长期保护性耕作对土壤有机碳和玉米产量及水分
利用的影响[J].植物营养与肥料学报, 2015, 21(6):1455-1464.

［72］王虎,王旭东,田宵鸿.秸秆还田对土壤有机碳不同活性组分储量及分配的影响
[J].应用生态学报, 2014, 25(12):3491-3498.

［73］王立祥,李永平,许强.中国粮食问题——宁夏粮食生产能力提升及战略储备
[M].银川:阳光出版社,2015:11.

［74］王丽,李军,李娟,等.轮耕与施肥对渭北旱作玉米田土壤团聚体和有机碳含量
的影响[J].应用生态学报, 2014,25(3):759-768.

［75］王卫,李秀彬.中国耕地有机质含量变化对土地生产力影响的定量研究[J].地
理科学, 2002, 22(1):24-28.

［76］王渊刚,罗格平,赵树斌,等.新疆耕地变化对区域碳平衡的影响[J].地理学报,
2014,69(1):110-120.

［77］吴家梅,纪雄辉,彭华,等.南方双季稻田稻草还田的碳汇效应[J].应用生态学
报, 2011, 22(12):3196-3202.

［78］吴金水,葛体达,祝贞科.稻田土壤碳循环关键微生物过程的计量学调控机制探
讨[J].地球科学进展, 2015, 30(90):1006-1013.

［79］肖国举,仇正跻,张峰举,等.增温对西北半干旱区马铃薯产量和品质的影响[J].
生态学报, 2015, 35(3):830-836.

［80］谢立勇,叶丹丹,张贺,等.旱地土壤温室气体排放影响因子及减排增汇措施分
析.中国农业气象, 2011,32(4):481-487.

［81］徐丽,于贵瑞,何念鹏.1980—2010中国陆地生态系统土壤碳储量的变化.地理
学报, 2018, 73(1):2150-2167.

［82］徐明岗,张旭博,孙楠,等.农田土壤固碳与增产协同效应研究进展.植物营养与

肥料学报,2017,23(6):1441-1449.

[83] 徐秀梅,李强,周万佩,等.宁夏统计年鉴-2018[M].北京:中国统计出版社,
2018,16-17.

[84] 许冬梅,许新忠,王国会,等.宁夏荒漠草原自然恢复演替过程中土壤有机碳及
其分布的变化[J].草业学报,2017,26(8):35-42.

[85] 许菁,李晓莎,许姣姣,等.长期保护性耕作对麦-玉两熟农田土壤碳氮储量及固
碳固氮潜力的影响[J].水土保持学报,2015,19(26):191-196.

[86] 许咏梅,刘骅,王西和.长期施肥下新疆灰漠土有机碳及作物产量演变[J].中国
生态农业学报,2016,24(2):154-162.

[87] 尹钰莹,郝晋珉,牛灵安,等.河北省曲周县农田生态系统碳循环及碳效率研究
[J].资源科学,2016,38(5):918-928.

[88] 于东升,史学正,孙维侠,等.基于1:100万土壤数据库的中国土壤有机碳密度及
储量研究.应用生态学报,2005,16(12):2279-2283.

[89] 于贵瑞.全球变化与陆地生态系统碳循环和碳蓄积 [M].北京:气象出版社,
2003.

[90] 于宁宁,任佰朝,赵斌,等.施氮量对夏玉米籽粒灌浆特性和营养品质的影响[J].
应用生态学报:1-8[2019-11-16].

[91] 张开,罗怀良,王睿.安岳县2008—2012年农田作物植被碳储量及其空间分布
[J].西南农业学报,2017,30(8):1860-1866.

[92] 张明园,魏燕华,孔凡磊,等.耕作方式对华北农田土壤有机碳储量及温室气体
排放的影响[J].农业工程学报,2012,28(6):203-209.

[93] 张祎,李鹏,肖列,等.黄土高原丘陵区地形和土地利用对土壤有机碳的影响[J].
土壤学报,2019,56(05):1140-1150.

[94] 赵明松,张甘霖,李德成,等.江苏省土壤有机质变异及其主要影响因素[J].生
态学报,2013,33(16):5058-5066.

[95] 赵荣钦,黄爱民,秦明周,等.农田生态系统服务功能及其评价方法研究[J].农
业系统科学与综合研究,2003,19(4):267-270.

[96] 赵雅雯,王金洲,王士超,等.潮土区小麦、玉米残体对土壤有机碳的贡献——基
于改进的RothC模型.中国农业科学,2016,9(21):4160-4168.

[97] 周涛,史培军,王绍强.气候变化及人类活动对中国土壤有机碳储量的影响[J].
地理学报,2003,58(5):727-734.

半干旱区农田生态系统
水循环与有机碳对干旱的响应 | Responses of Water Cycle and Organic Carbon in
Farmland Ecosystem to Drought in Semiarid Area

[98] 朱文博，张静静，崔耀平，等. 基于土地利用变化情景的生态系统碳储量评估——以太行山淇河流域为例[J]. 地理学报,2019,74(3):446-459.

[99] 祖元刚,李冉,王文杰,等. 我国东北土壤有机碳、无机碳含量与土壤理化性质的相关性[J]. 生态学报,2011,31(18):5207-5216.